矿山事故应急救援典型案例及处置要点

国家安全生产应急救援指挥中心 编

U0214084

煤炭工业出版社

·北 京·

图书在版编目（CIP）数据

矿山事故应急救援典型案例及处置要点／国家安全
生产应急救援指挥中心编 . ––北京：煤炭工业出版社，
2018（2018.9 重印）
ISBN 978 - 7 - 5020 - 6612 - 3

Ⅰ.①矿…　Ⅱ.①国…　Ⅲ.①矿山救护—案例
Ⅳ.①TD77

中国版本图书馆 CIP 数据核字（2018）第 074387 号

矿山事故应急救援典型案例及处置要点

编　　者	国家安全生产应急救援指挥中心
责任编辑	肖　力　郭玉娟
责任校对	孔青青
封面设计	王　滨

出版发行　煤炭工业出版社（北京市朝阳区芍药居 35 号　100029）
电　　话　010 - 84657898（总编室）
　　　　　010 - 64018321（发行部）　010 - 84657880（读者服务部）
电子信箱　cciph612@126. com
网　　址　www. cciph. com. cn
印　　刷　北京玥实印刷有限公司
经　　销　全国新华书店

开　　本　787mm×1092mm$^1/_{16}$　印张　17$^3/_4$　字数　313 千字
版　　次　2018 年 5 月第 1 版　2018 年 9 月第 2 次印刷
社内编号　9492　　　　　　　　定价　45.00 元

编 委 会

编 写 说 明

矿山应急救援是应急管理工作的重要组成部分，是矿山安全生产的最后一道防线，为保障矿山安全生产、减少矿山事故人员伤亡和财产损失发挥了重要作用。党中央、国务院历来高度重视安全生产应急救援工作，地方各级党委和政府、各级安全生产应急管理部门、广大矿山救援指战员和矿山企业干部职工，在矿山事故的应急救援工作中齐心协力、全力以赴，创造了很多救援的奇迹。据统计，党的十八大以来，全国矿山应急救援队伍共处置各类矿山事故（灾害）6000 余起，成功抢救生还 2000 多人。同时，在矿山事故应急救援实践中积累了宝贵的经验，也有处置不当的教训。为认真总结和吸取矿山事故应急救援经验和教训，牢固树立"生命至上、科学救援"理念，加强矿山救援技战术研究与交流，进一步提升事故处置和应急救援能力，我们组织全国长期参与矿山应急救援工作的专家、学者和基层一线矿山救援指挥员编写了本书。

本书共分八章，选编了 37 起矿山事故应急救援典型案例。前七章按照事故性质，编写了瓦斯和煤尘爆炸、煤与瓦斯突出、矿井火灾、矿井水灾、顶板及冲击地压、提升运输、中毒窒息等七类事故的救援案例；第八章编写了世界上 3 起通过地面大孔径钻孔成功营救被困人员的典型事故救援案例。在案例的选取上，我们注重案例的全面性和典型性，所选案例基本涵盖了矿山主要事故类型。从救援效果上看，既有王家岭矿"3·28"透水事故救援等成功案例，也有八宝煤矿"3·29"和"4·1"瓦斯爆炸事故救援等处置不当案例。对于每起案例，编写时着重介绍应急处置和抢险救援全过程，并从救援经验和存在问题两个方面进行分析总结。特别要指出的是，编写本书的专家通过研究案例，并结合自身理论知识和救援实践，总结提炼了各类事故发生后的现场人员应急措施、企业先期处置要点和指挥部组织抢险救援技术要点，提出了地面钻孔救援程序及钻孔施工保障措施。

本书旨在为安全生产应急管理人员、安全生产监管监察人员、矿山企业应急救援人员以及矿山应急救援指战员的业务学习和技术交流提供借鉴和参考，希望本书能在加强矿山救援技术交流、开展矿山救援培训和指导矿山事故应急救援实践中发挥积极作用。当前，矿山安全生产形势依然严峻，应急救援工作任重而道远，我们要坚持以习近平新时代中国特色社会主义思想为指导，坚决贯彻落实党中央、国务院的各项决策部署，以更加奋发有为的姿态和扎实有效的举措开创矿山应急管理工作新局面，大力提升矿山应急救援能力，为决胜全面建成小康社会做出新贡献。

本书编写过程中，阳泉煤业（集团）公司矿山救护大队参加了修改工作；黑龙江科技大学、郑煤集团公司矿山救援中心、淄博矿业集团公司矿山救护大队、龙口矿业集团公司矿山救护大队、鹤壁煤电股份有限公司救护大队等单位给予了大力支持；国家矿山应急救援鹤岗队、靖远队，龙煤集团七台河矿业公司救护大队、双鸭山矿业公司救护大队，义马煤业集团公司矿山救护大队等单位提供了有关资料，在此一并表示衷心感谢。对于书中存在的不足之处，恳请读者批评指正并提出宝贵意见。

国家安全生产应急救援指挥中心

2018 年 3 月

目　　次

第一章　煤矿瓦斯、煤尘爆炸事故应急救援案例

第一节　四川省攀枝花市肖家湾煤矿"8·29"特别重大瓦斯爆炸事故

摘要： 2012 年 8 月 29 日 17 时 38 分，四川省攀枝花市西区正金工贸有限责任公司肖家湾煤矿发生特别重大瓦斯爆炸事故，当时井下共有 165 人，经自救和互救，有 115 人升井，其中 3 人在送往医院途中死亡，50 人被困井下。事故发生后，党中央、国务院高度重视，国家安全监管总局工作组赴现场指导，省、市、区党委、政府全力组织应急救援工作。面对缺乏图纸资料、井下巷道复杂的情况，指挥部成员深入一线、靠前指挥，11 支矿山救护队联合作战、分工明确、高效运转、协调有序，发扬了特别能战斗的精神。在各方面共同努力下，经过全体救援人员 17 天的艰苦奋战，成功抢救出遇险人员 5 名，搜救出遇难人员 45 名。该事故造成 48 人死亡、54 人受伤，直接经济损失 4980 万元。

一、矿井概况

肖家湾煤矿位于四川省攀枝花市西区太平乡河边村，始建于 1992 年，为资源整合矿井，设计年生产能力为 9×10^4 t。2010 年 5 月开始改扩建，2011 年 2 月改扩建完成。矿井采用平硐开拓方式，分为主平硐、辅助平硐和回风井。采用压入式通风，进风通过主平硐、运输上下山和平巷进入采掘作业点，回风最后经回风上山进入回风井。矿井为低瓦斯矿井，煤层不易自燃，煤尘无爆炸危险性。

发生事故前该矿实际开采两个区域，一个区域为有批复的正常设计及验收的合法开采区域，另一个区域为非法违法开采区域。在非法违法开采区域，共布置 41 个非法采掘作业点，没有绘制图纸，4 个采煤队在该区域内采用非正规采煤方法，以掘代采、乱采滥挖。采掘作业点采用局部通风机供风，无独立的通风系统，煤层之间、采掘作业点之间多次串联通风，部分作业点无风、微

风作业。遇到政府及有关部门的监管检查时，临时突击封闭巷道隐瞒开采区域。

二、事故发生简要经过

2012 年 8 月 29 日中班，该矿各采煤队分别召开班前会后，153 名工人于 15 时至 17 时 30 分陆续入井，分别在主平硐以下非法违法开采区域作业。早班还有 16 人未升井，中班有 4 人提前出井，井下共有 165 人。17 时 38 分，在 10 号煤层提升下山采掘作业点，作业人员在操作提升绞车信号装置时，因失爆产生火花，引起瓦斯爆炸，2 名工人当场死亡。爆炸冲击波导致 +1220 m 平巷下部 8 号和 9 号煤层部分采掘作业点积聚的高浓度瓦斯发生爆炸。爆炸波及 10 号煤层提升下山及上口附近、12 号煤层下山、+1220 m 平巷、8 号和 9 号煤层一至五平巷及附近采掘作业点、5 号和 6 号煤层采掘作业点。

三、事故直接原因

该矿非法违法开采区域的 10 号煤层提升下山采掘作业点和 +1220 m 平巷下部 8 号、9 号煤层部分采掘作业点无风微风作业，瓦斯积聚达到爆炸浓度；10 号煤层提升下山采掘作业点提升绞车信号装置失爆，操作时产生电火花引爆瓦斯；在爆炸冲击波高温作用下，+1220 m 平巷下部 8 号和 9 号煤层部分采掘作业点积聚的瓦斯发生二次爆炸，造成事故扩大。

四、应急处置和抢险救援

（一）企业先期处置

事故发生后，在主要通风机附近的机电副矿长何英虎听到主要通风机声音异常，判定井下发生了事故，随即打电话通知了技术副矿长王勇，王勇与安全副矿长阳益友组织人员入井施救并查看情况。18 时 11 分，矿长郑长海感到事态严重，向有关部门进行报告，并召请攀枝花煤业（集团）有限责任公司救护消防大队救援。

井下多名工人在听到爆炸声、被气浪冲击或看到烟尘后，迅速跑出井口。采煤三队早班班长刘世斌在 +1220 m 平巷 0 号煤层处听到爆炸声，随后看到黄色浓烟，便带领 13 名工人，用水把衣服打湿后捂住口鼻，从一条通往邻近矿井的巷道，撬开一处密闭后成功撤离逃生。经自救和互救，共有 115 人升井，其中 3 人在送往医院途中死亡，50 人被困井下。

（二）各级党委、政府应急响应

攀枝花市人民政府第一时间启动煤矿生产安全事故应急预案。市委、市政府主要领导同志迅速赶赴事故现场组织开展抢险救援工作。8月29日19时23分，成立了由攀枝花市安监局、攀煤集团公司及救消大队领导组成的现场救援临时指挥部。30日凌晨1时30分，成立了由攀枝花市、西区、攀煤集团公司及相关部门领导和有关人员组成的现场抢险救援工作领导小组，组织指挥事故抢险救援工作。

四川省委书记刘奇葆，四川省人民政府省长蒋巨峰、副省长刘捷迅速赶赴事故现场，全力组织开展现场救援工作。30日10时，成立了由省安监局副局长、省矿山救护总队长任指挥长的现场救援指挥部。当晚，省人民政府成立了攀枝花市肖家湾煤矿"8·29"瓦斯爆炸事故抢险救援联合指挥部，分管副省长任指挥长。

国务院总理温家宝、国务委员马凯等领导同志立即做出重要批示，要求全力以赴抢救被困人员，做好善后工作。国家安全监管总局和国家煤矿安监局主要领导率领工作组连夜赶赴事故现场，传达中央领导同志重要批示精神，协助并指导事故抢险救援工作。

（三）救援力量组织调遣

攀煤公司救护消防大队接警后，18时12分出动，18时35分到达肖家湾煤矿主平硐口并做好战斗准备。救援指挥部先后调集了盐边县矿山救护中队、凉山州益门矿山救护中队、川煤集团芙蓉公司救消大队、乐山市矿山救护中队、内江市矿山救护大队、成都出江矿山救护中队、广能公司矿山救护大队、达州市矿山救护大队、达竹公司矿山救护大队、云南省华坪县矿山救护中队火速赶赴事故现场。省内外共有11支矿山救护队、33个作战小队、341名指战员联合开展事故抢险救援工作。

（四）抢险救援经过

四川省攀枝花市肖家湾煤矿"8·29"瓦斯爆炸事故救援示意图如图1-1所示。

先后成立的现场救援指挥组织机构，根据了解掌握的矿井和事故基本情况，经过对灾区状况和救援条件进行分析研究和判断，制定了全面进行灾区侦察、全力搜救遇险遇难人员、改善灾区通风状况、保障救援人员安全的总体救援方案，分四个阶段组织开展抢险救援工作。

第一阶段：初次侦察灾区，搜寻遇险人员。

8月29日18时40分至30日凌晨3时35分，矿山救护队主要对主平硐、

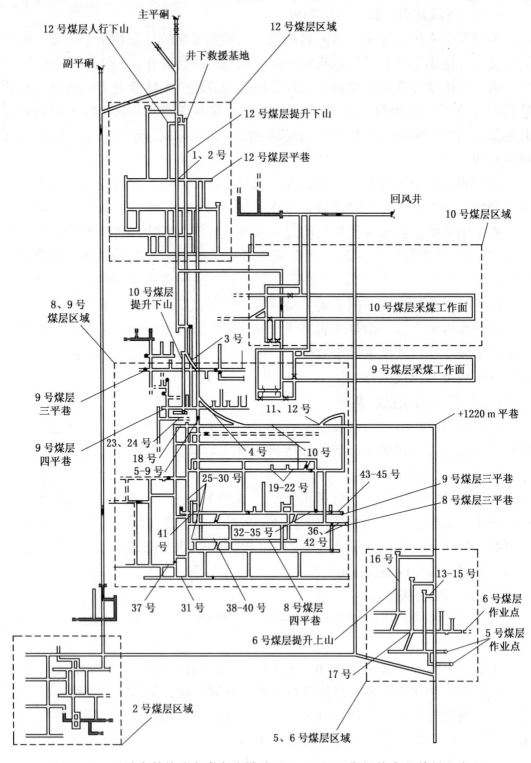

图 1-1 四川省攀枝花市肖家湾煤矿 "8·29" 瓦斯爆炸事故救援示意图

副平硐、12 号煤层下山、1220 石门、+1220 m 平巷等地点进行侦察，并搜寻遇险人员。

8 月 29 日 18 时 40 分，攀煤救消大队直属中队二小队从副平硐进入灾区侦察和搜救遇险人员，引导 8 名遇险人员安全出井。

29 日 19 时 30 分，攀煤救消大队直属中队一小队和盐边县救护中队从主平硐入井侦察。在 12 号煤层平巷发现 2 名遇难人员（分别为 1、2 号），检测 CO 浓度为 10 ppm、CH_4 浓度为 0.01%、O_2 浓度为 20.9%，温度为 25 ℃；在 1220 石门 10 号煤层绕道处发现 1 名遇难人员（3 号）；在 1220 石门 8 号煤层绕道口发现 1 名遇难人员（4 号），检测 O_2 浓度为 19%、CO 浓度为 200 ppm、CH_4 浓度为 0.25%、温度为 23 ℃；行进到 +1220 m 平巷 200 m 处，发现 1 名遇难者（10 号），向前约 20 m 处发现 2 名遇难人员（11、12 号），再向前约 40 m 处，依次发现 4 名遇险人员，检测 O_2 浓度为 18%、CO 浓度为 1200 ppm、CH_4 浓度为 0.25%、温度为 34 ℃；在 1220 石门绕道以东 310 m 处发现运送 1 名遇险人员，检测 CH_4 浓度为 0、CO_2 浓度为 0、CO 浓度为 200 ppm、O_2 浓度为 19%、温度为 25 ℃。

29 日 22 时 13 分，攀煤救消大队副总工程师带领攀枝花市第二人民医院医务人员及直属中队二小队、大宝顶驻矿中队、太平驻矿中队、盐边县救护中队从主平硐入井，在 1220 石门绕道外建立了井下救援基地。攀煤救消大队直属中队二小队在 +1220 m 平巷救出 1 名中毒遇险人员。

8 月 30 日凌晨 2 时，攀煤救消大队小宝鼎救护队、凉山州益门煤矿救护队再次进入灾区侦察。在 1220 石门绕道以东 600 m 处发现 3 名遇难人员（13—15 号），检测 CO 浓度为 600 ppm、CH_4 浓度为 0.2%、O_2 浓度为 20%、温度 28 ℃。

本阶段行动共抢救出 5 名遇险人员，搜寻到遇难者 10 人。

第二阶段：扩大灾区侦察范围，搜救遇险遇难人员。

8 月 30 日 3 时 42 分至 9 时 40 分，矿山救护队进入 8 号煤层、9 号煤层部分巷道，侦察和搜救区域进一步扩大。

攀煤救消大队进入二队区域 8 号煤层上车场，发现巷道有冒落，风量很小，在 1220 m 平巷至 8 号煤层段发现 2 名遇难人员（5、6 号），检测 CO 浓度为 600 ppm、O_2 浓度为 18%、温度为 27 ℃；盐边县救护中队侦察到 8 号煤层新轨道下山绞车房，发现 3 名遇难人员（7—9 号），检测 CO 浓度为 320 ppm；继续侦察到 8 号煤层老轨道下山绞车房口，发现 1 名遇难人员（18 号），检测 CO 浓度为 750 ppm、O_2 浓度为 16%、温度为 27 ℃；华坪县救护中队侦察至二队 8 号煤层二平巷 50 m 处，发现 1 名遇难人员（19 号），检测 CO 浓度为 780 ppm、O_2 浓度为 17%、温度为 27 ℃；继续侦察至 200 m 处，发现 1 名遇难人员（22 号），检测 CO 浓度为 650 ppm、O_2 浓度为 17%，巷道支护损毁。本阶段行动共搜寻到 8 名遇难者。

第三阶段：调整优化通风系统，继续搜救并运送遇难人员。

8 月 30 日 11 时至 9 月 2 号 12 时 30 分，根据救护队侦察情况，分析井下没有火源，指挥部决定调整优化通风系统，加强二队和三队作业区通风，降低有毒有害气体浓度。救护队进入全矿井受瓦斯爆炸波及区域进行全面侦察，继续搜救遇险遇难人员。同时，运送已发现遇难人员升井。

8 月 30 日 11 时，出江救护中队到二队 8 号煤层一平巷建造风障 1 道，攀煤救消大队到主平硐建风障 1 道，恢复三平巷通风。内江救援大队到三平巷 8 号煤层安装局部通风机，恢复 8 号煤层区域通风。

30 日 11 时 4 分，各救护队相继入井开展搜救和运送工作，工作情况如下：

达州救护大队：进入三队区域和二队三平巷搜查，在 6 号煤层提升上山，发现 1 名遇难人员（16 号），检测 O_2 浓度为 17%、温度为 30 ℃。运送 6 名遇难者出井。

乐山救护队：进入二、三队区域搜查，发现 1 名遇难人员（17 号），检测 CO 浓度为 130 ppm、O_2 浓度为 18.7%、温度为 30 ℃。运送 2 名遇难人员出井。

内江救援大队：进入二队 8 号煤层二平巷搜查，在 77 m 处冒落带下发现 2 名遇难人员（20、21 号），检测 CO 浓度为 800 ppm、O_2 浓度为 17%。清理二平巷垮塌物 2 m，延伸三平巷风筒 3 m，运送 2 名遇难人员出井。

达竹救护大队：探查至 10 号煤层提升上山 100 m 处，检测 CO 浓度骤升到 1000 ppm。继续前行约 50 m 处一躲避硐内，发现有两包炸药及 11 发雷管。在下山车场发现 2 名遇难者（23、24 号），检测 CO 浓度为 110 ppm、CH_4 浓度为 1.0%、O_2 浓度为 17%、温度为 25 ℃。恢复 10 号煤层提升上山通风后，前往二队 9 号煤层四平巷探查，在四平巷发现 3 名遇难人员（38—40 号），检测 CO 浓度为 74 ppm、温度为 26 ℃。在 12 号煤层人行上山搜寻炸药 6 包，雷管 34 发。运送 3 名遇难人员出井。

出江救护中队：行至二队 8 号煤层三平巷，发现 1 名遇难人员（25 号），检测 CO 浓度为 25 ppm、温度为 30 ℃。运送遇难者 2 名出井。

攀煤救消大队：在 8 号煤层提升上山发现 2 名遇难人员（26、27 号），检测 CO 浓度为 50 ppm、O_2 浓度为 19%、温度为 29 ℃。恢复巷道通风，运送 7 名遇难人员出井。

芙蓉救消大队：搜寻到二队三平巷一石门 9 号煤层西边，发现 3 名遇难者（28—30 号），检测 CO 浓度为 300 ppm、O_2 浓度为 19%、温度为 26 ℃。继续搜寻到在二队三平巷二石门 9 号煤层东边，发现 4 名遇难者（32—35 号），检测 CO 浓度为 300 ppm、O_2 浓度为 19%、温度为 26 ℃；在三平巷 8 号煤层发现 1 名遇难者（36 号），检测 CO 浓度为 300 ppm、O_2 浓度为 19%、温度为 6 ℃；在 8 号煤层五平巷发现 1 名遇难者（31 号），检测 CO 浓度为 70 ppm、O_2 浓度为 19%、温度为 23 ℃；在 8 号煤层人行下山联络巷发现 1 名遇难者（37 号），检测 CO 浓度为 150 ppm、O_2 浓度为 19%、温度为 23 ℃。恢复 8 号煤层三平巷的通风。

盐边县救护中队：搜寻一队区域遇难人员，恢复三平巷 8 号煤层、9 号煤层通风，运送 8 名遇难人员出井。

广能救护大队：进入二队区域三平巷一石门 9 号煤层西边疏通巷道垮塌物，清理到 75 m 处，发现 1 名遇难人员（41 号），检测气体浓度正常。运送 5 名遇难者出井。

华坪县救护中队：进入一队区域搜寻，运送 4 名遇难者出井。

益门救护中队：进入四号区域 8 号煤层人行上山搜寻，运送 2 名遇难人员出井。

至 9 月 2 日 12 时 30 分，各救护队又搜寻到 23 名遇难者，并将已发现的 41 名遇难人员运送至地面。

第四阶段：全面清理垮塌物，寻找其余失踪人员。

9 月 2 日 13 时至 15 日 15 时，救护队对一、二、三、四队区域进行重点探查，清理冒落段垮塌物，支护冒落段，寻找最后 4 名失踪人员。

9 月 2 日 13 时，攀煤救消大队、达州救护大队、达竹救护大队、芙蓉救消大队、出江救护中队分别入井对一队区域、二队区域 8 号煤层、9 号煤层四、五水平及三队区域、四队区域进行重点探查，至 20 时 33 分各队均未发现新的遇险遇难人员，绘制现场侦察路线图后出井。

2 日 13 时 50 分，内江救援大队、攀煤救消大队、芙蓉救消大队、广能救护大队、达州救护大队、达竹救护大队、出江救护中队、乐山救护队、盐边救护中队、华坪救护中队、益门救护队再次组织队员入井，重点清理二队区域三平巷 8 号煤层冒落段，三平巷 9 号煤层西冒落段，三平巷 9 号煤层东冒落段垮塌物。至 9 月 6 日 10 时 45 分，清理支护二队区域三平巷 9 号煤层西冒落段

46 m、清理支护 9 号煤层东冒落 35 m、清理支护 8 号煤层冒落段 35 m，找到 1 名遇难人员（42 号）。

指挥部经过对矿方提供的入井人员工作安排、作业区域人员分布以及前期侦察搜救情况进行综合分析，将最后 3 名失踪人员位置锁定在 +1220 m 水平以下的 9 号煤层东垮塌巷道内。决定由攀煤救消大队、盐边救护中队负责 9 号煤层东垮塌巷道的清理，搜寻失踪人员。6 日 10 时 45 分，攀煤救消大队、盐边救护中队开始组织队员轮流进入三平巷 9 号煤层东冒落段清理垮塌物。15 日 15 时，清理到 98.3 m 处，找到了最后 3 名失踪人员（43—45 号），并将遇难人员运送出井。

至此，经过全体救援人员 17 天的艰苦奋战，成功抢救出遇险人员 5 名，搜救出遇难人员 45 名，现场抢险救援工作结束。

五、应急救援总结分析

（一）救援经验

（1）各级党委、政府高度重视、组织有力、靠前指挥，为抢险救援提供有力保障。党中央、国务院的高度重视和指示要求为抢险救援提供了极大的精神动力。国家安全监管总局、国家煤矿安监局主要领导率工作组赴现场进行指导，四川省委、省政府主要领导及时赶到事故现场指挥事故抢险救援及善后工作，攀枝花市及西区党委、政府全力组织抢险救援。现场的各级领导及救援指挥部的同志，经常深入井下一线，靠前指挥，不断完善救援方案，组织力量协调有序开展科学施救。省、市政府及有关部门协调开通救援绿色通道，积极组织调动武警、公安、卫生、民政等多部门参加救援工作。全体救援人员坚守岗位，专业救援力量认真履职，相关部门保障有力。在历时 17 天的救灾中，无一人受伤，实现了科学救援、安全救援。

（2）应急资源统一指挥、科学调度，救援队伍联合作战、默契配合。指挥部根据各支救援队伍的特点，以小队为单位将参战救援队伍分组编队，分成多个梯队连续作战，既确保井下有足够的救援力量，又保证参战指战员能得到有效的休息，始终以旺盛的精力投入抢险工作，真正形成了统一指挥、高效运转的作战体系。11 支专业矿山救护队在指挥部的统一领导下默契配合，使得各项救援任务平行交叉、环环紧扣。先期到达的攀煤救消大队直属中队 3 个小队 9 h 内就 3 次入井，盐边救护队两个小队 8 h 内 2 次入井，中间除恢复检查呼吸器外，根本没有顾得上休息。攀煤、芙蓉、广能、达竹、达州、乐山、盐边等队伍在整个救援过程中入井都在 10 队次以上。参加救援的 300 多名救护指战员面临缺乏图纸资料、井下巷道复杂、高温、一氧化碳和瓦斯等有毒有害气体浓度高、巷道多处支护破坏和垮塌、侦察距离长、受灾范围大等诸多困难，发扬"特别能吃苦，特别能战斗"的作风，团结协作，众志成城，不畏艰险，不辞辛劳，出色地完成了抢险救援任务，展示了专业救援队伍"政治合格、技术过硬、作风优良、救援有力"的战斗风采。

（3）救援方案科学合理，现场指挥措施得当。矿方管理混乱，无法提供真实的井下情况，各级领导及现场救援指挥部的同志深入井下一线，靠前指挥、蹲点指挥，多次反复询问矿方人员，逐一核对井下每一个工作区域的巷道和人员分布情况，结合井下侦察信息，不断完善救灾图纸，为制定科学的救灾方案打下了基础。及时召开救灾会商会，调整救灾方案。建立井上下基地和作业现场的通信联系，制定通风调整方案，为后期的施救工作创造了条件；对全矿井进行全面搜救后，制定局部通风机通风、巷道维修、遇难人员搬运等方案和安全措施。在清理巷道垮塌冒落物期间，数十人次深入井下现场察看、分析、研究并及时调整方案。在每批救援人员入井前，讲清任务、讲明安全注意事项，做到了任务明确、措施贯彻到位。

（二）存在问题

（1）矿井非法违法开采、管理混乱，给救援工作带来极大的困难。事故发生后，矿方不能及时提供矿井基本情况，直到事故发生后一天多时间还不能查清当班井下人员数量和分布地点，救护队入井侦察救人的目标不明确，带有极大的盲目性。矿井无真实的图纸资料，图上的巷道数量远远少于井下实际存在的数量。面对迷宫般的巷道，救护队全靠平时积累的知识和经验分析判断巷道间的大致关系，侦察和搜救想快而快不起来，严重影响救灾进度和效率。

（2）应急救援队伍体系建设工作有待加强。在矿方组织的先期应急处置过程中，矿上的兼职矿山救护队处理事故的经验不足。在专职救护队救灾侦察过程中，个别救护队不注重工作细节，对走过的巷道和发现的遇难者没有及时做明显的标记，导致一些巷道反复侦察，一些遇难者被反复认为是新发现，影响了救灾进程和指挥部对灾区的研判。

（3）救援装备水平有待进一步提高。参加救援的 11 支矿山救护队，均未配备宿营车、野营帐篷等后勤保障装备，队伍待命时没有较好的休息条件，不能保证指战员快速恢复体力和保持良好的战斗能力。救护车动力小、制动系统不好，且救护装备和人员混装，无法快速前进，途中耽误时间长。缺乏可靠的井下灾区视频通信系统，缺乏搜寻遇难者的探测设备等先进救援装备。液压剪扩钳、起重气垫等成套快速破拆支护装备配备不足。

第二节　吉林省吉煤集团通化矿业八宝煤矿"3·29"和"4·1"特别重大瓦斯爆炸事故

摘要： 2013 年 3 月 29 日 21 时 56 分，吉林省吉煤集团通化矿业集团公司八宝煤业公司（以下简称八宝煤矿）在封闭火区作业时发生特别重大瓦斯爆炸事故，造成 36 人遇难、12 人受伤，直接经济损失 4708.9 万元。4 月 1 日，该矿不执行吉林省人民政府禁止人员下井作业的指令，擅自违规安排人员入井施工密闭，10 时 12 分又发生瓦斯爆炸事故，造成 17 人遇难、8 人受伤，直接经济损失 1986.5 万元。两起事故在同一煤矿处理同一火区过程中连续发生。该矿在事故处置和应急救援过程中，违反政府指令，组织冒险作业，违章指挥、违规操作，造成了救援人员伤亡的特别重大事故，共造成 53 人遇难，其中包括 26 名矿山救护队指战员。在两起事故的抢险救援中，5 支矿山救护中队的 60 多名指战员克服各种困难，多次进入发生过爆炸的灾区进行侦察和搜救，在"3·29"事故中抢救出遇险人员 13 人（其中 1 人在医院死亡），在"4·1"事故中救助 59 名遇险人员脱险生还，两起事故共搜救出遇难人员 41 人。

一、矿井概况

八宝煤矿为国有重点煤矿，证照齐全有效。原名为通化矿务局砟子煤矿，1955 年 12 月开工建设，设计能力 0.45 Mt/a；1991 年 12 月开始改扩建，设计能力 1.2 Mt/a；2007 年又进行改扩建时，更改为现名，设计能力为 1.8 Mt/a；2011 年 11 月，经吉林省能源局批复核定，生产能力为 3 Mt/a。

该矿采用立井多水平开拓，共有 5 个井筒，三个入风井、两个回风井。全矿有 6 个可采煤层，设有 5 个回采工作面（1 个综采、4 个水采），24 个掘进工作面，回采工艺为水力采煤和综合机械化采煤，该矿最深开拓标高 -780 m 水平，超出采矿许可证许可的 -600 m 水平。该矿属高瓦斯矿井，煤尘具有爆炸危险性，煤层自燃倾向性等级均为 Ⅱ 类，属自燃煤层，自然发火期为 5 至 7 个月。

发生事故的 -416 水采工作面煤层平均倾角为 55°，平均厚度 5.0 m，走向长 364 m，倾斜长 42 m。工作面东、西两侧及下部均未开采，上部为采空区，与本工作面设计保留区段煤柱 8~10 m。工作面落煤方式为水枪落煤，采用自然垮落法管理顶板，U 型棚及锚网支护，局部通风机通风，埋管抽放采空区瓦斯。工作面回采结束后，密闭采空区，向采空区注氮气防自燃。

二、"3·29"事故发生和应急救援

(一)事故发生简要经过

1. 第一次瓦斯爆炸及处置

八宝煤矿忽视防灭火管理工作,措施严重不落实,-4164东水采工作面上区段采空区漏风,煤炭发生自燃。2013年3月28日16时左右,-416采区附近采空区发生瓦斯爆炸,将-315密闭(1号闭)冲毁,未造成人员伤亡。

该矿采取了在-416采区-380石门密闭外再加一道密闭和新构筑-315石门密闭两项措施。29日上午完成密闭工作,救援人员撤出灾区。

2. 第二次瓦斯爆炸及处置

29日14时55分,-416采区附近采空区发生第二次瓦斯爆炸,新构筑密闭被破坏,-416采区-250石门一氧化碳传感器报警,该采区人员撤出,无人员伤亡。

15时30分,通化矿业公司总工程师、通风部部长接到报告后赶到该矿,研究决定在-315、-380石门及东一、东二、东三分层顺槽施工5处密闭。16时59分,两人带领救护队员和工人到-416采区进行密闭作业。

3. 第三次瓦斯爆炸及处置

29日19时30分左右,正在五道密闭施工过程中,-416采区附近采空区发生第三次瓦斯爆炸,带有热浪和闷响,将东二分层作业人员吹倒,所做密闭摧毁,作业人员慌乱撤至井底,其中有6名密闭工升井,坚决拒绝再冒险作业。爆炸未造成人员伤亡。

以上3次瓦斯爆炸事故均发生在-416采区-4164东水采工作面上区段采空区,且后2次瓦斯爆炸都是在实施封闭火区后发生的。该矿没有按规定上报并撤出作业人员,仍然决定继续在该区域施工密闭。21时左右,井下现场指挥人员强令施工人员再次返回实施密闭施工作业。

4. 第四次瓦斯爆炸发生("3·29"事故)

29日21时56分,该采空区发生第四次瓦斯爆炸。此时全矿井下共有367人,其中319人事故后自行升井,其余人员被困井下。

八宝煤矿"3·29"特别重大瓦斯爆炸事故如图1-2所示。

(二)应急救援过程

1. 抢险救援经过

29日22时38分,八宝煤业公司分别向吉煤集团和政府有关部门报告了事故情况。22时40分,通化矿业集团公司调度通知公司救护大队立即前往救援。

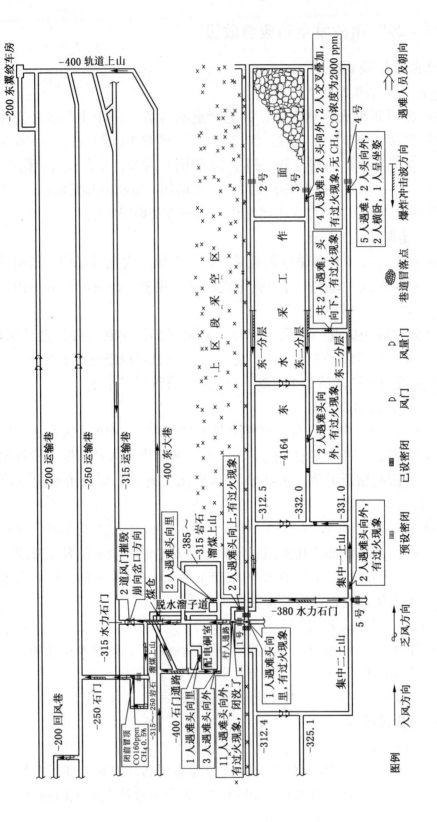

图 1 - 2 八宝煤矿 "3·29" 特别重大瓦斯爆炸事故示意图

接到事故电话后，救护大队副大队长立即前往事故矿井并在途中电话通知松树救护队、道清救护队、永安救护队及六道江救护队即刻赶赴八宝煤矿救援。

23 时 10 分，八宝救护中队开始入井侦察和搜救。随后，道清救护中队、永安救护中队、六道江救护中队和松树救护中队陆续赶到事故矿井，并下井侦察和搜救。至 30 日 2 时 10 分，先后抢救遇险人员 13 人并运送其升井，发现 28 名遇难者。救护队在侦察和搜救过程中，检测到东二分层 3 号密闭处 CO 浓度为 2000 ppm，其他地点未检测到 CH_4 和 CO。

30 日 3 时 15 分，八宝救护中队、松树救护中队、永安救护中队再次进入灾区，主要任务是搬运遇难人员，在搬运过程中又新发现 2 名遇难者，截止到 6 时 10 分，救护队共搬运出 30 名遇难人员遗体。

30 日 8 时 30 分，抢险救援指挥部在清点升井的遇险遇难人员时，发现没有通化矿业公司总工程师等 5 名人员，遂组织矿山救护队再次入井搜救，13 时左右，找到了 5 名遇难人员遗体。

截至 4 月 30 日 13 时，通化矿业集团公司 5 支救护中队 49 名救护队员经过 14 个小时的全力搜救，抢救出遇险人员 13 人（其中 1 人在医院死亡），搜救和运送出 35 名遇难者。"3·29"瓦斯爆炸事故共造成 36 人遇难（其中包括 11 名矿山救护指战员）、12 人受伤。

2. 各级党委、政府应急响应

事故发生后，党中央、国务院高度重视，李克强总理、张高丽副总理和王勇国务委员作出重要批示，对做好事故抢险救援、调查处理、核查瞒报责任和加强安全生产工作等提出了明确要求。国家安全监管总局及时派工作组赶赴事故现场，传达中央领导同志的重要批示要求，协助指导地方开展抢险救援等工作。吉林省委、省政府主要领导和分管领导率有关部门人员赶赴事故现场组织指挥事故抢险救援工作。

3. 研究明确下一步灾区处理工作

"3·29"事故搜救工作结束后，鉴于井下已无人员，且灾情严重，国家安全监管总局工作组和吉林省人民政府要求吉煤集团聘请省内外专家对井下灾区进行认真分析，制定安全可靠的灭火方案，并决定未经省人民政府同意，任何人不得下井作业。

三、"4·1"事故发生和应急救援

（一）事故发生简要经过

4 月 1 日 7 时 50 分，监控人员通过传感器发现八宝煤矿井下 −416 采区一氧化碳浓度迅速升高，由 31 日的 35 ppm 增加到 75 ppm。通化矿业公司常务副总经理召集公司和八宝煤矿有关人员商议后，违抗吉林省人民政府关于严禁一切人员下井作业的指令，擅自决定派人员下井作业。9 时 20 分，通化矿业公司驻矿安监处长和八宝煤矿副矿长分别带领救护队员下井，到 -400 大巷和 -315 石门实施挂风障措施，以阻挡风流，控制火情。10 时 12 分，该区附近采空区发生第五次瓦斯爆炸（"4·1"事故），此时共有 76 人在井下作业，其中驻矿安监处长和副矿长带领救护队员共 21 人分两组进行封闭火区作业，其余人员进行井下排水、维护等其他作业。

八宝煤矿"4·1"特别重大瓦斯爆炸事故如图 1-3 所示。

（二）应急救援过程

事故发生后，国家安全监管总局、国家煤矿安监局领导率领工作组，吉林省省长、分管副省长再次赶赴事故现场指挥抢险救援，并聘请省外专家参与抢险救援。

4 月 1 日 10 时 40 分，通化矿业集团公司常务副总经理、副总经理、救护大队副大队长及战训科长立即带领道清救护中队 7 名队员共 12 人入井侦察搜救。经救助和自救，59 名遇险人员脱险升井（其中 8 人受伤）。救护队在 -400 东大巷与 -400 石门通路交叉口处，发现 6 名遇难人员。由于遇难人员被埋压严重，处理困难，需要借助起重工具进行处理，根据指挥部安排，搜救人员升井，协调地面基地救护队进行下一步工作。

11 时 40 分，道清救护中队 15 名指战员、六道江救护中队 11 名指战员入井，分两组开展工作，第一组救护队携带工具处理埋压物，搬运 6 名遇难人员；第二组救护队进入 -315 运输巷侦察。侦察小队在 -315 运输巷三角道以里 -315 石门方向 6 m 处，发现 1 名遇难人员，此处 CO 浓度为 1985 ppm，CH_4 浓度为 0.05%，O_2 浓度为 20.3%，温度为 37 ℃。继续前行 30 m 左右，未发现其他人员。巷道内烟雾大、能见度低、堆积杂物多、人员难以通行，侦察搜救工作被迫停止。随后两组汇合将 6 名遇难人员运送升井。

至 14 时，2 支救护队经过 3 个多小时的全力侦察搜救，救助 59 名遇险人员脱险升井，搜救运送出 6 名遇难人员。但仍有 1 名遇难者遗体未能运出、10 人下落不明。"4·1"瓦斯爆炸事故共造成 17 人遇难（其中包括 15 名矿山救护指战员）、8 人受伤。

3 日 8 时 10 分左右，井下又发生第六次瓦斯爆炸，由于没有人员再下井，未造成新的伤亡。

4 日 15 时 10 分，回风井口出现带黏性颗粒的烟尘，救援指挥部立即召集

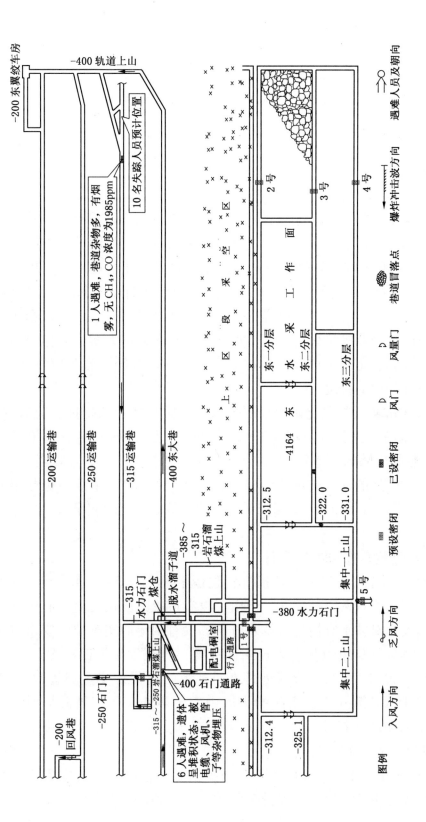

图 1-3　八宝煤矿 "4·1" 特别重大瓦斯爆炸事故示意图

专家进行分析，认为井下火区已经逐步扩大，有再次发生瓦斯爆炸的危险，且下落不明人员已不具备生还条件。经专家组反复论证，吉林省人民政府决定采取先灭火后搜寻的处置方案，采取地面注水与井下自然涌水、地面钻孔注惰性气体、逐步适时缩风、减小井下供风量相结合的综合灭火方法。

四、总结分析

（一）救援工作两点体会

（1）国家安全监管总局工作组和吉林省人民政府认真负责，提出了正确的指导意见和决策。"3·29"事故搜救结束后，在井下火区没有得到控制、存在较大危险的情况下，事故企业领导仍组织有关人员研究封闭火区方案，准备再次实施封闭 -416 采区，对此，国家安全监管总局工作组提出了坚决的反对意见。31 日晚，国家安全监管总局工作组同志和吉林省副省长在听取企业专家组的汇报会上，明确否定了企业提出的 -416 火区封闭方案，要求企业重新聘请省外科研院校企业等防灭火专家，重新制定火区处理方案，并作出了在没有经过科学论证和制定安全可靠的救援方案之前，没有经过省政府领导同意，任何人不能下井作业的决定。

（2）参加事故救援的通化矿业集团公司矿山救护队听从指挥、克服困难，较好地完成了抢险救援任务。在"3·29"和"4·1"两起事故的抢险救援中，5 支矿山救护中队的 60 多名指战员顶住巨大的精神压力，克服各种困难，多次进入发生过爆炸的灾区进行侦察和搜救，在"3·29"事故中抢救出遇险人员 13 人，在"4·1"事故中救助 59 名遇险人员脱险，两起事故共搜救出遇难人员 41 人。

（二）事故处置存在问题及教训

（1）火区处理方法不当，违章指挥冒险蛮干。"3·29"事故前，井下曾发生了 3 次瓦斯爆炸且密闭被摧毁，但由于没有造成人员伤亡就没有引起企业领导重视，在没有对井下灾情进行认真分析、没有制定切实有效的安全技术措施的情况下，继续冒险组织救援人员封闭火区，直至发生第四次爆炸导致 36 人死亡的特别重大伤亡事故。火区处理严重违反了《煤矿安全规程》(2011 年版)第五百二十八条第五款"密闭的火区中发生爆炸密闭墙被破坏时，严禁派救护队恢复密闭墙或探险，应在较远的安全地点重新设计建造密闭"以及《矿山救护规程》的相关规定。

（2）施工密闭不科学，未采取安全防护措施。在没有充分准备施工材料和科学论证封闭方案的情况下，安排矿山救护人员和矿工在危险区域内同时施工 5 处密闭。

首先，密闭顺序不科学。八宝煤矿属于高瓦斯矿井，在高瓦斯矿井密闭作业时，由于防火墙的设置会使墙前升压、墙后降压，如果先构筑进风侧防火墙，很可能在防火墙的构筑过程中，流向火源的风量逐渐下降，在局部负压的作用下，采空区会涌出大量的瓦斯气体，易引发瓦斯爆炸。所以高瓦斯矿井中，在火区进风侧设置的防火墙要留有通风孔，然后约定好时间同时封闭进、回风侧的防火墙。显然八宝煤矿在密闭施工中不够慎重和科学，增加了封闭过程中发生爆炸的可能性。

其次，密闭时间不科学。因为加固与建筑防火墙的工作一定要在瓦斯爆炸的时间段过后再进行。而八宝煤矿第二次发生瓦斯爆炸是 14 时 55 分，前往采区进行密闭是 16 时 59 分，第三次爆炸是 19 时 30 分，前往采区进行密闭是 21 时，第四次爆炸是 21 时 56 分，从瓦斯爆炸到进入采区进行封闭施工的时间间隔比较短，对井下情况了解不够，增加了作业人员的危险。况且八宝煤矿在封闭采空区火区前和封闭期间，并没有采取惰化措施来降低火区爆炸的危险性，而是直接在瓦斯爆炸后，短时间内返回采区进行火区密闭，属封闭时间不合理。

最后，密闭位置不科学。应急处置方案确定的封闭区域太小、密闭施工位置危险，增加了施工过程中再次爆炸的可能性。由于施工组织混乱，延长了在危险区域施工作业时间，而且未将此区域的危险性向作业人员告知。

（3）违抗政府指令擅自冒险作业，造成重大伤亡事故教训惨痛。在"3·29"特别重大爆炸事故发生后，事故企业未能深刻吸取教训，不听取国家安全监管理总局工作组的正确指导意见，违反吉林省政府和国家安全监管总局工作组的决定，在已知 -315 以里巷道有浓烟、能见度仅 5 m 的情况下，擅自派人下井进行封闭，又造成 17 人遇难的重大伤亡事故。

（4）救援机构不健全，队伍管理不到位。吉林通化矿山救护大队和安全部 2 块牌子 1 套人员，集团公司各矿设有驻矿救护中队，救护大队没有直接管理的救援队伍。救护大队组织机构不健全，人员编制不齐全，职能管理不到位。下属中队的人、财、物都由矿上管理，大队只起到集结救援队伍的作用。矿山救护大队的主要领导既不能参加救援指挥部的方案制定又没有直接指挥矿属救护队行动的权力。

（5）救援指挥人员经验不足、专业素质和业务能力不强。这 2 起事故都是由企业领导直接指挥矿山救护队下井实施作业引起的。事实上，矿山救护队是处理矿山灾害事故的专业化队伍，面对的是井下复杂多变的事故灾难，其专业性、业务性，特别是实战性非常强，企业领导不能用生产管理替代救援管理。通化矿业公司的常务副总经理于 4 月 1 日违令安排包括松树救护中队长和永安救护中队长在内的 21 人下井实施火区封闭工作，致使八宝煤矿又发生了"4·1"瓦斯爆炸事故，造成 17 人遇难，其根本原因除企业领导违章指挥外，就是救援指挥员缺乏救援知识和实战经验，业务素质和能力不强。

（6）防护意识严重缺乏，自我保护能力亟须提高。对于严重违章指挥的救援方案，救援队伍、救援人员缺乏自身防护意识，自我安全防范意识差。同时，应急救援自身防卫能力薄弱，导致在制定方案、接受命令、执行救援任务的关键安全关口不能进行自身防护，让危险的救援行动肆意进行，让危险行为不断扩展、不断放大，造成了自身伤亡事故。此次救援事故的惨痛教训，凸显出救援人员提高应急救援自身防护安全意识，熟练掌握和应用应急救援自身防护规定、技能的紧迫性和必要性。

（三）探讨与建议

封闭具有瓦斯爆炸的区域，可科学采用"开放式封闭法"来安全封闭火区。

《矿山救护规程》规定的封闭火区方法有：①首先封闭进风巷中的风墙。②进风巷和回风巷中的风墙同时封闭。③首先封闭回风侧风墙。本例中采用的封闭法大多是进回风同时封闭，如在 3 月 29 日 15 时 30 分开始，同时施工 5 道密闭墙封闭火区，但在封闭中发生了第三次瓦斯爆炸，说明了同时封闭也是不安全的。

在这种情况下，适合采用"开放式封闭法"。开放式封闭法主要有三步：第一步完全封闭进风侧，回风侧开放，人员撤离危险区，这也是开放式封闭法名称的由来。第一步又分为三个环节，一是建筑永久闭墙，预留通风断面；二是封闭预留断面，实现锁口；三是人员撤离危险区。第二步实现火区稳定，其充要条件是回风侧氧气降到抑爆浓度以下。第三步完全封闭回风侧。

第三节 四川省川煤集团芙蓉公司杉木树煤矿 "7·23" 较大瓦斯爆炸事故

摘要： 2013 年 7 月 23 日 0 时 52 分，四川省川煤集团芙蓉公司杉木树煤矿 30 采区 N3022 风巷掘进工作面停电停风造成瓦斯积聚，随后因局部通风机管理不善引发瓦斯爆炸损毁风筒，再次造成停风和瓦斯积聚。矿救护队在恢复通风排放瓦斯过程中不遵守有关规定，再次引起瓦斯爆炸，造成 7 名救护队员遇难。事故发生后，各级政府紧急响应，在确认灾区已无生存条件的情况下，科学分析并制定了向灾区注入 N_2 惰化火区后进行救援的方案。该方案有效避免了救援人员进入灾区所面临的危险。救援人员成功找到并安全搬运了 7 名遇难人员升井，实现了科学救援、安全救援。

一、矿井概况

四川芙蓉集团实业有限公司是四川煤炭产业集团有限责任公司的下属子公司，由原芙蓉矿务局改制形成。其下属杉木树煤矿位于宜宾市珙县，1965 年开工建设，1972 年简易投产，核定生产能力 1.3 Mt/a。矿井证照齐全有效。矿井采用平硐暗斜井开拓，有 2 个生产采区（N24、30 区）、2 个开拓准备采区（N26、NE）。开采方式为走向长壁后退式综合机械化开采，掘进主要采用炮掘和综掘两种工艺，有采煤工作面 3 个，掘进工作面 12 个。矿井为分区对角抽出式通风，6 个进风井，4 个回风井。矿井建有瓦斯抽放系统、紧急避险"六大系统"，采用双回路供电。

事故发生地点位于 N3022 风巷掘进工作面附近。N3022 风巷位于 30 采区滥泥坳向斜北翼，用于 N3022 综采工作面回风，设计长度 866 m，实际掘进 618 m，转向施工 N3022 工作面开切眼 10 m。风巷为梯形断面，锚杆（索）加钢带及喷浆支护。该巷与 N3022 机巷、N3022 中间上山、N3022 开切眼等掘进工作面共用一本《N3022 工作面掘进作业规程》，每天早、中班掘进，夜班检修。该煤层自然发火期 3~6 个月，绝对瓦斯涌出量 2.25 m^3/min，煤层爆炸指数 22.86%。该掘进巷由两组（1、2 号）局部通风机供风，掘进工作面总回风量 750 m^3/min。

二、事故发生简要经过

2013 年 7 月 22 日 5 时，早班各生产作业队召开班前会后，带班矿领导、总工程师黄某某和 542 名作业人员先后入井作业。8 时 27 分，武家岩变电站 35 kV 巡长线闪断，杉木树矿井下局部区域停电，包括向 N3022 风巷掘进工作面供风的两组局部通风机和该巷道内所有电器设备断电。当班瓦斯检查员陶某某立即撤出风巷内所有作业人员。9 时 10 分，局部通风机电源开关恢复送电。9 时 20 分，陶某某检查风巷第一回风合流点 CH_4 浓度正常后，于 9 时 25 分启动 1 号局部通风机排放瓦斯，5 min 后风巷内即发生爆炸。该矿未向集团公司报告，自行决定恢复爆炸巷道通风，安排由救护中队在中班、夜班分段进行瓦斯排放。中班救护队员排放瓦斯 420 m，夜班小队进入 N3022 风巷排放瓦斯时发生第二次爆炸，现场操作的 7 名救护队员遇难。

三、事故直接原因

N3022 风巷掘进工作面煤层存在自然发火现象，停电停风前浮煤的表层以下发生燃烧，未被发现。停风期间缺氧但瓦斯浓度达到爆炸极限，再次启动局部通风机时，氧气浓度迅速增加，达到爆炸条件，导致第一次局部瓦斯爆炸。之后工作面停止了供风，氧气浓度再次下降，瓦斯再次积聚。待救护队员延接风筒到浮煤燃烧火源点附近排放瓦斯时，再次达到爆炸条件，导致第二次瓦斯爆炸，造成 7 人遇难。

四、应急救援工作

（一）企业先期处置

22 日 9 时 30 分，风巷内发生第一次爆炸后，陶某某立即电话报告调度室。当天值班副总经理李某某得知后，立即通知通风副总工程师陈某某带领 5 名救护队员下井对 N3022 风巷进行勘查，同时安排在井下带班的矿总工程师黄某某赶往 N3022 风巷调查了解情况。

9 时 40 分，救护小队 3 名救护队员佩用呼吸器进入 N3022 风巷侦察，陈某某和另外 2 名队员在巷道外待机。经侦察发现，N3022 风巷以内 200～500 m 段巷道内的风筒损坏，皮带托架严重倾倒，钢制压风管多处破损漏气，能见度在 2 m 范围之内，现场未发现明火火源，有瓦斯爆炸迹象。风巷开口以里 180 m 处：CH_4 浓度为 5.5%，CO 浓度为 2000 ppm，CO_2 浓度为 0.8%，O_2 浓度为 16%，T 为 32 ℃，有烟雾。陈某某立即向李某某汇报现场情况。随后，黄某某、陈某某与 3 名救护队员一起，再次进入 N3022 风巷查看，因巷道通风不良，黄某某等 5 人未到达掘进工作面。

出井后，黄某某当面向李某某报告了 N3022 风巷发生瓦斯爆炸的情况，李某某没有将该情况报告芙蓉集团公司，也没有通知煤矿领导班子其他成员，自行安排协调从其他煤矿调运风筒到该矿。12 时 30 分，中班班前会上，李某某安排运输队将风筒运送到 +151 m 轨道石门，安排救护队排放 N3022 风巷瓦斯，其余区域正常作业。

井下第一次停电后，通风组组长陈某按照惯例和相关规定，在没有掌握 N3022 风巷具体实情和有关瓦斯真实数据的情况下，仅根据平时的瓦斯涌出量经验，组织工作人员起草了《杉木树矿业有限公司 N3022 风巷瓦斯排放安全技术措施》，推算 N3022 风巷瓦斯浓度为 10%。通风防灾部、安全监察部、生产调度部、机电运输部等部门相关人员，通风副总工程师陈某某均签字通过该措施。黄某某在未按要求召开技术会审会，未研究解决风巷发生瓦斯爆炸后的瓦斯排放措施的情况下，对该措施签字批准。

16 时 30 分，救护中队长罗某某安排陈某林带领 8 名救护队员到 N3022 风巷排放瓦斯。21 时 58 分，因队员呼吸器氧气压力消耗已达到报警值，陈某林率队撤离，共对 420 m 巷道进行了瓦斯排放。22 时 50 分，出井后陈某林向罗某某汇报了排放瓦斯情况。随即，罗某某带领 6 名队员接班入井继续排放瓦斯。23 日 0 时 52 分，在 N30WB 通风上山联络巷的作业人员突然听到一声巨响，看见联络巷小风门被瞬间冲开，涌起的灰尘布满整个巷道，判断发生事故。调度室接到有关事故报告后，立即通知井下所有人员撤离。

（二）各级应急响应及救援力量组织调遣

事故发生后，正在宜宾开展安全生产督导工作的国务院安全生产督导组代表国家安全监管总局连夜赶到事故矿井，国家安全监管总局、国家煤矿安监局主要领导指派事故调查司、救援指挥中心人员立即赶往现场指导救援工作。四川省政府领导率省级相关部门人员赶往事故矿井，组织救援工作，四川省安全监管局、四川煤矿安监局领导带领相关处室同志赶往现场指导救援。宜宾市委、市政府和珙县县委、县政府及川煤集团公司均启动应急预案，组织有关部门迅速赶赴现场组织救援。国家矿山救援芙蓉队，宜宾、珙县、兴文、筠连、内江、古叙公司救护队等奉命赶赴现场开展救援。

（三）救援经过

杉木树煤矿瓦斯爆炸事故救援示意图如图 1 - 4 所示。

1. 灾区初步侦察

事故发生后，调度室立即通知驻矿救护队入井开展救援，并报告矿领导。23 日 1 时 10 分，救护队副队长陈某林迅速带领 12 名队员入井施救，5 名队员在井下待机，7 名队员进入灾区侦察。1 时 30 分，小队到达 N3022 风巷，发现

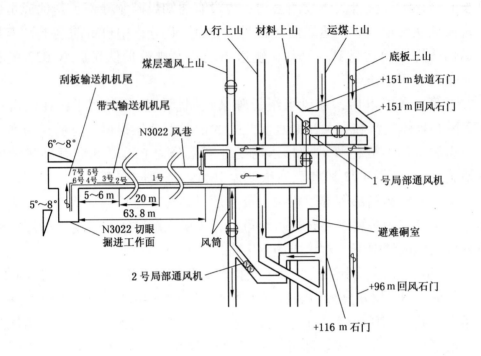

图 1-4　杉木树煤矿瓦斯爆炸事故救援示意图

+145 m 水平 N30 石门 WB 调节风门冲毁。1 时 50 分，小队人员佩戴氧气呼吸器进入灾区搜寻。侦察到 N3022 风巷开口向内 480 m 位置时，温度达到 60 ℃，烟雾很大，能见度约 30 cm，未发现遇险、遇难人员，侦察小队无法继续前行。侦察还发现如下情况：

（1）巷道开口向内 2 m 处：CH_4 浓度为 0.2%，CO 浓度为 15 ppm，CO_2 浓度为 0.1%，O_2 浓度为 20.1%，T 为 25 ℃，岔口风筒弯头脱落。

（2）巷道开口向内 300 m 处：CH_4 浓度为 2.8%，CO 浓度为 160 ppm，CO_2 浓度为 0.8%，O_2 浓度为 18%，T 为 27 ℃；ϕ60 mm 压风管闸门损坏，大量压风涌向巷道。

（3）巷道开口向内 480 m 处：CH_4 浓度为 5.8%，CO 浓度为 3200 ppm，CO_2 浓度为 1.3%，O_2 浓度为 15%，T 为 60 ℃，侦察人员面部和手明显感觉发烫。皮带和皮带架冲向巷道右侧，巷道底板有明显粉尘，巷内有新悬矸，两趟风筒被冲脱，堆积在巷道中部和巷道一侧。

由于现场具有再次爆炸危险，4 时 50 分，侦察小队撤出灾区，向地面指挥部报告灾区侦察情况。

2. 制定并实施灾区惰化的方案

国家安全监管总局和四川省安全监管局、四川煤矿安监局领导到达事故矿井后，指导当地政府成立了抢险救援指挥部，指挥部邀请 4 名通风瓦斯专家到矿指导救援。

专家组分析认为：①被困人员已无生存条件。N3022 风巷 480 m 以内巷道高温达到 60 ℃以上，CH_4 浓度为 5.8%，O_2 浓度为 15%，CO 浓度为 3200 ppm，且时间超过正压氧呼吸器额定工作时间 4 h，被困救护指战人员已不具备生存的条件。②灾区火源没有消除。两次爆炸都是在灾区没有供电的情况下，恢复通风时发生的，可以判断两次爆炸是因为高温火源持续存在，在大量瓦斯积聚的情况下，恢复通风使气体参数进入瓦斯爆炸三角形的爆炸区，引起爆炸。如果瓦斯再次积聚，达到爆炸条件，爆炸还会发生。③救援人员直接进入面临极大风险。救援人员两次进入该巷道侦察均未发现火源，说明火源较为隐蔽，如果再次进入，面临着极高的高温和爆炸风险，威胁生命安全。因此，指挥部根据专家组意见，于 23 日 22 时召开会议确定下一步救援方案：注入 N_2 惰化火区，排除爆炸危险性，降低灾区温度，待灾区 O_2 浓度降到 8% 以下后，再进入灾区侦察和搜寻被困人员。

24 日 15 时，救援人员在 +260 m 水平 S30 采区变电站安装 700 m^3/h 和 1000 m^3/h（备用）制氮机各 1 台。15 时 30 分，制氮机开始运行，通过压风管路向 N3022 风巷注入 N_2，测定有效注入 N_2 量为 500 m^3/h。救护队分 4 班轮流作业，每班 2 个小队，1 个小队入井监护安全，1 个小队地面待机。

截止到 25 日 15 时，经测算，N_2 累计注入 11327 m^3，CH_4 涌出量 3060 m^3，可置换 10 m^2 断面巷道空气 1400 m，为灾区实际体积的 2.3 倍。根据计算，考虑到 N3022 风巷 5°~10° 的仰角因素利于 CH_4、N_2 置换巷道空气等情况，推算灾区巷道内已充满 CH_4、N_2，O_2 浓度足够低，灾区不再具有爆炸危险性。25 日 15 时，指挥部决定派遣救护小队第二次进入灾区侦察。

3. 再次侦察，确认灾区情况

（1）确认被困人员状态。按照计划，救护队在 30 区 +116 m 石门设井下基地，在基地设待机小队、医疗站、储备水、药品、食品以及救灾仪器装备等物资，与灾区小队和地面指挥部保持联系。25 日 14 时，由白胶煤矿救援小队等 3 个救援队入井。15 时 30 分，到达井下基地。16 时 5 分，1 个小队进入灾区侦察，2 个小队在井下基地待机。侦察小队检测灾区 O_2 最高浓度为 4.9%，爆炸冲击迹象明显，发现被困 7 名救护指战员全部遇难，遇难人员裸露皮肤有明显烧伤痕迹，未发现爆源。17 时 40 分，侦察小队撤出灾区。

（2）事故区域情况。①局部通风机正常运转，有一趟 ϕ600 mm 风筒仍在供风，巷道开口内 5 m 处风筒全部损毁，巷道以里无供风。第一个挡车栏以里有 15 节 $\phi800$ mm 风筒吊挂在巷道右帮。

② 巷道支护完好,未发现大面积顶帮冒落。

③ 巷道开口内 480 m、540 m 位置安装有 2 台绞车,350 m、560 m 位置安装有 2 台瓦斯抽放孔钻机,切眼安装 1 台综掘机,风巷掘进工作面有 40 t 辅助刮板输送机 1 台;第二个挡车栏至 N3022 带式输送机机尾处,皮带托架倾倒向巷道外侧,皮带全部垮落;绞车、钻机等大型装备未发现倾斜;距出口方向 3 m 位置,在巷道正中有 1 台开关,往出口方向倾倒;巷道左帮有 2 条供电电缆。

④ 巷道开口向内 535 m 处压风管三通阀损坏,N_2 大量涌出,2 号遇难人员前方 3 m 处压风管损毁,N_2 大量涌出,继续向内,仅少量 N_2 输入,温度 45 ℃。

灾区气体侦察情况见表 1 – 1。

表 1 – 1　灾区气体侦察情况记录表

巷道开口以里地点	CH_4/%	CO_2/%	CO/ppm	O_2/%	N_2/%	T/℃
15 m	19	1	30	4.9	74	28
150 m	20	1	170	3.2	72	28
300 m	31	1	180	2.3	63	29
450 m	32	1	200	2.2	63	29
遇难人员段	60	2	200	2.2	33	45

(3) 遇难人员情况。1 号遇难人员在距离巷道 570 m 处,离带式输送机机尾出口方向约 10 m 处;2 号遇难人员在距离巷道 590 m 处,带式输送机机尾左侧向前 10 m,头向掘进工作面方向,身体向下帮侧卧,面部向上,有烧伤痕迹,佩用 4 h 正压氧呼吸器;3 号遇难人员在距离巷道 595 m 处,在带式输送机机尾正前方,侧倒在呼吸器上,呼吸器靠右侧,面罩脱落;4 号遇难人员在距离巷道 595 m 处,带式输送机机尾正前方,头部偏向切眼方向;5 号遇难人员在距离巷道 595 m 处,在 3 号遇难人员前 2 m 左右;6 号遇难人员在距离巷道 595 m 处,切眼后 2 m 的位置,头朝里,脚朝外,呈侧卧姿势,距巷道偏左帮壁约 2 m;7 号遇难人员在距离巷道 595 m 处,距切眼口外 2 m 处,头部朝掘进工作面,面部向右帮,身体背有呼吸器,头、面罩有烧焦痕迹,身体皮肤烧伤。

根据侦察情况,灾区内 O_2 浓度已降至 8% 以下,灾区不再具有爆炸性,但未能找到爆源，指挥部决定在不改变通风的情况下，由救护队佩用氧气呼吸器进入灾区抢运遇难人员。

4. 搬运遇难人员

根据灾区温度、气体等情况，指挥部将救援队伍分成 11 个小队，1 个小队在地面基地待机，1 个小队进入灾区搬运人员，2 个小队在井下基地待机，与灾区队伍和地面基地保持联系，其余小队负责用担架运送遇难人员，新维煤矿救护队和杉木树煤矿负责灾区外遇难人员的运送工作。

25 日 17 时 58 分至 26 日 5 时 40 分，7 名遇难人员依次运送出井。内江队 2 个小队在运送最后一名遇难人员的同时，再次对灾区进行详细侦察。侦察情况如下：

（1）巷道开口 40 m 处：CH_4 浓度为 18%，O_2 浓度为 4.1%，CO 无，温度为 32 ℃。

（2）巷道开口 100 m 处：巷道基本完好，风筒掉落，悬挂的电缆和带式输送机皮带基本完好，爆炸冲击和燃烧痕迹不明显。

（3）巷道开口 100 m 至 350 m：巷道、带式输送机和皮带基本完好，风筒被爆炸波冲击脱落成团，没有燃烧痕迹。

（4）巷道开口 350 m 至 550 m：巷道基本完好，巷道帮上悬挂的电缆基本完好，带式输送机和皮带全部推向巷道右侧，风筒碎片挂在输送机上，分析冲击波由内往外传播，未发现燃烧痕迹或皮渣黏块；防爆开关倒向巷道出口方向，350 m 处一台钻机没有发生明显移动。

（5）巷道开口 550 m 至带式输送机机尾：巷道少数地方有新片帮痕迹，带式输送机架子和皮带冲击严重，倒向巷道右侧，风筒炸毁严重，多数烧成焦块。

（6）机尾巷道帮上有一个电铃和防爆开关，接近机尾位置有一台钻机，防爆开关倒向出口方向，钻机没有明显的移位。由于佩用的是全面罩呼吸器，视线不清，没有发现电器设备失爆的现象。

（7）机尾架上有一段 50 cm 左右烧焦的风筒，有明显向出口方向冲出的迹象。

（8）机尾正前方有一处低凹地，面积约 1.5 m^2，低凹地前方由低向高有长约 15 m 的浮煤堆积，最高处达 1.5 m。观察堆积浮煤，表面明显由低向高，有向掘进工作面方向冲击的现象，手摸浮煤湿度大。堆积浮煤以里、掘进工作面外 2 m 处发现一顶遇难者矿帽。

（9）进入带式输送机机尾部 10 m 范围内，巷道温度迅速升高，底部更为明显，受环境制约，侦察小队没有翻动浮煤查找热源点。开切眼内巷道基本完好，瓦斯传感器掉在底板上，温度高达50℃，综掘机没有明显移动的痕迹。

26日5时40分，最后一名遇难人员被运出，救援工作结束。

26日14时50分，白皎救护队和珙泉救护队对灾区实施了封闭。

经2013年7月30日、9月1日，事故调查技术组两次进入事故现场勘查，巷道内580～612 m段，堆积浮煤厚度100～500 mm，总量约为9 t，且极为破碎，混合大量矸石，有燃烧后留下的"炭花""炭灰"等痕迹，被认定为两次爆炸火源点。

五、总结分析

（一）救援经验

（1）事故造成人员伤亡后，救援队伍第一时间进入灾区侦察，查明了CH_4和CO等有害气体、巷道内高温以及具有明显烟雾等情况，鉴于灾区爆炸源不明、气体具有爆炸危险性的特点，决定将救援人员撤离灾区，并禁止任何人入井，待制定措施后采取进一步行动，杜绝了盲目施救。

（2）指挥部根据灾区特点，采取开放注氮灭火技术惰化火区，迅速降低了灾区内O_2浓度，达到了窒息和降温的效果，待灾区失去爆炸危险性后再进行侦察和救援，实现了科学、高效以及安全救援。

（二）存在问题

（1）杉木树煤矿领导无视煤矿安全生产有关法律法规，在N3022风巷发生瓦斯爆炸的情况下，刻意隐瞒事故信息，在未查明爆炸原因、未消除事故隐患、人员数量不足、未设待机小队、未编制灾区侦察行动计划的情况下，违规进入灾区侦察，违章指挥救护队按一般安全技术性工作要求排放瓦斯，导致事故发生。

（2）矿山救护队管理混乱。杉木树煤矿经常安排救护队开展与救援无关的工作，导致救护队学习和训练严重不足。该矿救护队的组织机构、灾区侦察和排放瓦斯行动等不符合《矿山救护规程》有关规定要求，队员素质不高，没有拒绝或和抵制违章指挥。

第四节　内蒙古自治区赤峰宝马矿业
"12·3"特别重大瓦斯爆炸事故

　　摘要：2016年12月3日11时10分左右，内蒙古自治区赤峰宝马矿业有限责任公司发生特别重大瓦斯爆炸事故，事故共造成32人死亡、20人受伤，直接经济损失4399万元。事故发生后，党中央、国务院高度重视，对抢险救援等工作作出重要批示。国家安全监管总局派出工作组指导抢险救援工作。自治区各级党委政府快速响应、全力组织指挥事故救援。平庄煤业公司救护大队先后派出6个小队共76名救护队员参加抢险救援。经过全体救援人员共同努力，抢救出遇险人员5人，搜救出遇难人员32人。

一、矿井概况

　　内蒙古自治区赤峰宝马矿业有限责任公司（以下简称宝马煤矿）位于内蒙古自治区赤峰市元宝山区元宝山镇南荒村，井田面积2.82 km²，开采深度由+450 m至±0 m；矿井核定生产能力0.45 Mt/a。采用立井多水平集中上下山开拓方式，有一对立井，主井担负矿井提煤、运人任务，兼作回风井；副井担负全矿井辅助提升任务，兼作进风井。该矿属于低瓦斯矿井，绝对瓦斯涌出量为0.61 m³/min，相对瓦斯涌出量为1.05 m³/t。主采6号煤层，煤层自燃倾向性为Ⅱ级（自燃），自然发火期为1.5~3个月，煤尘有爆炸性。

　　宝马煤矿井下布置有合法生产和越界违法生产两个生产区域。合法生产区域布置3个采掘工作面，分别为642采煤工作面、601采煤工作面和643运输巷掘进工作面。越界违法生产区域布置有8个采掘工作面，包括6040综采放顶煤工作面、6040卸压巷以掘代采工作面、6041准备工作面等3个采煤工作面，6039联络巷等5个掘进工作面。越界违法生产区域瓦斯相关参数没有测定。

　　事故发生在越界违法生产区域的6040综放工作面和6040巷采工作面区域。6040综放工作面走向长542 m，倾斜长100 m，煤厚28 m，采高2.2 m，放煤高度3~5 m。2016年5月中旬开始回采，至事故发生时已经推进372 m。6040巷采工作面在6040工作面进风巷向工作面方向50 m处开口布置，掘进方式为炮掘；以35°坡度向上掘进15 m后，变平掘进，多头布置，呈"鱼刺"型，巷道断面宽2.5 m、高2.2 m，总长204 m。该工作面位于6040综放工作面正上方，垂直距离约6 m。

二、事故发生简要经过

12月3日中午7时30分，宝马煤矿入井179人，其中合法生产区域12人，主要进行系统维护；越界违法生产区域167人，主要进行生产作业。8时30分左右，16人到达6040巷采工作面开始作业，42人到达6040综放工作面作业。10时左右，6040巷采工作面准备放炮时，局部通风机停电停风，6040巷采工作面所有人员撤至盲巷口休息、吃饭。11时左右恢复供电后，电工启动局部通风机，恢复巷采工作面通风。同时，6040工作面作业人员正在进行打眼、监护顶板、电焊维修支架、向减速机注油及工作面巡检等工作。11时7分左右，6040工作面电焊火花引起瓦斯燃烧，产生的火焰向6040工作面进风巷迅速传导。11时10分左右，引起6040巷采工作面区域瓦斯爆炸。随后，爆炸冲击波将盲巷板闭摧毁，盲巷内积存的瓦斯发生第二次爆炸。

三、事故直接原因

宝马煤矿借回撤越界区域内设备名义违法组织生产，6040巷采工作面因停电停风，造成瓦斯积聚；1 h后恢复供电通风，积聚的高浓度瓦斯排入与之串联通风的6040综放工作面，遇到违规焊接支架的电焊火花引起瓦斯燃烧，产生的火焰传导至6040工作面进风巷，引起瓦斯爆炸。

四、应急处置和抢险救援

（一）企业先期处置

3日11时30分，宝马煤矿调度室接到井下事故报告电话后，向矿总工程师刘杰和安全副矿长张洪峰报告，并通知井下作业人员立即升井。11时40分，该矿向赤峰宝马煤炭物资有限责任公司（宝马煤矿上级公司）报告。11时45分，刘杰带领通风科3名工人下井，修复被冲击破坏的风门。12时10分，该矿切断了灾区的全部电源。井下矿工组织自救和互救，成功救出15名受伤矿工。宝马煤矿分别于12时23分、12时27分、12时55分，向元宝山区安全监管局、平庄煤业（集团）有限责任公司救护大队和内蒙古煤矿安监局赤峰监察分局报告了事故。

（二）各级应急响应及救援力量调集

3日13时00分，赤峰市人民政府应急办接到元宝山区人民政府应急办事故报告。14时02分，内蒙古自治区人民政府接到赤峰市人民政府应急办电话报告事故信息，立即启动事故应急响应，内蒙古自治区、赤峰市及元宝山区党委政府及有关部门负责人陆续到达事故现场，成立救援指挥部，全力组织事故抢险救援。15 时 2 分接到事故报告后，国家安全监管总局、国家煤矿安监局主要负责人率工作组紧急赶赴事故现场，指导事故救援和善后处理等工作。15 时 35 分，内蒙古自治区人民政府应急办向国务院总值班室报告事故信息。党中央、国务院高度重视，国务院总理李克强，国务院副总理刘延东、马凯，国务委员郭声琨、王勇等领导同志立即做出重要批示，就千方百计搜救被困人员、做好伤员救治等工作提出明确要求。

平庄煤业公司救护大队接到事故电话后立即出动，2 个救护小队于 12 时 38 分到达事故矿井，随后 4 个救护小队增援，先后派出 6 个小队共 76 名救护队员参加抢险救援。

（三）抢险救援过程

宝马煤矿事故救援示意图如图 1-5 所示。

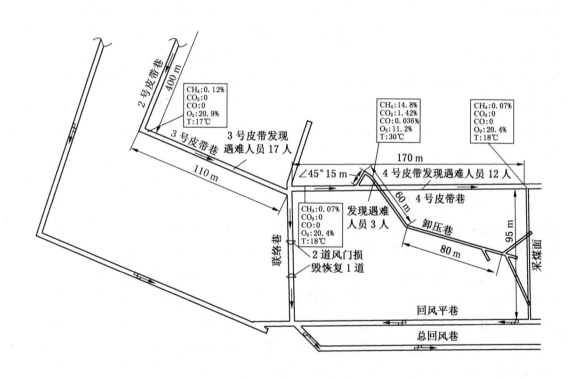

图 1-5　宝马煤矿事故救援示意图

平庄救护队到达事故矿井后，立即了解井下事故发生的原因、地点、范围、遇险人数及分布位置和矿井主要通风机运转等情况，通过矿井安全监控系统了解井下东区总回风有害气体情况，对井下灾区进行分析和判断。救护大队长、副大队长与矿长协商制定了侦察搜救方案，即由四中队的二小队、三小队携带必要装备同时从矿井进风侧入井，并在新鲜风流侧选择符合要求的地点建立井下救援基地。进入灾区侦察搜救的行动路线为：由6040采煤工作面运输皮带道进入，如果侦察受阻或出现异常情况，原路返回基地，向指挥组汇报。

3日12时45分，救护队副大队长带领二小队（10人）和三小队（9人）入井，13时15分，经勘察和请示救援指挥小组同意，在东区203变电所建立井下救援基地，安排三小队在此待机。副中队长带领二小队10人从进风巷道前往灾区搜救人员，在3号皮带机头处及以里发现1号遇难矿工，以里12 m处发现2号遇难矿工。13时28分，行至3号皮带机头以里20 m处发现第一名遇险人员，以里27 m发现3号遇难矿工。13时43分，行至3号皮带机头以里30 m处发现第二名遇险人员。测量此处气体浓度，甲烷2%、一氧化碳0.002%、氧气19%。救护队将2名遇险人员相继护送到井下基地。二小队继续向前侦察，行至3号皮带机头以里50～101 m，发现4—10号遇难矿工。在联络巷岔口处发现11—14号遇难矿工，在4号皮带机头处发现15—17号遇难矿工。至14时35分，共发现17名遇难矿工和2名遇险伤员，对联络巷破坏的风门进行了简易修复。侦察发现4号皮带机头处巷道设施损坏较重，甲烷浓度升高到4.6%、一氧化碳0.032%、氧气16%、温度31℃。为防止发生次生灾害，救护队于15时05分返回井下基地，同时，将灾区情况向救援指挥部汇报。

指挥部根据初步侦察结果，通过多组检测数据，对灾区情况进行认真细致的分析，认为事故区域具备安全搜救的条件后，决定让四中队的二小队升井休整，派遣第二批救援队伍。15时55分，第二批救援队伍入井，一中队的二小队（11人）、三中队的三小队（8人）进入灾区搜救人员，二中队二小队去联络巷修补风门，四中队三小队去3号皮带机头接应侦察小队。17时10分，在4号皮带机头处，发现18—20号遇难矿工，行至4号皮带机头以里18 m发现21号遇难矿工，以里20 m发现第三名遇险人员，此处测得甲烷4%、一氧化碳0.004%、氧气19%。一中队二小队将第三名遇险人员抬送至井下基地后转为待机队。18时10分，三中队三小队行至4号皮带机头以里27 m发现22、23号遇难矿工，以里70 m发现24号遇难矿工，以里96 m发现25号遇难矿工，以里约100 m处发现第四名遇险人员，此处测得的气体情况：甲烷4%、一氧化碳0.004%、氧气19%。行至4号皮带机头以里140 m发现27号遇难矿工，以里约150 m处发现第五名遇险人员，此处测得甲烷2%、一氧化碳0.002%、氧气19%。19时25分，一中队二小队继续对4号皮带机尾及采煤工作面进行侦察搜救，在 4 号皮带机尾发现 28、29 号遇难矿工。在此阶段侦察搜救过程中相继发现 12 名遇难矿工和 3 名遇险伤员。

23 时 40 分，指挥部命令四中队二小队（10 人）入井到卸压巷侦察搜救人员。救护队进入斜巷 12 m，发现 30—32 号遇难矿工，卸压巷前端检测甲烷 14.8%、一氧化碳 0.036%、氧气 11.2%、温度 30 ℃，没有发现火源。至此，灾区所有巷道侦察搜救完毕，救护队共发现遇难矿工 32 人，抢救遇险伤员 5 名。

根据对卸压巷的侦察结果，指挥部认为卸压巷里各种有害气体浓度较高，对下一步搬运遇难矿工不利。为了能够安全快速搬运遇难矿工，指挥部研究决定，将卸压巷进行临时封闭。4 日 3 时 5 分，风障建造完毕，全部人员撤回到井下基地。此时灾区入风 1、2、3、4 号皮带巷通风正常，井下遇难人员全部处于新鲜风流巷道中，指挥部决定由矿方召集部分工人入井配合救护队搬运遇难矿工。截止到 4 日 9 时 30 分，所有遇难矿工全部升井。9 时 50 分，井下人员全部升井，救援工作结束。

五、总结分析

（一）救援经验

（1）领导高度重视、靠前指挥、组织得当。国务院领导同志对抢险救援和伤员救治工作提出明确指示和要求。国家安全监管总局、国家煤矿安监局、自治区政府主要领导及相关部门负责人赶赴事故矿井指导救援工作。赤峰市及元宝山区党委、政府迅速组织、平庄煤业公司领导和救援专家现场指导，全力开展事故救援工作。各级领导始终坚守在救援前沿阵地，分析研判灾情、指挥抢险救援。

（2）科学施救、安全施救。救援指挥部始终坚持"以人为本，安全第一，生命至上"的救援理念，根据现场情况制定科学合理、稳妥可行的救援方案，高效完成了救援任务。

（3）救援队伍素质过硬。救护队大队长、副大队长有序组织、科学指挥，各级指战员及后勤人员反应迅速、密切配合，各救护小队和全体救援人员听从命令、勇往直前。在短时间内，救护队组织 6 支救援小队投入抢险救援工作，各种救援车辆 10 余辆，救援力量得到充分保障。参战指战员发挥了特别能战斗的精神，二中队二小队在井下连续奋战 18 h，有的小队多次入井开展救援工作，确保了救援工作安全、高效、有序进行。

（4）先进的救援装备保障。救护队携带使用卫星通信指挥车、气体化验车、KJ30 井下救灾通信系统、救援宿营车等先进装备参加救援，为本次成功救援提供了技术装备方面的有力保障。

（二）存在问题及建议

（1）应严格做到救援"三对照"。在救援过程中，救护队虽然在井下给遇难者编了顺序号，但未给遇难者佩戴编号牌，导致遇难人员身份核对不清。在实际抢险救援工作中，应努力做到侦察草图、现场实物及人员和井下路线图相互对照，确保信息准确，为抢险救援和事故调查处理提供可靠依据。

（2）应强化气体检测分析工作。由于温度变化、天气极寒，致使气体检验仪器发生偏移，气体化验员按照正常流程进行操作，初次检验结果出现明显错误，发现后及时进行了调整。要加强装备仪器在不同环境下的实操演练和专项训练，全面掌握各种装备仪器的操作性能，维护保养好各类救援检查、检测仪器，确保救援仪器随时备用好用。

（3）应进一步细化救援准备工作。通过此次救援发现，个别救援细节还存在疏漏，记录内容不够全面，事先准备工作不够充分，要进一步细化救援准备及救援过程中的各项工作，以达到快速、有序、高效救援的目的。

第五节　黑龙江龙煤集团七台河分公司东风煤矿
"11·27" 特别重大煤尘爆炸事故

摘要： 2005 年 11 月 27 日 21 时 22 分，黑龙江龙煤矿业集团有限责任公司七台河分公司东风煤矿发生一起特别重大煤尘爆炸事故，造成 171 人死亡，48 人受伤，直接经济损失 4293 万元。事故发生后，龙煤集团和七台河分公司立即启动事故应急预案，组织抢险救援。党中央、国务院高度重视，国家安全监管总局和国家煤矿安监局主要领导率工作组、黑龙江省委省政府主要领导带领有关人员立即赶赴现场，指导抢险救灾工作。在抢救指挥部的有效指挥下，多支救护队联合作战、全力施救，采取了侦察救援、通风救援的救援方案，抢救出遇险矿工 73 人，搜救出全部遇难矿工 171 人（地面皮带机房 2 人、井下 169 人），于 12 月 5 日完成了应急救援任务。

一、矿井概况

东风煤矿是原国有重点煤矿，隶属于原七台河矿务局。1998 年改制为七台河精煤集团有限责任公司。2004 年七台河分公司划入龙煤集团。东风煤矿各种证照均在有效期内。2005 年核准生产能力为 0.5 Mt/a。矿井开拓方式为斜井多水平开拓，四条斜井入风，立风井回风，安装两台 G4 - 73 - 44ND - 28D 主要通风机，通风方式为分区抽出式通风，矿井总入风量 6442 m^3/min，总排风量 6703 m^3/min。矿井瓦斯等级为高瓦斯矿井，相对瓦斯涌出量为 18.14 m^3/t，绝对瓦斯涌出量为 22.28 m^3/min，矿井安装 KJF - 2000 型瓦斯监测系统，消防尘管路齐全。全矿现开采 5 个煤层，分别为 61、62、67、68 和 72，厚度 0.6 ~ 0.9 m，各层煤尘爆炸指数 32.3% ~35.2%，各煤层煤尘具有强爆炸性。

二、事故发生简要经过

2005 年 11 月 27 日，东风煤矿 275 皮带道主煤仓发生堵塞，在没有制定安全措施的情况下，现场作业人员决定采用爆破办法，排除堵塞问题。21 时 22 分，随着爆破一声巨响，引发了煤尘爆炸事故，造成皮带机房被摧毁，井筒塌陷，主要通风机停止运转，防爆门及反风设施严重破坏。地面皮带机房 2 人遇难，当时共有 242 人在井下作业。

七台河精煤公司东风 "11·27" 煤尘爆炸事故示意图如图 1-6 所示。

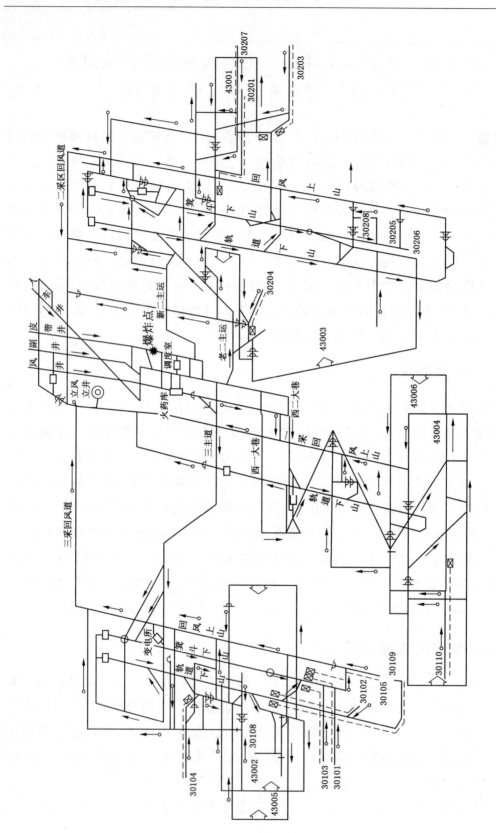

图 1-6 七台河精煤公司东风 "11·27" 煤尘爆炸事故示意图

三、事故直接原因

工人在处理 275 皮带道主煤仓堵塞时违规爆破，导致煤仓给煤机垮落、煤仓内的煤炭突然倾出，带出大量煤尘并造成巷道内的积尘飞扬达到爆破界限，爆破火焰引起煤尘爆炸。

四、应急处置和抢险救援

（一）企业先期处置

事故发生后，值班调度员听到巨响，矿井停电，井上下通信中断。调度员立即报告矿领导，22 时 5 分矿领导到达现场，察看灾情后立即向上级领导报告，随后逐级上报事故，并通知矿山救护队。22 时 40 分开始，七台河分公司有关负责人、主要负责人和龙煤集团主要领导陆续赶到现场，先后成立临时抢救指挥部、七台河（七煤）分公司抢救指挥部和龙煤集团抢救指挥部，调集集团公司所属各矿山救护队、组织集团公司相关力量开展抢险救灾和救灾保障工作。

（二）各级党委、政府应急响应

事故发生后，党中央、国务院高度重视，胡锦涛总书记、温家宝总理分别作出重要批示，要求调动各方面力量，制定系统的抢救方案，千方百计抢救井下人员，精心治疗受伤人员，防止次生事故发生，确保抢险安全。国家安全监管总局局长李毅中、国家煤矿安全监察局局长赵铁锤和副局长付建华率工作组指导抢险救援工作。黑龙江省委、省政府主要领导和分管领导带领有关人员，立即赶赴现场，成立黑龙江省人民政府"11·27"事故抢救指挥部，分管副省长任总指挥，全力组织抢险救灾工作。七台河市委、市政府主要领导在第一时间赶到现场，协助指导抢险救灾。

（三）应急救援队伍快速集结

11 月 27 日 22 时 41 分，七台河市救护队到达现场。22 时 57 分，七台河分公司救护大队直属中队、新建中队到达事故现场。随后，其他 5 支救护中队（桃山、新兴、富强、龙湖）50 名指战员也都先后到位。28 日 5 时，鸡西分公司救护大队 5 个小队 55 人到达现场；8 时，鹤岗分公司救护大队 5 个小队 70 人到位；8 时 20 分，双鸭山分公司救护大队 4 个小队 49 人到达事故矿井。根据抢险需要，七台河救护大队于 28 日又集中调来 12 个救护小队共 110 人参加救援。龙煤集团 4 个分公司救护队和七台河市救护队共出动 35 个小队、398 名指战员参加救援。

（四）抢险救援过程

在先后成立的各级抢救指挥部的组织指挥下，在国家安全监管总局工作组的协助指导下，在社会各界的大力支持下，救援人员全力开展抢险救援工作。救援过程大致分为4个阶段。

（1）初步侦察搜救，设立救援基地。七台河市救护队和七台河分公司救护队相继到达现场后，临时抢救指挥部和七煤抢救指挥部立即组织救护队下井侦察和搜救。11月28日22时59分，七煤救护大队副大队长带领直属中队10人、新建中队10人分别从人车井、副井进入灾区侦察搜救。28日1时20分，七煤救护大队桃山中队9人、七台河市中队6人分别从皮带井（主井）进入灾区侦察搜救。经过4个救护小队4个小时的侦察搜救，28日2时45分，抢救出遇险人员20人，发现遇难人员54人。同时，恢复矿井主要通风机通风，使回风立井 CO 浓度由1400 ppm 逐渐降到40 ppm，CH_4 浓度由0.5% 下降到0.2%。恢复通风后，在井下 -200 六片设立井下救援基地。

（2）加强井下救援力量，全力搜救遇险人员。龙煤集团抢救指挥部和省人民政府抢救指挥部相继成立，鸡西、鹤岗、双鸭山分公司救护队和七台河分公司第二批救护队先后到达现场后，指挥部加强了井下侦察搜救力量。28日6时40分，七煤救护队2个小队20人进入三采区；7时20分，鸡西救护队3个小队27人进入二采区；8时15分，鹤岗救护队1个小队9人进入一采区进行侦察和搜救。9时40分，抢救指挥部命令4个救护大队8个小队72人进入井下基地接受任务。17时15分，又有4个救护小队36人到达井下基地待机，随时接受救援任务。自事故发生至28日21时，救护队经过近23个小时的全力搜救，抢救出遇险人员73人，遇难人员138人。针对三采区30101掘进面等部分地点 CH_4 和 CO 浓度较高的情况，抢救指挥部安排救护队在爆炸危险性较大地点接设了束管系统24小时连续监测气体成分。

（3）全面搜救井下人员，恢复采区通风系统。29日1时25分，抢救指挥部分批次安排救护队下井进行全面、反复侦察和搜救。29日12时30分，鸡西救护队9人到一采区侦察，分别在绞车房附近发现2名遇难人员、在变电所发现2名遇难人员，检测有害气体不超标。30日2时40分，七煤救护队3个小队侦察43002采面发现3名遇难人员。10时，双鸭山救护队13人侦察43005采面，发现6名遇难人员。七煤桃山中队7人侦察30109掘进面，发现5名遇难人员。12月1日8时40分，市救护队7人进入三采区右二煤仓上口发现2人遇难。2日，抢救指挥部又组织救护队对二采区、三采区煤仓、下山和15个掘进面等地点进行重新搜寻。截至2日21时，共发现遇难人员为167人，还有 2 名遇难人员下落不明。在侦察中检测到三采区 30109 掘进面 3 m 处 CH₄ 浓度 10% 以上，43005 采煤上巷 CO 浓度为 30 ppm、CH₄ 浓度为 2%。在侦察搜救的同时，抢救指挥部开始恢复 3 个采区的通风系统，至 12 月 3 日完成测风、调风，矿井通风系统基本恢复。

（4）全面排放井下瓦斯，搜救最后 2 名失踪人员。12 月 3 日，检测到三采区 30101、30104、30108 和 30109 掘进工作面瓦斯积聚严重，威胁搜救安全，抢救指挥部决定全面进行排放瓦斯。从 12 月 3 日 16 时至 4 日 21 时，5 支救护中队排放 7 条共计 5140 m 巷道瓦斯。4 日 23 时，在三采区煤仓口向外 30 m 处，在矿车底发现 1 名遇难矿工。5 日 21 时 45 分，在六片主运巷铁棚子 8 m 冒落区内发现最后 1 名遇难人员（第 169 人）。至此，矿井所有遇险、遇难人员全部找到。

五、总结分析

（一）救援经验

（1）各级领导高度重视，抢险指挥部正确决策。事故发生后，胡锦涛总书记、温家宝总理，以及黄菊副总理、华建敏国务委员都分别作出重要批示，对抢救井下人员、精心救治伤员、防止次生事故、确保救援安全、做好善后工作等提出明确要求。国家安全监管总局主要负责人率领工作组赶赴现场，传达党中央、国务院领导批示精神，与抢救指挥部一起研究救灾方案，指导事故救援工作。黑龙江省省委、省政府主要领导、分管领导率领有关部门负责人赶到现场，组织指挥抢险救灾工作。七台河市市委、市政府主要领导第一时间赶到现场，协助组织救援工作。相继成立了七煤分公司、龙煤集团、黑龙江人民政府事故抢救指挥部，保证了救援组织指挥工作的及时和有序，并且上级指挥部成立后，原指挥部负责人自动成为指挥部成员并深入井下指挥。抢救指挥部靠前指挥、认真研究、科学决策、组织有力，保障了抢险救灾的顺利进行。

（2）多次救护队联合作战，救援行动协调有序。事故救援过程中，龙煤集团 4 个分公司救护队和七台河市救护队 35 个救护小队联合作战，抢救指挥部指挥协调有序，做到每个小队任务明确，进入工作地点都要带图、上图、记录，完成任务彻底无误并做好标记。联合救护队负责人对小队侦察行进图进行了汇总，查清巷道情况，为决策寻找遇险、遇难人员提供了详细依据，避免了重复侦察而带来的救援资源浪费；做到了有巷必入，防止了遗漏疏忽，提高了搜救遇险遇难人员的效率。

（3）指战员素质过硬，新装备发挥作用。抢救过程中，广大救护指战员连续不断进入灾区侦察、搜救，每执行一次任务都需要 4~6 h，体现出救护队员不畏艰险、特别能战斗的作风。同时，也体现出广大救护指战员的过硬的业务素质和身体素质，经过连续 9 昼夜的紧张抢险救援，圆满完成了救援任务。救护队配备的移动气体分析化验车、束管监测系统等装备在救灾中发挥了一定作用。

（二）存在问题

（1）部分应急救援装备落后，不能适应重特大事故抢险救援需要。在这次事故救援过程中，由于气体测定仪器不统一，测定方法不一致，致使测定气体数据结果存在较大误差，给救灾决策带来不便，影响了救援效率。二氧化碳灭火装置体积较大、重量沉、不易搬运和操作。

（2）一些救护队装备配备不足，培训不到位。七煤救护队没有气体分析化验车，救援开始阶段气样分析化验要跑到鸡西，分析时间较长。有的指战员气体检测方法掌握不熟练，导致检测气体数据有误，业务素质培训有待进一步加强。

第六节　瓦斯、煤尘爆炸事故应急处置及
救援工作要点

一、事故特点

（一）瓦斯爆炸事故特点

瓦斯爆炸一般发生在煤矿井下采掘工作面，多发生在采煤工作面回风隅角、采煤机附近、掘进工作面迎头以及巷道冒落处。矿井采空区或者盲巷由于封闭不及时、不严密、漏风严重而导致煤炭自燃，当瓦斯达到爆炸浓度时，也可能发生瓦斯爆炸。根据爆炸强度、影响范围和爆炸次数，可分为局部瓦斯爆炸、大范围瓦斯爆炸和连续瓦斯爆炸。

瓦斯爆炸对遇险人员的主要危害是高温灼烧、高压冲击和有毒有害气体中毒窒息。爆炸会破坏巷道和通风构筑物，引起矿井、采区风流紊乱，导致高温有毒有害气体进入进风区域而扩大爆炸影响范围。爆炸还可能引发火灾和二次或多次爆炸。瓦斯爆炸后可能出现的二次或多次爆炸，是对救援人员安全的最大威胁。

1. 局部瓦斯爆炸事故

（1）仅发生在局部区域的瓦斯积聚点，参与爆炸的瓦斯量较少，爆炸后产生的冲击波、爆炸火焰以及有毒有害气体对矿井影响较小，矿井通风系统未破坏或破坏不严重。

（2）人员在200～300 m以内受冲击波和爆炸火焰伤害比较严重，300 m以外伤害不严重。当巷道拐弯多时，冲击波和爆炸火焰的威胁降低很快，人员伤害轻或无伤害。

（3）一般情况下，爆炸对巷道支护的破坏不大。但如果巷道支护质量差、煤岩松软、顶板破碎，也会产生煤岩垮落和冒顶，甚至造成巷道或工作面堵塞和埋人的情况。

（4）采煤工作面发生爆炸，在爆炸点附近的人员，主要受冲击波和爆炸火焰的伤害；在回风侧的人员，主要受有毒有害气体的伤害；在冲击波和爆炸火焰波及不到的进风侧，人员无伤害。

（5）掘进工作面发生爆炸，通风设备、设施被破坏，巷道里的人员除受冲击波和爆炸火焰的伤害外，受有毒有害气体的中毒危害也很严重。

2. 大范围瓦斯爆炸事故

（1）参与爆炸的瓦斯量大，爆炸产生的冲击波、爆炸火焰及有毒有害气体可能影响到采区、阶段、一翼甚至整个矿井。矿井通风系统遭到破坏甚至严重破坏，恢复通风比较困难。

（2）爆炸产生的冲击波、爆炸火焰对人体伤害及对矿井各种设备、设施的破坏很严重。

（3）短时间可能发生风流逆转和风流紊乱现象，有毒有害气体快速蔓延，并进入进风侧，造成大量人员中毒。

（4）巷道支护破坏严重，可能出现大面积冒顶，造成堵、埋人员，给抢救遇险人员带来极大困难。

（5）容易引起煤尘爆炸和二次瓦斯爆炸，也容易引起火灾事故，处理十分困难。

3. 连续瓦斯爆炸事故

（1）矿井发生瓦斯爆炸事故后，由此引发二次或多次瓦斯爆炸事故，此类事故往往发生在瓦斯涌出量大和漏风补给充足的爆炸灾区，已出现自燃引发爆炸的采空区，以及其他有机电设备并且瓦斯积聚的区域。

（2）连续瓦斯爆炸的次数和相临两次爆炸的间隔时间与灾区的瓦斯涌出、通风状况有直接关系。灾区的瓦斯源充足，有大量的空气补给，连续爆炸的次数增加，间隔时间缩短。由于目前对爆源附近区域的瓦斯、空气、温度、气体流态等状况的动态变化还无法及时掌握和准确分析，连续瓦斯爆炸的次数和爆炸间隔时间至今难以预先准确判断。同一起连续爆炸事故，爆炸间隔时间也有很大差异，可能为几分钟、几十分钟、几小时甚至十几小时。

（3）连续瓦斯爆炸容易引起煤尘爆炸的连锁反应。连续爆炸对救援人员威胁最大，事故处理更加复杂、困难。

（二）煤尘爆炸事故特点

（1）煤尘爆炸事故大多是伴随瓦斯爆炸而发生，单独的煤尘爆炸事故发生较少。

（2）煤尘爆炸时产生一氧化碳浓度很高，一般为 1% ~ 2%，有时可达到 7% ~ 8%，甚至达 10% 以上。温度可达到 2300 ~ 2500 ℃。

（3）爆炸冲击波（可达到 2340 m/s）会将巷道中的落尘吹扬变为浮尘，容易发生连续爆炸，其时间间隔极短。

（4）连续爆炸时，距爆源越远，其破坏力越大。初次爆炸产生的压力可达到 736 kPa，第二次爆炸产生的理论压力是第一次的 5 ~ 7 倍，第三次爆炸产生的理论压力又是第二次的 5 ~ 7 倍，以此类推。即使扣除爆炸传播的衰减因素，爆炸压力仍会迅速增加。因此，连续爆炸往往造成大量人员伤亡。

二、应急处置和抢险救援要点

（一）现场应急措施

（1）现场人员在突然感觉到风流停滞、震荡，耳鼓膜有压力或者含尘气流冲击等爆炸冲击波传播迹象时，为减小随后燃烧波的威胁，应迅速采取以下自救措施：①立即屏住呼吸就地卧倒，用湿毛巾快速捂住口鼻，并戴好自救器；②用衣物盖住身体裸露部分，使身体露出部分尽量减少，以防止爆炸瞬间产生的高温灼伤身体；③在爆炸冲击波过后，按照避灾路线迅速撤离现场，并向调度室报告。

（2）现场人员在发现爆炸事故发生迹象时，如听到爆炸声响、看到含尘烟流等，要立即屏住呼吸佩戴自救器，按照最短的安全避灾路线，尽可能避免进入有毒有害气体入侵巷道，迅速撤至安全地点直至地面，并向调度室报告。

（3）带班领导和班组长负责组织撤离和自救互救工作，安排现场人员及时外运伤员，在撤离受阻时应紧急避险。在安全情况下，采取断电等措施，控制事故的危害和危险源，防止事故扩大。

（二）矿井应急处置要点

（1）启动应急预案，及时断电撤人。调度室接到爆炸事故报告后，立即通知撤出井下受威胁区域人员，按规定切断灾区及其影响范围内的电源（掘进工作面局部通风机电源除外），防止再次爆炸。严格执行抢险救援期间入井、升井制度，安排专人清点升井人数，确认未升井人数。

（2）通知相关单位，报告事故情况。第一时间通知矿山救护队出动救援，通知当地医疗机构进行医疗救护，通知矿井主要负责人、技术负责人及各有关部门相关人员开展救援，通知可能波及的相邻矿井和有关单位，按规定向上级有关部门和领导报告。

（3）采取有效措施，组织开展救援。矿井应保证主要通风机正常运转。矿井负责人要根据事故情况，调集企业救援力量，在确保安全的情况下，采取一切可能的措施，迅速组织开展救援工作，积极抢救被困遇险人员，防止事故扩大。

（三）抢险救援技术要点

（1）了解现场情况，调集救援资源。各级领导和救援队伍到达现场后，首先要了解掌握以下情况：爆炸地点及其波及范围、遇险人员数量及分布位置、灾区通风情况（风量大小、风流方向、通风设施的损坏情况等）、监测监控系统是否正常、灾区气体情况（瓦斯、一氧化碳等浓度和烟雾大小）、巷道破坏程度、是否引发火灾及火灾范围、主要通风机的工作情况（是否正常运转，防爆门是否被吹开、损坏，通风机房水柱计读数是否发生变化等），以及已经调集的救援队伍和救援装备等情况。根据需要，增调救援队伍、装备和专家等救援资源。

（2）组织灾区侦察，抢救遇险人员。首先要进行灾区侦察，组织矿山救护队选择最近的路线，以最快速度到达被困人员最多的事故区域，发现遇险人员立即抢救。要保持地面指挥部与井下基地、井下基地与进入灾区救护队之间的通信联系。侦察时要探明灾区火源、瓦斯和氧气浓度以及爆源点的情况，顶板冒落及支架、水管、风管、通信线路情况，电气设备、局部通风机、通风系统情况以及人员伤亡情况等。救援指挥部根据已掌握的情况、监控系统检测数据和灾区侦察结果，分析和研究制定救援方案及安全保障措施。

（3）分析恢复通风的安全性，采取相应措施。在矿井主要通风机已停止运行情况下，必须分析重启矿井通风对灾区影响及诱发再次爆炸的危险性。在无法判断灾区是否存在再次爆炸危险性的情况下，应隔离灾区后再重启矿井主要通风机；在灾区局部通风机已停止运行情况下，应检查灾区是否残存火源并分析恢复通风供氧引发瓦斯爆炸的危险性，恢复通风可能导致爆炸的危险未能排除时，不得随意开启风机。在矿井、灾区通风机尚未停止运行情况下，不得随意停风，避免瓦斯积聚引发瓦斯爆炸。

（4）恢复灾区通风，抢救遇险人员。在无爆炸危险的情况下应尽快恢复通风，抢救遇险人员，排除爆炸产生的烟雾和有毒有害气体，在保障安全的情况下积极抢救遇险人员。组织恢复通风设施时，遵循"先外后里，先主后次"的原则，由井底开始由外向里逐步恢复，先恢复主要的和容易恢复的通风设施。损坏严重，一时难以恢复的通风设施可用临时设施代替。恢复掘进巷道通风时，应将局部通风机安设在新鲜风流处，按照矿井排放瓦斯的规定和措施进行操作。

（5）采取其他措施，抢救遇险人员。如果恢复灾区通风存在瓦斯爆炸危险或通风设施破坏，不能恢复通风时，在保障救援人员安全的情况下，应全力以赴抢救遇险人员。如果爆源点位于矿井、采区或工作面进风区域，在保证对应区域进风方向人员已安全撤退的情况下，可采取全矿、区域或局部反风措施。反风后，从原回风侧进入灾区实施救援。

（6）加强巷道支护，清理堵塞物。穿过支护破坏地区时，应架设临时支护，保证救援队伍退路安全。通过支护不良地点时，应逐个顺序快速通过，不得推拉支架。遇有巷道堵塞影响侦察抢救时，应先清理堵塞物。若巷道堵塞严重、短时间不能清除时，应考虑从其他巷道进入灾区侦察搜救。同时要恢复堵塞区外的通风，以保证其他救护队员的监护工作和做好进入灾区抢救遇险人员的准备工作。

（7）扑灭因爆炸产生的火灾，防止再次发生爆炸。在灾区内发现火灾或残留火源，应立即组织扑灭。火势很大，一时难以扑灭时，应设法阻止火焰向遇险人员所在地蔓延。有瓦斯爆炸危险，用直接灭火法不能扑灭，并确认火区内遇险人员已无生还可能，可考虑先对火区进行封闭，再采取其他灭火措施控制火势和扑灭火源，待火区熄灭后，再组织搜寻遇难人员。

三、安全注意事项

（1）进入灾区时，加强灾区气体浓度检测，侦察是否存在火源，分析研判救援期间灾区状态变化，以及再次发生爆炸危险性，避免发生二次爆炸伤人。当瓦斯浓度达到2%并继续上升时，应立即撤出灾区。

（2）应注意在灾区缺氧环境下，现场检测瓦斯、一氧化碳等气体浓度可能产生的误差对灾区状态危险性判断的影响。

（3）在恢复通风前，必须组织查明有无火源存在，是否会再次引起爆炸。

（4）应由专人看守风门，不得随便开关风门，防止工作面产生压力波动引发再次爆炸。

（5）井下基地附近空气中的有毒有害气体浓度超过安全界限规定时，应撤离该基地，选择安全地点重新建立井下基地。

四、相关工作要求

（1）严禁盲目入井施救。救援过程中，如果发现具有爆炸危险性的灾区状态恶化，再次发生爆炸的可能性增加时，救援人员应立即撤离灾区。在已发生爆炸的灾区，无法排除发生二次爆炸的可能且无法判断其强度和影响范围时，严禁任何人入井，制定安全保障措施后方可采取进一步行动。

（2）严禁冒险进入灾区施救。在独头巷道较长，有毒有害气体浓度高，没有消除火源，支架损坏严重，且确知灾区无人或遇险人员已没有生存可能的情况下，严禁冒险进入灾区探险、强行施救。应在恢复通风、维护好支架，将有毒有害气体浓度降到安全范围内后，方可进入搬运遇难人员。

（3）发生连续爆炸时，现有技术无法对爆炸间隔时间进行准确预判，人员进入灾区还可能对风流状态产生扰动，存在引发再次瓦斯爆炸的危险，严重威胁救援人员安全，严禁利用爆炸间隙进入灾区侦察或搜救。

（4）发现已封闭火区爆炸造成密闭墙破坏时，严禁派救护队侦察或在原地恢复密闭墙，应采取安全措施，实施远距离封闭。

第二章　煤与瓦斯突出事故应急救援案例

第一节　河南省郑煤集团大平煤矿"10·20"特别重大煤与瓦斯突出及爆炸事故

摘要： 2004年10月20日22时9分，大平煤矿发生煤与瓦斯突出。22时40分，由架线电机车电火花引发西大巷瓦斯爆炸，造成148人死亡，32人受伤，直接经济损失4700余万元。党中央、国务院领导高度重视，并作出重要指示，派出以国务委员兼国务院秘书长华建敏为组长的国务院工作组赶赴现场，指导抢救工作。郑煤集团调集了10支救护中队、22个小队、261名指战员参加事故抢救。在指挥部正确决策和指挥下，先后采取了恢复通风、加固巷道、排除积水及有害气体等有效救援方案和措施，克服艰险排除了炸药库危险源，全体救援人员顽强奋战22天14小时，成功救出6名遇险人员，搜寻出148名遇难人员。

一、矿井概况

大平煤矿隶属于河南省郑州煤炭工业（集团）有限责任公司，位于河南省郑州市西南60 km，登封市与新密市交界处。该矿于1982年建矿，1986年投产，2003年矿井核定生产能力为1.3 Mt/a。大平煤矿采用立井单水平上、下山开拓，有11、13、14、16四个生产采区，15、21两个准备采区，井下共有2个采煤工作面，5个煤巷掘进工作面，3个岩巷掘进工作面。开采煤层厚度变化较大，厚度为1.1～30 m，多为5～7 m。煤尘爆炸指数为16.21%，煤层属不易自燃煤层，绝对瓦斯涌出量26.16 m^3/min，相对涌出量11.47 m^3/t，属于高瓦斯矿井。该矿采用抽出式通风方式，副井进风，西风井和东风井回风；井下建有瓦斯抽放系统，在13和16两个采区进行了瓦斯抽放。矿井设有避难硐室和装有KJ90安全监控系统。该矿21岩石下山设计为采区专用回风巷，自11采区上车场±0 m标高开口，总长度1700余米，位于煤层的底板灰岩内，距煤层12～15 m。

二、事故发生简要经过

2004 年 10 月 20 日 22 时 9 分，大平煤矿 21 岩石回风下山掘进头传感器显示瓦斯浓度突然增加，由 0.12% 增加到 40%。数分钟后，13 抽放泵站、13 采区回风等地点瓦斯浓度也相继超限。22 时 30 分，矿调度室接到井下安检员汇报工作面下副巷（下顺槽，进风巷道）瓦斯浓度达到 6%，矿调度员立即向值班领导和调度室主任做了汇报，并按调度室主任安排通知通风科、安监大队及安监科查清瓦斯情况。22 时 45 分，接到西风井主要通风机司机汇报，风机跳闸停风。22 时 47 分，井下中央变电所电工汇报听到一声巨响，西大巷有烟。调度室主任向集团公司总调度室汇报发生事故，并通知大平煤矿救护队进行抢救。

三、事故直接原因

21 岩石下山掘进工作面在 10 月 20 日爆破时，揭穿了一个落差约 10 m 的逆断层（图 2 - 1）。该逆断层有利于瓦斯储存，也使该区域煤层的瓦斯压力增大。掘进工作面突然进入断层破碎带后，在高地应力和高瓦斯压力的共同作用下，煤与瓦斯突破断层破碎带岩柱，发生了延期性特大型煤与瓦斯突出。

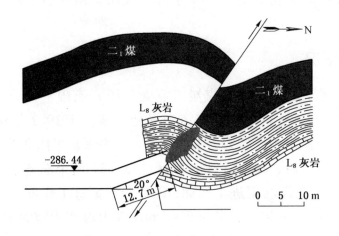

图 2 - 1   大平煤矿煤与瓦斯突出工作面地质构造示意图

突出的瓦斯逆流进入西大巷新鲜风流中，导致西大巷与 11 轨道石门交汇处的瓦斯浓度达到爆炸界限，遇到架线电机车产生的火花引起瓦斯爆炸（图 2 - 2）。

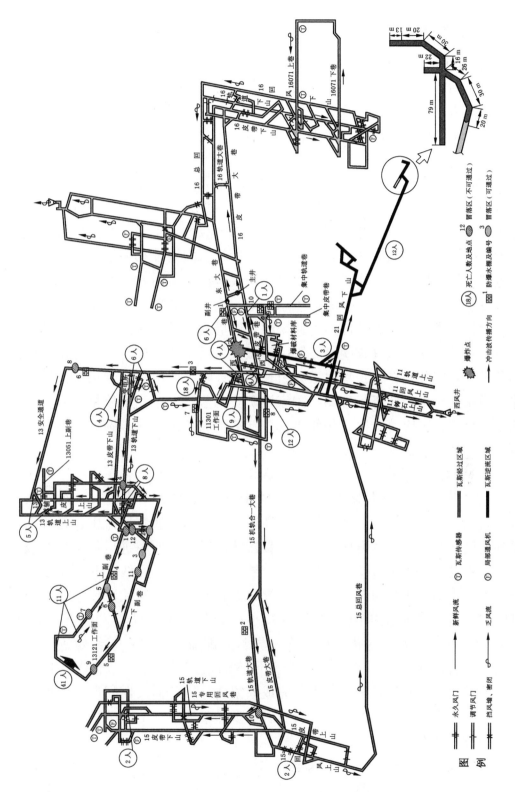

图 2-2 大平煤矿 "10·20" 煤与瓦斯突出继发特别重大瓦斯爆炸事故示意图

四、应急处置及抢险救援

(一) 应急响应

事故发生后，矿调度室主任向郑煤集团公司总调度室汇报了情况，并安排大平矿救护队入井抢险救灾。郑煤集团公司接到事故报告后，迅速启动重大事故应急救援预案，成立了以公司董事长、总经理、党委书记为组长的抢险救援指挥部。

河南省政府紧急启动事故应急预案，成立了事故抢救指挥中心，时任省委书记李克强、省长李成玉、省委副书记支树平、省委常委、郑州市委书记李克、副省长史济春等领导立即赶到大平煤矿指挥事故抢救工作；河南省煤炭工业局、省煤矿安全监察局、省公安厅、省卫生厅等部门以及郑州市、新密市有关领导赶到现场指导抢救工作，要求不惜一切代价抢救负伤人员。

党中央、国务院高度重视，胡锦涛总书记、温家宝总理、黄菊副总理等作出重要指示，要求地方和有关部门迅速采取一切措施，千方百计全力抢救井下被困人员、救治伤员，认真查明事故原因，做好善后工作，保持矿区稳定。派出以国务委员兼国务院秘书长华建敏为组长的国务院工作组赶赴现场，指导抢救工作。国家安全生产监督管理局、国家煤矿安全监察局接到事故报告后，立即召开紧急会议，对应急救援工作作出安排部署，局长王显政，副局长赵铁锤赶赴现场指导抢险救援。

(二) 应急救援经过

(1) 初步侦察，抢救遇险人员。先期救援人员到达大平煤矿后，组成联合侦察小队入井进行了侦察。由于副井底通风正常，处于新鲜风流中，指挥部把井下基地设在井底中央变电所内，命令救援队伍对矿井西翼进行侦察，抢救遇险人员，查清灾区情况，作好侦察记录，绘出侦察图纸、路线，并制定了以下安全措施：①落实矿井西翼电源切断情况；②在西大巷新鲜风流侦察也必须佩用呼吸器作业；③再次检查个人仪器及小队装备；④安排专人检查 CH_4、CO、CO_2、O_2 浓度和温度变化情况，发现异常立即撤出灾区；⑤约定进入灾区时间为 1 h，行动前核对计时器；⑥带队侦察的指挥员应视灾区情况指挥决定侦察行动进展，在确保安全的前提下完成侦察任务；⑦侦察期间严禁任何人单独行动，注意定时检查仪器装备，若有人出现异常或灾情危险等情况，必须组织全队人员立即撤出。

侦察沿西大巷向西进行，在西大巷清水泵房以西 50 ~ 100 m，发现 6 名遇难人员。在西 +5 皮带巷与西大巷联络巷交叉口向西 30 ~ 200 m，发现 2 名遇难人员，西大巷两趟风筒全部被炸成碎片，在西 +5 皮带巷与西大巷联络巷交叉口向西约 205 m 处，发现电机车驾驶室扭曲变形，有烧灼痕迹，距 11 轨道上山约 15 m 处有 6 节矿车与车头相连，矿车已掉道，交错翻倒在大巷里，几乎将大巷堵严。救援队员在电机车机头驾驶室内发现 1 名遇难人员。电机车西侧一辆矿车严重变形，压在电机车头上；另外两辆矿车颠覆，横在巷道内，矿车有余热；一根 95 mm² 电缆被炸断，落在水沟中，架空线落地；在弋湾石门口处发现 1 名遇难人员，弋湾石门车场托水管龙门架被掀翻向西移位，4 寸水管从法兰盘处断裂，电机车向西 5~6 m 处管壁多处被炸破向外喷水。

第一次侦察发现 11301 上下副巷联巷风门、炸药库等多处均被爆炸冲击波摧毁，副井以西除 11 扩大区东皮带集中巷两道双向风门外，通风构筑物全部被摧毁，通风系统遭到严重破坏，通风系统紊乱。

21 日 6 时 30 分，侦察人员从弋湾石门车场向北进入其进风大巷，在 11301 回风巷口风门处，风门密闭墙已倒塌，在该处发现 17 名遇难人员，初步侦察共发现遇难人员 27 名。

（2）扩展搜救范围，分组实施侦察救援。郑煤集团调集的增援力量陆续到大平煤矿。郑煤集团公司安监局一名领导在井下基地现场指挥，一名领导和救护大队指挥员指挥带领 11 个救护小队、108 名救护指战员分七组侦察搜救遇险人员。一组至七组分别侦察 11 区，15 区，11301 工作面下副巷和 13051 掘进工作面，11301 上副巷，13 辅助巷，21 下山，13121 工作面。

21 日 6 时 30 分，全面侦察结束。在 11301 第二绞车坡发现 1 名遇难人员，11301 溜煤眼以里 20~60 m 发现 6 名遇难人员，距切巷口 100 m 发现 12 名遇难人员，13 抽放泵站口发现 1 名遇难人员，13 变电所发现 1 名遇难人员，13 变电所向里 30 m 发现 1 名遇难人员，21 局部通风机附近发现 2 名遇难人员，21 下山平台发现 1 名遇难人员，13 皮带巷溜眼发现 2 名遇难人员，15 泵房口 10~13 m 发现 2 名遇难人员，15 变电所发现 2 名遇难人员，13 轨道下山东口发现 1 名遇难人员，11301 一部机头里 10 m 发现 1 名遇难人员，西大巷电锯房向里 40 m 发现 2 名遇难人员。至此，共发现并搬运出遇难人员 62 名，在沿途救出 6 名遇险人员。

侦察还发现，西大巷除中央变电所、井底硐室设备外，机电运输设备、设施大部分被摧毁。13 安全通道与弋湾石门交汇处、13121 上副巷口、13 轨道下山与 13121 下车场交汇处、15 轨道下山与 15 轨道大巷交汇处均发生冒顶，人员无法通过。11、13、15、21 四个采区生产系统全部瘫痪。15 机轨大巷皮带呈卷状落地，水沟盖板被掀开，大部分破碎；13 皮带下山皮带全部落地。

11301 工作面、两巷基本完好；11 辅助皮带巷和 11 辅助轨道巷两个掘进工作面支架完好。

（3）积极排除重大危险。根据大平煤矿救护队先期掌握的侦察情况，结合侦察图纸和矿井通风系统示意图，全力查找井下是否有可燃物燃烧，是否有可能引发爆炸危险的物品存放，将所有可能引起爆炸危险的物品搬运至地面。

21 日 19 时 30 分，救援队伍对炸药库侦察时，发现炸药库门口有烟雾涌出，进风侧发放硐室以里木地板着火，立即向指挥部汇报。指挥部命令撤出其他抢险人员，采取直接灭火措施进行灭火。救护队员携带 8 kg 干粉灭火器进入炸药库进行灭火，扒出已燃物，用水浇注。

21 时 50 分，将火扑灭后进入库内侦察，发现库内有多处漏顶和已爆雷管脚线，1 号壁槽内有 208 封 634 kg 乳化炸药，8 号壁槽内、外有 2027 发雷管。

22 时 45 分，救护队把炸药库爆炸后残留雷管和炸药安全搬运至地面。

（4）构筑设施恢复系统，继续侦察搜救。根据侦察结果，制定了抢救 11、13、15 区遇难人员的方案为：建造通风设施，有计划恢复通风系统；处理巷道冒顶，疏通救援通道；进一步侦察，搜救遇险遇难矿工。

救援系统领导把救护人员分成四个小组，分别是抢救组、技术组、仪器维修组和综合组。根据灾变前人员分布情况，指挥部决定将瓦斯继续涌出、遇险人员无生存条件的 21 岩石下山掘进工作面暂时封闭，隔断危险源，将抢救主攻方向放在遇险人员比较集中的 13121 采煤工作面，处理冒顶、重新构筑通风设施，采取锁风方法，逐段排放有害气体，恢复通风。

21 日四点班，救护队在 21 下山平台建造一道木板密闭。

22 日零点班，弋湾石门、13 皮带下山、13 轨道下山恢复通风；在弋湾石门西侧建造了两道密闭，进行风量调节，检测 13 皮带下山和轨道下山风流中 CO、CH_4、O_2 和温度，以此判断 13121 工作面是否存在火区。在确认 13121 工作面没有火源后，拆除了 2、3 号密闭。

22 日四点班至 24 日八点班，在构筑通风设施、恢复通风系统、处理巷道冒顶、疏通救援通道的同时，组织救护力量分组再次对弋湾石门、11 扩大区、15 采区、13 辅助上山进行侦察，搜救遇险遇难矿工，在侦察中又相继发现遇难人员 19 名。

到 24 日 16 时，完成了对大巷、11 采区、15 采区和 13 辅助上山的搜救工作，共搬运 83 名遇难人员。

救护队在 13121 上副巷口冒顶处（1 号冒顶）疏通了一条通道，佩用呼吸器进入上副巷，在距 1 号冒顶 10 m 处打风障，在 13 辅助皮带上山绕巷处安装局部通风机，排放有害气体，处理 1 号冒顶，疏通进入 13121 上副巷通道。

24 日 18 时 20 分，1 号冒顶疏通，救护队进入灾区侦察，在距中联巷 70 m 处发现 1 名遇难人员，在中联巷口发现 2 号冒顶（可过人）。通过 2 号冒顶，在上副巷电话硐室外侧发现 1 名遇难人员，在电话硐室内发现 1 名遇难人员，在电话硐室西 5 m 处发现 1 名遇难人员，在中联巷西 105 m 处发现 3 号冒顶，无法通过。返回进入中联巷向下侦察，在 40 m 处发现 4 号冒顶（高 4 m、长 5~6 m），无法通过。返回至外联巷向下侦察，在 45 m 处发现 5 号冒顶，巷道堵严，无法通过，退出灾区后向指挥部汇报。按照指挥部要求，救援队员将 4 名遇难人员运至地面。

25 日零点班，在 3 号冒顶处打风障，逐段排放 13121 上副巷有害气体。

25 日 20 时 30 分，3 号冒顶被贯通。在冒顶外侧打风障后，救护队进入灾区侦察，在上安全出口以外发现 2 名遇难人员，在采煤工作面发现 36 名遇难人员，在下安全出口以东 3 m 处发现 3 名遇难人员，遇到 6 号冒顶，无法通过。救援队员退出灾区后向指挥部汇报，将上安全出口外侧 2 名遇难人员运出灾区。

26 日零点班，指挥部安排三个作战小队把 13121 的 39 名遇难人员全部运送到 13121 上副巷新鲜风流中。26 日 19 时，39 名遇难人员全部运出。在对 13121 工作面进行侦察搜救的同时，救护队在 13 安全通道与乳化液泵站交汇处发现 2 名遇难人员并运出。至此，遇难人数达 128 名。

（5）全力搬运遇难人员。指挥部决定对 13 区域气体进行监测监控，将抢险工作重心放在 21 下山。从 27 日八点班开始，由救护队拆除 21 下山板闭，并组织经验丰富的 8 名救护指战员对 21 下山进行侦察。

按照指挥部命令，27 日 9 时，8 名指战员沿 21 向下侦察。由于 21 下山灾区长度 1700 多米，距离长，坡度大，灾区内聚集高浓度瓦斯等有毒有害气体，给侦察人员带来极大的风险性。

21 下山巷道断面约 9 m²，拱形混凝土锚喷巷道。巷道右侧悬挂有一趟直径 800 mm 风筒，侦察行进 80~250 m，发现二段长分别 40、50 m 巷道无风筒；向下 300~528 m，长达 280 m 距离风筒连接落地，再向下风筒悬挂正常。在 21 下山二平台第一个躲避硐处发现 3 名遇难人员。距二平台 350 m 发现 1 名遇难人员。距二平台 387 m 发现 1 名遇难人员；距二平台 390 m 发现 1 名遇难人员；距二平台 405 m 发现 3 名遇难人员，距二平台 447 m 发现 3 名遇难人员（此处共计 12 名），距二平台 519~574 m 发现巷道底板有煤尘，厚度 2~4 mm，再向下约 10 m 积水淹没巷道，无法继续侦察，侦察人员在积水巷道地点测气体，取气样后返回向指挥部汇报。

28日零点班，组织人员排放21下山巷道瓦斯，平煤集团救护大队再次对21下山进行侦察。

29日零点班，指挥部安排1、2组救护人员将21下山12名遇难人员搬运至地面，至此发现并运出140名遇难人员。

（6）配合调查现场勘查，完成最后搜救任务。配合事故调查组进行现场勘查，排除事故区域隐患，疏通冒顶，排除积水，排放有毒有害气体。

29日14时，国务院事故调查组分三个专业组，对21下山、西大巷、弋湾石门运输巷进行勘察。

30日零点班，芦沟中队在13变电所运出1名遇难人员。

30日八点班，救护队对21炸药库进行第二次侦察，发现5号雷管存放室有灰烬。以此为分界点，南部巷道拱中部有裂缝，裂缝中嵌有木块；北部巷道拱中部冒顶，高0.2～0.5 m；与11轨道下山连接处风门和墙体均向里倾倒，有新鲜风流通过。

31日13时45分，13轨道下山7号冒顶疏通。四点班，救护队对13121流水巷进行侦察。

11月1日13时15分，安装水泵排除13121中联巷66 m处积水。23时35分，下副巷8号冒顶区疏通，向里侦察至70 m处遇9号冒顶，巷道冒实。经检测，13121流水巷CH_4浓度为36%、O_2浓度为12.8%、无CO、温度为19 ℃。

为防止有害气体危及抢险人员，2日1时30分，指挥部决定停止作业，撤出人员，排放流水巷有害气体。12时25分，有害气体排放完毕，排放巷道280 m，瓦斯量392 m^3。

11月4日8时30分至12时35分，专家组分别对13121工作面、炸药库、11采区、15采区进行现场勘察。

4日四点班，指挥部决定，同时处理13121下副巷外段、中段、里段冒顶，恢复巷道。

5日7时45分，在13121工作面下端头处（里段）发现1名遇难人员。11时30分，又发现1名遇难人员。18时30分，2名遇难人员被运至地面。21时45分，中联巷与下副巷交叉点处巷道疏通，在加固支架和排除积水后，救护队沿下副巷向工作面侦察，中联巷下口以里100 m处巷道冒落（10号），长4 m，从右帮可爬行通过，向前行进78 m，巷道冒落塌实（11号）无法通过。

6日零点班，从中联巷口向西加固疏通巷道至11号冒顶处。6日10时30分，救护队在中联巷口以西20 m，二部皮带机头处搜寻出1名遇难人员。

8 日 15 时 30 分，工作面下端头 6 号冒顶疏通，救护队进入侦察，发现 2 名遇难人员，并运至地面。6 号冒顶以东 85 m 棚处有淤煤、积水，巷道不通。

9 日 6 时 25 分，在清理 13121 上副巷积煤时，发现 1 名遇难人员，并运至地面。

12 日 11 时 5 分，在 13121 下副巷中联巷西 20 m 淤煤下发现最后 1 名遇难人员，并运至地面。

（7）清除突出淤煤，确定突出位置。11 月 15 日四点班开始对 21 下山突出淤煤进行清理，安排工人和救护队指战员两班清理突出物，救护队现场监护。11 月 29 日，突出物清理完毕，在巷道迎头左前上方有一深约 7 m、断面不规则的空洞，空洞坡度为 43°，从内向外少量渗水，经专家组勘察研究论证，确定为瓦斯突出源空洞。

至此，抢险救援工作结束。

这次事故郑煤集团矿山救援中心调集全公司救护系统 10 支救护中队（7 个整编中队、3 个辅助中队）22 个小队 261 名指战员参加事故抢救，共投入 4614 人次，历时 22 天 14 小时，成功抢救出 6 名遇险矿工，搜寻出 148 名遇难矿工；构筑通风构筑物、风障、密闭 27 处，处理冒顶 18 处；排放瓦斯 14086.3 m³，恢复巷道 5062.5 m，圆满完成抢险任务。

五、总结分析

（一）救援经验

（1）认真分析判断灾情变化规律，抓住处理瓦斯事故关键，稳妥恢复矿井通风系统，为防止灾区扩大，改善抢险作业环境，快速解放灾区奠定了基础。

（2）及时恢复通风，避免了连续爆炸事故的发生。井下发生瓦斯爆炸后，西风井主要通风机跳闸停风，矿井西翼爆炸产生大量的有毒有害气体被东风井主要通风机抽到矿井东翼，东翼也有矿工出现中毒现象。矿救护中队长及时建议矿领导迅速恢复西风井主要通风机通风，避免了有毒有害气体向矿井东翼扩散，同时 21 下山突出的大量瓦斯气体经西风井排出，避免了连续爆炸事故的发生。恢复主要风路通风，为抢险救灾创造了有利条件。

（3）抢险救援行动有应急预案作指导，保证了抢险工作紧张有序，稳妥高效。接到事故召请后，迅速启动了应急救援预案，救援组、技术组、后勤保障组按分工各司其职，各负其责。在事故初期，组织 7 个组 11 个小队对灾区进行全面侦察，迅速查清了事故性质、破坏程度、波及范围、遇险遇难人员分布情况，同时对遇险人员积极施救，为指挥部制订救援方案提供了决策依据。

（二）存在问题

（1）应急处置不当。该矿值班领导及工作人员对煤与瓦斯突出、安全监控系统报警后应急处置不当，在长达 31 min 内，没有对瓦斯突出事故地点及波及大面积区域实施停电、撤人措施，导致瓦斯爆炸事故发生，危害扩大。矿井局部通风设施管理混乱，21 岩石下山回风联络巷堆积有物料，并设带有通风口的风墙，致使回风阻力增大；11 轨石门两道反向风门未起作用，加大了煤与瓦斯突出后瓦斯逆流。高浓度瓦斯进入西大巷新鲜风流中达到爆炸界限，导致事故扩大。

（2）在抢险救灾中存在违章指挥和违章作业现象。特别是在搬运 13121 遇难人员时，在没有恢复通风情况下，指挥部急于命令救护队强行搬运遇难人员，险些造成抢险人员伤亡。

（3）灾区通信装备落后，不适应救灾需要。侦察小队与待机小队无法及时联络，因事先约定时间限制，中途返回，造成反复进入灾区侦察。

第二节　贵州省盘南公司响水煤矿"12·24" 重大煤与瓦斯突出及火灾事故

摘要： 2005 年 12 月 24 日 23 时 12 分，贵州六盘山响水煤矿发生煤与瓦斯突出事故，高浓度瓦斯涌出井口，遇地面明火引起燃烧，井口火焰高达 40 ~ 50 m，造成井下 12 人遇难。事故发生后，贵州省安委会、贵州煤矿安监局及时调遣六枝煤电集团公司、盘江煤电集团公司、六枝工矿集团公司和盘江市 4 支救护大队以及贵州省消防总队、盘县消防队等参与救援。救援采取了锁风灭火封闭井口、直接灭火扑灭余火、锁风启封保障安全、灾区侦察查清隐患、恢复通风解放灾区、排水清淤搜救人员等有效的救援方案和安全措施，历时 5 个多月的艰苦奋战，12 名遇难人员全部救出，完成抢险救灾工作。

一、矿井概况

响水煤矿是在建的国有特大型矿井，由贵州盘江煤电有限责任公司、兖矿贵州能化有限公司、贵州粤黔电力有限公司、贵州省煤炭地质局四家国有公司共同出资建设。该矿设计生产能力 10 Mt/a，分两期建设：一期设计生产能力 4 Mt/a；二期设计生产能力 6 Mt/a。一期划分为河西和播土采区，其中播土采区设计生产能力 3 Mt/a，属煤与瓦斯突出矿井，矿井共设四条上山。事故发生在播土采区 19 号煤皮带上山，设计长 1631 m，由中国铁道建筑总公司十九局集团第三工程有限公司承建。事故发生时，采区内布置的 19 号煤皮带上山已掘 1381 m（图 2 - 3）。

19 号煤皮带上山于 2004 年 3 月开工，巷道净断面 18.3 m²，锚网喷支护，事故点工作面迎头往后 300 m 为 U 型钢拱形棚与锚网喷联合支护以及钢格栅与锚网喷联合支护。工作面迎头高 4.2 m，宽 5 m；从顶板往下有一层厚 0.72 m 的煤线，地质资料称之为 20 号底；底板往上有一层厚 0.2 m 的煤线，两层煤线之间为泥质粉砂岩。采用 2 × 45kW 的局部通风机和 φ800 mm 的风筒通风，井口回风量 500 m³/min。掘进工作面及回风流各安有一台瓦斯传感器，风电、瓦斯电闭锁装置正常使用。19 号煤皮带上山开口往里 371 m 段倾角 15°；371 m 至 1199 m 段倾角 9°；1199 m 至 1381 m 段倾角 12.6°（图 2 - 4）。

二、事故发生简要经过

2005 年 12 月 24 日，19 号煤皮带上山白班正常掘进。19 时晚班值班小队

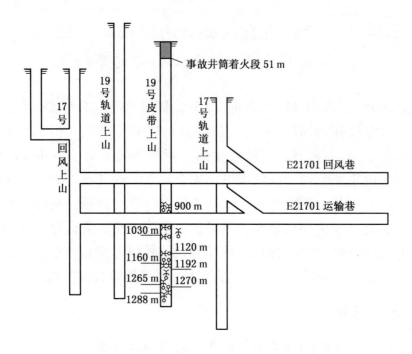

图 2 - 3　响水煤矿播土采区已掘巷道示意图

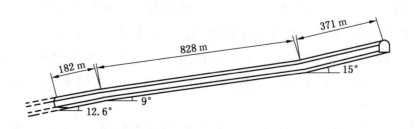

图 2 - 4　19 号煤皮带上山剖面示意图

长安排当班进尺 1.8 m。当班共有 12 人入井作业，其中 3 人抽水、5 人打眼爆破、4 人出渣。23 时，爆破工打电话到井口值班室说要爆破，值班小队长同意爆破，并安排检身工在地面切断井下的动力和照明电源。23 时 12 分，井下爆破，在井口听见了爆破声响。几分钟后，从井下吹出一阵风，并伴有黑色的灰尘，风越来越大，小队长和检身工两人走近井口观察，在距井口 5 m 左右时，被吹出的强风吹倒（未受伤），两人随即跑离井口。跑出 30 m 左右，发现井口喷出火焰，高达 40～50 m。小队长立即打电话向值班队长汇报了事故情况。

三、事故直接原因

掘进工作面地质构造发生变化后施工单位未采取任何措施，施工中误穿至19 号煤层，掘进爆破诱发 19 号煤层煤与瓦斯突出，高浓度瓦斯涌出井口，遇地面明火引起瓦斯燃烧，井下人员因缺氧窒息死亡。

四、应急处置和抢险救援

（一）应急响应

事故发生后，响水煤矿成立了抢险救灾指挥部，制定了抢险措施，立即开展了各项抢险救灾工作。先期请求盘江救护大队和盘县消防队参加抢险。同时按规定程序将事故上报了上级有关部门。

接到报告后，贵州省安委会立即启动矿山事故应急预案，派出人员赶赴事故现场指挥抢险救援工作，相关部门迅速成立了抢险救灾指挥部。救灾指挥部及时疏散施工单位人员及附近村民，同时迅速移除现场附近易燃易爆物品和扑灭周围零星火源，封堵了邻近的 17 号煤轨道上山井口，并认真检查空气中有毒有害气体浓度，积极组织、调集各种抢险物资和装备。

响水煤矿快速召请盘江救护大队和盘县消防队进行事故救援。贵州省安委会紧急派遣六枝救护大队和省消防总队前往参加抢险。贵州煤矿安全监察局、贵州省消防总队等有关部门负责人紧急赶往事故现场指挥抢险。贵州省安全监管局向事故单位发出了事故抢险要求，盘江煤电集团公司救护大队、六枝工矿集团公司救护大队等抢险单位同时赶往事故现场。

（二）应急救援过程

事故发生后，按照抢险救灾指挥部署，全力展开抢险救援工作。抢险救援过程可分为三个阶段：

（1）第一阶段：锁风灭火，封闭井口。25 日 14 时，有关部门和单位相继赶到现场。地面工业场地一片火海，井口火焰高达 40～50 m，火势太大，人员无法靠近，只能在 100 m 开外观察。14 时 30 分，指挥部召开会议，经过分析认为，井下巷道长时间处于高浓度瓦斯控制，被困人员缺乏基本的生存条件，已无生还可能。煤与瓦斯突出后，突出的瓦斯遇地面火源引起燃烧，井下高浓度瓦斯源不断补给，造成火势一直未减；该上山只有一个与地面相通的出口，且已被明火封堵，无法向井下供风稀释瓦斯。

指挥部根据实际情况制定了抢险救灾的初步方案：成立灭火专家组，由盘南公司总工程师牵头，省消防总队及相关部门配合，拟采用泥土分步堆积封堵井口隔绝空气，同时运用高泡灭火。具体措施是：由救护队在现场 100 m 范围设置警戒线，监测井口周围气体，并指挥消防队用水从外围浇灭工业场地的燃烧物。调集翻斗卡车、装载机、挖掘机等施工机械，从离井口 1000 m 的地方取土运到井口附近进行堆积。救护队现场监测井口范围气体，并指挥机械推土，把泥土逐步推向井口，对井口进行封堵隔绝空气，同时运用高泡灭火技术进行灭火，最终实现封闭火区。

12 月 26 日凌晨，场地燃烧物基本扑灭，施工机械将封闭井口所需的泥土准备就绪。9 时，开始封闭作业；10 时 15 分，井口安全封闭，火势基本得到控制。

因井筒内存在高温，封闭后井筒内的瓦斯压力增大，瓦斯沿泥土的缝隙外溢，在封堵泥土表面仍存在有一些零星火苗。指挥部决定，由矿山救护队佩戴氧气呼吸器，采取从堆土四周、从下往上一边水浇一边夯实泥土的方法，逐步收缩范围，最终扑灭明火火焰。

27 日 12 时 5 分，扑灭堆土表面火苗工作完成，火灾得到了彻底控制。指挥部决定由矿山救护队负责监护，如土堆出现裂隙和气体增大立即汇报和处理。指挥部根据井口等部位坍塌情况分析判断，矿井明火虽被扑灭，但井下仍保持高温和存有大量有毒、有害气体，完全不具备生存条件，12 名被困矿工已无生还可能。

（2）第二阶段：启封灾区进行侦察，初步查清隐患及被困人员位置。2006年 2 月 16 日，经对井筒封闭后的监测数据进行分析，符合启封火区的条件和规定，指挥部研究决定启封灾区并进行侦察。启封工作由矿山救护队完成。矿山救护队根据《矿山救护规程》的规定，制定启封措施和行动方案进行启封。安全启封灾区工作结束后，由矿山救护队根据《矿山救护规程》的规定，制定侦察措施和行动计划，对灾区进行详细侦察，查清隐患和被困人员位置。

16 日 10 时 50 分，开始启封。首先用风障设置风帘锁风，防止地面空气进入灾区。16 时 30 分，在封闭井口上挖开一个 0.5 m² 的入口，成功启封。

16 时 30 分，侦察人员入井；18 时 26 分，侦察结束向抢险指挥部汇报侦察情况：

井口往下约 50 m 处：CH_4 浓度为 50% 、O_2 浓度为 2.4% 、无 CO、温度为29.7 ℃，没有发现遇险遇难人员，风筒、皮带、电缆烧毁，巷道底部有 0.5 m厚的水泥灰粉（为该段碹体烧掉的灰粉）。

井口往下 50~900 m 巷道没有燃烧痕迹。风筒、电缆等完好，在 250 m 处皮带堆积在一起（为皮带烧断下滑堆积在一起）。在 900 m 处发现 2 名遇难人员，人员的倾倒方向往下，该处 CH$_4$ 浓度为 90%、O$_2$ 浓度为 0.7%、无 CO、温度为 17 ℃。

井口往下约 1090 m 处躲避硐内发现 3 名遇难人员，风筒、电缆等完好，无燃烧爆炸痕迹。此处有突出的煤粉，厚约 0.5 m；有 20 节风筒堆积在一起（为突出冲击波造成），没有烧焦的痕迹；该处 CH$_4$ 浓度为 90%、O$_2$ 浓度为 0.7%、无 CO、温度为 17 ℃。

距井口 1120 m 处躲避洞内发现 1 名遇难人员，无燃烧爆炸痕迹。此处有突出的煤粉，厚约 0.7 m；该处 CH$_4$ 浓度为 90%、O$_2$ 浓度为 0.7%、无 CO、温度为 17 ℃。

距井口 1200 m 处往下已被水淹。水面以里 181 m，水面以外 100 m 的范围内均有 0.5~1.5 m 厚的煤粉。

找到的 6 名遇难人员均未发现烧伤的痕迹，判断为窒息死亡。

（3）第三阶段：恢复通风解放灾区，排水清淤完成搜救任务。根据侦察情况，指挥部决定进行排放瓦斯，恢复通风，然后搬运已发现的遇难人员，清理巷道，寻找其余遇难人员。为防止在清理巷道突出物时产生煤尘爆炸，救护队在清理巷道时要采取洒水防尘措施。

2 月 16 日 21 时 40 分，救护队按照排放瓦斯措施，逐步排放瓦斯。17 日 6 时，井口至 1200 m 处瓦斯排放完毕，恢复通风。17 日 16 时 25 分，救护队将先前侦察发现的 6 名遇难人员搬运出灾区。18 日 9 时，恢复井下供电，开启皮带，水泵进行排水，清理突出物，寻找余下 6 名遇难人员。

4 月 22 日 3 时 50 分，在 1280 m 处找到最后 1 名遇难人员并运出灾区。此时距事故发生已过去了近 5 个月。

6 月 10 日，清理巷道工作全部完成，至此，抢险救援工作全部结束。

五、总结分析

（一）救援经验

（1）响应及时、协作有力。此次事故处理，按程序报告及时，各级事故应急预案响应迅速，制定救援方案正确，安全措施落实到位，调请矿山救护队和公安消防共同抢险，协同作战有力。

（2）全面分析事故灾害准确到位。通过对地面工业广场火情及井口火势分析判断井下巷道被困人员无生还可能，实施封闭灭火是救援的首要工作。封闭 4 天后，灾区气体下降到火区熄灭参数，34 天达到熄灭条件，45 天火区启封完毕和恢复灾区通风，为安全救援创造了条件。

（3）严格按照《矿山救护规程》的规定，保证安全救援。制定启封措施和侦察方案，防止了二次灾害事故的发生。救援队伍面对井下复杂环境，不仅能够确保自身安全，而且快速、有效地完成了各项抢险救灾任务。

（二）存在问题及建议

（1）地质条件发生变化后，应该严格执行"四位一体"防突措施。

（2）加强煤矿井下爆破管理，推广使用"智能"爆破系统、"4＋1"连锁爆破制。

（3）进一步提高煤矿井下应急处置能力，并加强煤矿应急救援培训和演练，提高煤矿防灾抗灾能力。

第三节 重庆市松藻煤电同华煤矿"5·30" 特别重大煤与瓦斯突出事故

摘要： 2009 年 5 月 30 日 10 时 49 分，重庆市能源投资集团所属松藻煤电公司同华煤矿发生一起特别重大煤与瓦斯突出事故，107 名矿工被困井下。事故发生后，党中央、国务院领导同志高度重视，作出重要批示，对事故抢险救援和调查处理等工作提出明确要求；国家安全监管总局、国家煤矿安监局主要领导率工作组赶赴事故现场，协助并指导地方做好事故抢险救援工作；重庆市委、市政府行动迅速、组织有力。7 支救护中队、13 支小队共 130 名救护指战员实施联合救援、密切配合，发扬了特别能战斗的精神。经全体救援人员共同努力，安全救出 77 名被困矿工，搜寻到 30 名遇难矿工遗体。

一、矿井概况

同华煤矿于 1958 年 10 月建成投产，1963 年进行改扩建，设计生产能力 0.3 Mt/a，2007 年核定生产能力 0.3 Mt/a，隶属于重庆市能源投资集团公司松藻煤电公司。同华煤矿属煤与瓦斯突出矿井，矿井绝对瓦斯涌出量为 64.44 m³/min，相对瓦斯涌出量为 115.06 m³/t。矿井开采煤层属自燃煤层。矿井采用平硐、暗斜井开拓布置，井下有 3 个采区，一采区、二采区为生产采区，三采区为准备接替采区，事故发生在三采区安稳斜井揭煤工作面。

三采区于 2005 年 12 月开工，计划于 2009 年 12 月投产。该区开采煤层为 K_1 和 K_3 煤层，煤层倾角 25°~45°，为煤与瓦斯突出煤层。安稳斜井揭煤工作面所揭煤层为 K_3 煤层（图 2-5）。

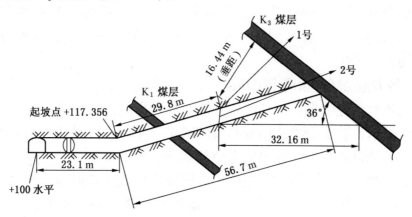

图 2-5 安稳斜井揭煤工作面巷道布置图

二、事故发生简要经过

2009 年 5 月 30 日早班，同华煤矿三采区共有 131 名人员在井下作业，其中，同华煤矿当班作业人员 33 人，川九公司第九项目部当班作业人员 98 人。

10 时 55 分，同华煤矿调度室值班调度员发现安稳斜井揭煤工作面、回风大巷、观音桥回风井等处的甲烷传感器瓦斯浓度相继超限，经询问确认是由于安稳斜井揭煤工作面爆破引起煤与瓦斯突出。同华煤矿立即启动事故应急救援预案，于 11 时 24 分，分别向上级公司及有关部门逐级报告事故及有关情况。

发生事故后有 24 名矿工脱险升井（其中 2 人受伤），有 107 名矿工被困井下。

重庆同华煤矿"5·30"煤与瓦斯突出事故示意图如图 2－6 所示。

三、事故直接原因

安稳皮带斜井所揭 K_3 煤层具有突出危险性，在"四位一体"综合防突措施落实不到位的情况下，施工人员违章爆破诱导了煤与瓦斯突出；由于未按规定撤人和关闭防突反向风门，造成人员伤亡。

四、应急处置和抢险救援

（一）企业先期处置

同华煤矿调度室值班调度员预感井下情况危险，立即报告矿领导，并通知三采区全部断电撤人，安排救护队下井搜救。松藻煤电公司接到事故报告后，立即启动了重大事故抢险救援应急预案，公司主要负责人及相关部门人员第一时间赶赴事故现场，同时调集松藻煤电公司救护大队直属中队和同华煤矿、打通一矿、松藻煤矿、渝阳煤矿、石壕煤矿、逢春煤矿救护中队共 7 支中队、130 名救护指战员，并抽调近 1000 名各专业和工种工作人员，开展抢险救援、善后及后勤保障工作。

（二）各方应急响应和指挥决策

事故发生后，党中央、国务院领导同志高度重视。时任国务院副总理张德江作出重要批示，要求全力协助抢救被困矿工，千方百计减少人员伤亡；查明事故原因，总结事故教训。国家安全监管总局、国家煤矿安监局领导同志高度重视，组织有关司局、应急救援指挥中心研究，与重庆市政府、煤矿安监局及事故现场联系，了解情况，指导抢救；对事故抢险救援工作提出六条指导意见，要求进一步核清人数，科学施救，严防发生次生事故。时任国家安全监管

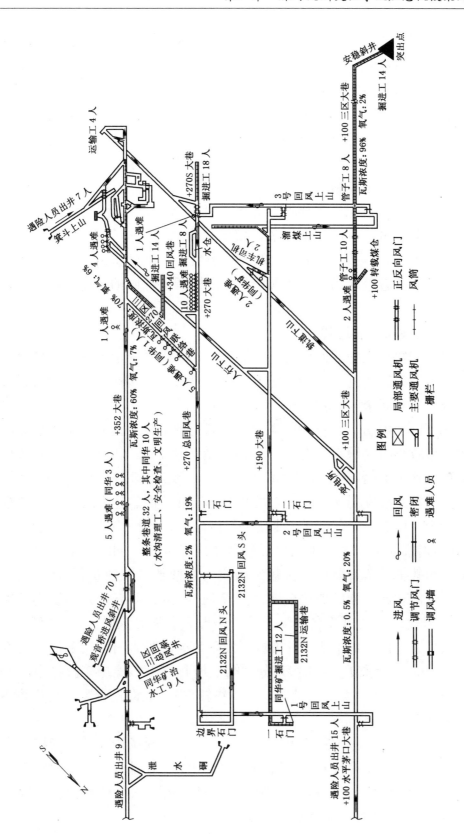

图 2 - 6　重庆同华煤矿 "5 · 30" 煤与瓦斯突出事故示意图

总局局长骆琳，国家安全监管总局副局长、国家煤矿安监局局长赵铁锤率领工作组于 5 月 30 日晚抵达事故矿井，指导抢险救援工作。

重庆市政府总值班室接到同华煤矿事故报告后，重庆市主要领导同志立即做出批示，组织得力队伍，全力抢救被困矿工，采取科学有效的措施，千方百计延长他们的生命，为抢救争取时间。时任市长王鸿举等立即率市安全监管局、经委、公安局、卫生局、应急办等相关部门人员赶赴事故现场，成立现场抢险救援指挥部，下设抢险施救组、医疗救护组、善后稳定组、综合协调组、新闻报道组、事故调查组 6 个工作组，并紧急抽调专业矿山救护队员 81 人迅速到达、下井抢救伤员。重庆煤矿安监局组织了煤矿灾害事故专家赶赴现场，并收集、封存相关资料。綦江县委、县政府主要负责人接到事故通知后，立即率领公安、武警部队赶赴现场，维持现场秩序，抽调干部协助企业做好稳定和善后工作。

（三）救援方案及实施过程

根据同华煤矿救护队先期侦察情况，结合矿井通风系统示意图，现场抢险救援指挥部组织专家迅速制定了现场施救方案，确定了 7 条侦察与搜救路线，组织 7 个搜救小组开展全面搜救工作。

5 月 30 日 11 时 40 分，由同华煤矿救护中队组成的第一搜救小组到事故区域展开救援。搜救小组克服粉尘弥漫、巷道垮落等困难，先后救出 46 名遇险人员，并简单处置了 10 名遇难人员。12 时 18 分，第二搜救小组渝阳煤矿救护中队入井，沿搜救路线发现 5 名遇险人员并救助出井，沿途还发现了 3 名遇难人员并作了标记。12 时 25 分，第三搜救小组松藻煤矿救护中队入井，沿搜救路线发现 16 名遇难人员，其中 1 人第二搜救小组已发现。同时，第四搜救小组松藻煤电公司救护大队直属中队按规定路线入井搜救，发现 6 名遇险人员，给他们佩戴自救器和苏生器后护送至地面。12 时 30 分，第五搜救小组逢春煤矿救护中队在搜救区域救出 5 名遇险人员，发现 2 名遇难人员。12 时 50 分，第六搜救小组打通一矿救护中队入井搜救，发现 5 名遇难人员，后来证实与第一搜救小组发现的人员重复。13 时 50 分，第七搜救小组石壕煤矿救护中队入井搜救，发现了 15 名遇险人员（其中 2 人伤势较重），立即进行紧急处置并将遇险人员送至地面。

第一轮搜救结束后，考虑到各组搜救路线有交叉，现场抢险救援指挥部决定再次对井下进行地毯式搜救。5 月 30 日 16 时 30 分，松藻煤电公司救护大队组织 5 支小队共 30 名救护指战员，分成 5 个组进行第二次侦察和搜救，确认发现 30 名遇难人员，没有再发现遇险人员。

5月31日5时50分，松藻煤电公司救护大队将30名遇难人员全部运至地面，救援工作结束。同日凌晨，在同华煤矿矿区召开的紧急会议上，骆琳同志表示，整个抢险救援工作反应迅速，事故救援组织有力，行动果断，为减少事故的损失及下一步的事故调查赢得了宝贵时间。赵铁锤同志认为，这起事故救援工作方案正确，救援及时，成效明显。

（四）医疗救护有效，善后工作细致

事故发生后，重庆市卫生局组织抽调了6名专业医疗专家赶赴事故现场。松藻煤电公司总医院要求下属5个分院200余名医务人员立即做好救治伤员的准备。綦江县120医疗急救中心、公安局、卫生局等部门和单位迅速出动，开展紧急救援和社会秩序维护工作。在井口，每名伤员都由重庆市卫生局抽调的6名专业医疗专家仔细检查，依照各自伤情送往重庆市主城区及綦江县各大医院抢救。79名受伤人员（12名重伤员）中，没有一人死亡或留下后遗症。

綦江县政府与企业组织成立了30个善后工作小组，一对一帮助遇难职工家属处理善后工作。由于工作细致、周到，没有发生一起遇难者家属闹事、上访等事件，保持了社会稳定。

五、总结分析

（一）救援经验

（1）党中央、国务院高度重视，救援指挥坚强有力。事故发生后，党中央、国务院领导同志高度重视，作出重要批示，对事故抢险救援和调查处理等工作提出明确要求。国家安全监管总局、国家煤矿安监局主要领导，重庆市委、市政府主要领导及时赶赴事故现场，成立抢险指挥部和救援工作组，研究抢险救援方案，组织指挥抢险救援工作。

（2）队伍联合作战，快速抢救人员。专业救援队伍迅速赶赴事故现场，7支救护中队13支小队130名救护指战员实施联合救援，协同密切，配合得当。救护队指战员英勇顽强、吃苦耐劳，发扬了特别能战斗的精神。救护中队中队长连续3次下井，从开始下井侦察、抢救人员到事故处理完毕，行程在10000 m以上；救护队指挥员带头冲在前面，战斗在救援一线，连续奋战，鼓舞了队员士气。

（3）采取断电措施，杜绝次生事故。现场抢险救援指挥部果断采取全井断电措施，维持灾区通风原状，保持矿井通风系统稳定，救援过程中制定了安全技术保障措施，没有发生次生灾害。

（二）存在问题

（1）事故发生后，因无人员定位系统，遇险遇难人员分布不清楚，给快速及时抢险带来难度，专业救护队只好搜索救援，延缓了救援进度。

（2）由于救援装备不足，救护队员携带的苏生器无法满足需要，救护队只好用压缩氧自救器代替苏生器进行现场抢救。获救人员多数因压风管和风筒漏气获救，而遇难人员和部分遇险人员不能正确使用压缩氧自救器、压风自救器，造成缺氧窒息而亡。

（3）事故区域通风系统复杂，安排作业工作面多且共用回风系统，造成事故扩大。

第四节　黑龙江省龙煤集团鹤岗分公司新兴煤矿 "11·21" 特别重大煤（岩）与瓦斯突出和 瓦 斯 爆 炸 事 故

摘要：2009 年 11 月 21 日 1 时 37 分，黑龙江省龙煤集团鹤岗分公司新兴煤矿发生煤（岩）与瓦斯突出事故，突出的瓦斯逆流进入二水平卸载巷附近区域，遇电机车架线并线接头电火花引发了瓦斯爆炸，造成 108 人死亡、133 人受伤（其中重伤 6 人），直接经济损失 5614.65 万元。事故发生后，各级政府迅速响应，做出科学处理决定。救援力量方面，除国家矿山救援基地鹤岗救护大队全员参与外，从鸡西、双鸭山、七台河调集 14 支小队 161 名专业救护队员投入救援工作。救援人员探查搜救过程中先后进行处理冒顶、恢复通风、排放瓦斯、铺设草袋、浇水降尘、清理堵塞巷道等工作，通过 6 天的紧张救援，成功救出 15 名遇险人员，并将 108 名遇难人员全部搬运升井。

一、矿井概况

新兴煤矿隶属于黑龙江龙煤矿业集团股份有限公司鹤岗分公司，位于黑龙江省鹤岗矿区北部，距鹤岗市区 4 km。该矿始采于 1917 年，2007 年核定生产能力 1.45 Mt/a。采用分列压入式通风，1993 年以来，矿井瓦斯等级鉴定（核准）结果一直为高瓦斯矿井，安装有移动瓦斯抽放系统和安全监测监控系统。该矿采用斜井开拓，分三个水平开采。事故前二、三水平同时生产，共有 8 个采区。其中，二水平标高 ±0 m、三水平标高 −100 m，地面标高 +302 m。

发生煤（岩）与瓦斯突出的区域为三水平南二石门后组 15 号煤层探煤巷（也称 113 工作面），该工作面采用钻眼爆破法破岩二次成巷工艺，利用局部通风机通风。发生事故前，该工作面没有按措施要求打超前钻，违章组织施工。

二、事故发生简要经过

2009 年 11 月 21 日 1 时 37 分，黑龙江省龙煤集团鹤岗分公司新兴煤矿三水平南二石门 15 号煤层探煤巷发生煤（岩）与瓦斯突出，突出的瓦斯逆流至二水平，2 时 19 分发生瓦斯爆炸事故。此次事故波及矿井的 5 个采煤工作面、13 个掘进工作面，共 18 个工作地点，一段、二段钢带运输机及大部分区域通风设施遭到严重破坏。突出瓦斯 166300 m³、突出煤岩量 3240 t（突出煤量 1123 t、突出岩量 2117 t），累计波及巷道长度 16760 m。事故发生时，全矿井共有 528 人在井下作业，部分人员自行升井。

三、事故直接原因

该矿为高瓦斯矿井，在地质构造复杂的三水平南二石门 15 号煤层探煤巷，爆破作业诱发煤（岩）与瓦斯突出；突出的瓦斯逆流进入二段钢带机巷，在二水平南大巷与新鲜风流汇合，然后进入二水平卸载巷附近区域，达到瓦斯爆炸界限，卸载巷电机车架线并线夹接头产生电火花引起瓦斯爆炸。

四、应急处置及抢险救援

（一）企业应急响应

事故发生后，鹤岗分公司、救护大队和新兴煤矿立即启动事故应急预案，并向龙煤集团进行报告。龙煤集团接到事故报告后，立即启动重大事故应急预案，并向市级有关负责人报告。

（二）政府应急响应

鹤岗市有关负责人接到事故报告后，赶赴现场组织救援，并迅速成立以龙煤鹤岗分公司为主的市矿联合抢险救援指挥部，设立抢险救灾、医疗救助、善后处理、新闻报道等 8 个工作组。

黑龙江省时任省委书记吉炳轩、省长栗战书率领省市有关负责同志及时赶赴现场，全力组织抢救。调集国内省内煤矿方面专家 20 余人参与制定救援方案。在国家矿山救援基地鹤岗救护大队全员参与救援工作的基础上，从鸡西、双鸭山、七台河调集 160 名专业救护队员投入救援工作。

党中央、国务院高度重视。胡锦涛总书记、温家宝总理和张德江副总理等领导同志作出重要批示，要求采取一切措施，千方百计抢救被困人员，全力以赴组织好各项救援工作，防止发生次生事故。张德江副总理率领国家有关部门负责同志赶到事故现场，全面指导抢险救援、伤员救治和善后等工作。国家安全监管总局、国家煤矿安监局负责同志迅速赶赴事故现场，组织协调事故抢救、善后处理等工作。

（三）应急救援过程

1. 初步探查搜救

根据钢带机破坏情况，为迅速抢救遇险人员、搜寻遇难人员、及时掌握灾区现场情况，在鹤岗分公司总经理的安排下，鹤岗救护大队大队长指挥五组救援人员，分别从北部人车井、钢带机井入井，第一时间探查灾区和搜救人员。

（1）第一组探查路线：二水平北大巷变电所→二段钢带机→三水平北大

巷→南一石门→南部区二石门。21 日 3 时 20 分，四中队值班小队 8 人从北部人车井进入探查。救援队员在三水平大巷发现 1 名遇险人员，安排人员护送升井。在二段钢带机处发现第 1 名遇险人员，将其抬运到变电所，随后进行苏生和简单包扎处理，护送至新鲜风流处。在 11 号煤巷掘进工作面附近小上山处发现 2 名遇险人员。在 213 溜子头处发现 1 名遇险人员，将其抬运至安全地点进行苏生供氧。在抽放泵站处发现 1 名遇险人员，将其抬运升井，南二石门大巷风流中 CH_4 浓度为 10%。

第一组搜救时长 8.5 h，搜救距离 3000 m，成功救出 6 名被困人员，并发现 19 名遇难人员。

（2）第二组探查路线：人车井→二水平大巷→一石门→联络道→二石门岔口→北大巷→集中石门岔口→南大巷→13 号掘进头→二段钢带机变电站→二段钢带机。21 日 3 时，二中队 11 人前往 ±0 m 水平探查搜救，在 ±0 m 大巷通三水平二段钢带机联络巷入口处，发现 1 名遇险人员，将其抬运升井。13 号掘进工作面入口处有烟，CO 浓度为 5000 ppm，CH_4 浓度为 2%；掘进工作面无 CO，CH_4 浓度为 10% 以上，没有遭到冲击破坏，未发现遇险、遇难人员。

第二组搜救时长 4 h，成功救出 1 名遇险人员，发现 9 名遇难人员。

（3）第三组探查路线：人车井→四石门。21 日 4 时 1 分，一中队 10 人前往 216 探查搜救，在 ±0 m 四石门大巷处成功救出 4 名遇险人员。

（4）第四组探查路线：钢带机一段→二段。21 日 4 时 10 分，三中队 10 人前往钢带机探查搜救，共发现 2 名遇难人员（其他队已发现），所经路线通风设施已全部被破坏，巷道损坏严重，钢带机上的皮带全部落地。

（5）第五组探查路线：二水平一石门→入风联道→二石门→南大巷→集中石门岔口。21 日 5 时 54 分，四中队 10 人去 216 探查搜救，发现 4 台矿车横在交叉口处，并有散落的管路；前行至与一段钢带机交叉口前方 1 m 处，发现 1 名遇难人员，在环形车场交叉口前水沟发现 4 名遇难人员，在南大巷变电所前 2 m 水沟内发现 4 名遇难人员。进入四石门大巷，发现风桥损坏严重，CH_4 浓度 5.5%，CO 浓度 2500 ppm，CO_2 浓度 2.5%。前行至一联络巷，发现挡风墙已倒塌，风向向里，联络巷以里巷道内 CH_4 浓度 6%，CO 浓度 5000 ppm，CO_2 浓度 2.5%。前行至四石门并联巷道交叉口前方 10 m 处，发现巷道发生冒顶，CH_4 浓度 6%，CO 浓度 5000 ppm，CO_2 浓度 2.5%。探查过程中共发现 9 名遇难人员，判断为冲击波致死，所经路线巷道多处冒落。

（6）该阶段探查搜救共计进入 5 队次，49 人次，累计探查时间 23 小时 20 分钟，救出 11 名遇险人员，发现 37 名遇难人员。

2. 继续扩大搜救范围

根据第一批各组的探查搜救结果，指挥部决定立即派出第二批救援人员继续对灾区进行大范围的探查搜救，力争在最短时间内，最大限度抢救遇险人员、查找遇难人员。各组探查路线如下：

（1）第一组：二水平集中石门→南北大巷→八剖面大巷→四石门。21日7时40分，一中队10人在鹤岗分公司副总经理的带领下，由北部入井，前往216探查搜救。

（2）第二组：213工作面→五石门大巷→八部面大巷正头→219工作面。21日7时50分，二中队10人、三中队10人去三水平南一石门、三水平南二石门探查搜救。发现遇险人员4名，其中1名护送至井上交给医护人员，另外3名抬运到南大巷，由接应的矿方人员抬运至井上。

（3）第三组：±0 m北大巷→钢带机→钢带机+100 m岔口往上100 m。21日9时45分，二中队10人在鹤岗分公司通风副总工程师、救护大队副大队长的带领下去钢带机一段探查搜救，探查过程中在+80 m煤仓向上发现6名遇难人员。

（4）第四组：21日10时，一中队13人到118队、111队探查搜救。探查至三石门以里80 m处，在巷道右侧发现1名遇难者。在距111−2交叉口20 m处有一煤仓，冒落物堆积，距冒落物2 m处巷道左侧发现1名遇难人员。冒落物后方原两道风门已毁坏，在111−2平巷8 m处，发现1名遇难人员，此处CO浓度为30 ppm，O_2浓度为20%，CH_4浓度为0.2%。继续向里探查，CO浓度为50 ppm，至111−2恢复工作面，没发现遇险遇难人员。探查过程中共发现8名遇难人员，均为爆炸冲击波致死。

（5）第五组：21日11时50分，三中队9人到二水平三石门探查搜救。

（6）第六组：21日11时50分，救护队8人到二水平五石门探查搜救。

（7）第七组：21日12时45分，四中队9人由钢带机至井底装配站探查搜救。探查过程中发现2名遇难人员，均为爆炸冲击波致死。

（8）第八组：21日13时41分，由鹤岗分公司副总经理、通风处处长、救护大队副总工程师等带领二中队9人去四石门216探查搜救。探查过程中共发现5名遇难人员，均为CO中毒致死。

该阶段探查搜救共计进入9队次，90人次，累积探查时间35小时30分钟，救出遇险人员4人，发现遇难人员21人。至21日18时40分，累计救出遇险人员15名，发现遇难人员58名，除±0 m水平四石门216因冒落无法进入外，井下情况已经基本摸清。

21 日下午，龙煤集团股份有限公司副总经理召集鸡西分公司救护大队（6支小队 68 人）、双鸭山分公司救护大队（5 支小队 58 人）、七台河分公司救护大队（3 支小队 35 人）计 161 人，于 21 日 17 时 25 分至 18 时陆续到达现场，参加抢险救灾。

3. 处理冒顶、恢复通风、搬运遇难人员

（1）救援方案。主要目标是集中力量处理四石门冒顶、恢复 216 工作面通风、搜救人员、排放瓦斯。具体方案为：一是调集救护大队和矿方人员进入四石门及 216 工作面开展救援；二是由救护大队负责对恢复区域进行彻底探查搜救；三是探查工作与运遇难人员工作同步进行，力争在最短时间内将遇难人员运送至副井底弯道。

（2）实施过程。21 日 20 时 40 分，鹤岗分公司副总经理、救护大队副大队长带领救护队员 19 人，整备区 16 人，通风区 14 人共 51 人入井。经过 9 h的工作，恢复了四石门及 216 工作面的正常通风，为下一阶段的顺利救援赢得了时间。

在探查搜救、处理冒顶、恢复通风过程中，共计发现 36 名遇难人员，处理冒顶 8 处，建造和恢复通风设施 9 处。全体救援人员与该矿入井工作人员通力配合，用时 31 小时 50 分钟，累积发现并运送 86 名遇难者至副井底弯道。随后，救援人员继续运送 12 名遇难人员升井，另在距 113 工作面巷道口 80 ~ 140 m 处发现 5 名遇难人员，历经 7 h 将 5 名遇难人员运出。

至 23 日 5 时 20 分，在事故发生后的 51 个小时内，将发现的累计 103 名遇难人员全部搬运升井。

4. 全力搜救最后失踪人员

23 日，根据前阶段救援情况，指挥部反复核对锁定最后 5 名失踪人员位置。但由于三水平南大巷及 113 工作面堆积大量煤尘，113 工作面瓦斯浓度最高处达 100%，氧气浓度为 0，为防止煤尘飞扬发生次生灾害，需要进行排放瓦斯，铺设草袋子浇水降尘，清理堵塞巷道等工作。救护队员多次入井开展探查搜救、恢复通风、排放瓦斯及监护待机工作。25 日上午，在 113 工作面外找到 3 名遇难人员，在三水平钢带机尾水仓内找到 1 名遇难人员。27 日 16 时在 113 工作面入口 3 m 处发现最后 1 名遇难人员，至此，108 名遇难人员全部找到。

另外侦察发现，瓦斯突出地点 113 工作面受灾严重，进入 220 m 以后全部被冒落的岩石和突出的煤粉堵严，煤粉突出长度 540 m，工作面风筒全部被突出冲击波抛至大巷处，出口处被多辆矿车等杂物堆满（图 2 - 7）。二水平四石门内，八处冒落点，巷道冒落严重，二水平北大巷设施破坏严重，设备被抛移位。

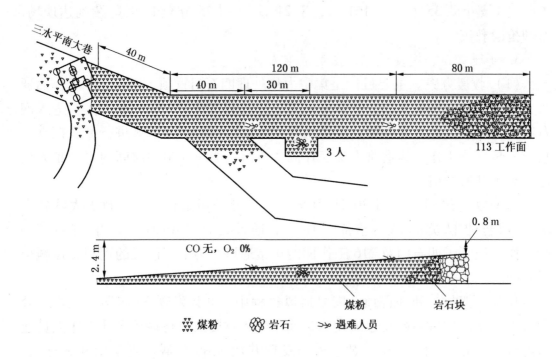

图 2 – 7　新兴煤矿 113 工作面探查情况

钢带机井口被摧毁，井口碹体被冲击波破坏成数块，抛至地面。一段、二段钢带机井的通风设施完全被破坏，钢带机架子被摧毁、变形、移位，皮带被掀翻在地，变成数段，电缆部分折断、脱皮，避灾硐室完全被堵塞。本次救援共计发现 108 名遇难人员，主要分布在二水平 ±0 m、四石门、三水平南二石门、二水平北大巷、二水平三石门和一、二段钢带机道（图 2 –8）。

5. 医疗救援及保障工作

11 月 21 日 3 时，鹤岗市卫生局接到报告，立即调动市 120 急救中心和鹤矿集团总医院 15 台急救车辆和 60 名医护人员赶赴事故现场，全力开展医疗救援工作。

黑龙江省卫生厅接到事故报告后，立即启动《突发公共事件医疗卫生救援应急预案》，火速组织开展医疗救援工作，成立医疗救援领导小组，并成立由中毒、骨科、烧伤科、重症医学等学科人员组成的医疗救治专家组，赶往事发地点，现场指挥医疗救援工作，同时指派佳木斯市 3 名临床专家前往鹤岗开展医疗救治支援。

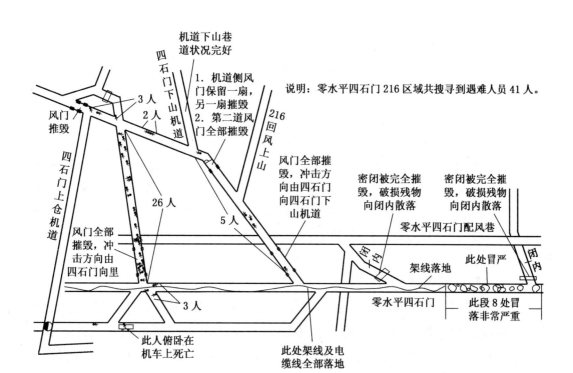

图 2 - 8　新兴煤矿 ±0 m 四石门区域遇难人员分布情况

黑龙江省卫生厅要求佳木斯市、伊春市、双鸭山市卫生局做好事故医疗救援准备，一旦鹤岗市救援力量出现不足，随时调用三市的医疗救援资源进行援助。

为全力做好受伤矿工救治，中国煤炭总医院及黑龙江省内的 8 名皮肤科、烧伤科、神经科等相关方面的医疗专家陆续抵达鹤岗。他们组成了专家组，对受伤矿工逐人会诊、逐人制订治疗方案、逐人实施救治。同时多家医院心理专家均为伤者开展心理治疗。

五、总结分析

（一）救援经验

（1）各级领导高度重视，科学指导救援。胡锦涛总书记、温家宝总理作出重要批示，张德江副总理亲率国家有关部门负责同志赶到事故现场，全面指导抢险救援，为救援工作提供了强有力的精神支持。黑龙江省党政一把手坐镇指挥，协调全省救援资源，全力以赴保障救援开展。市矿成立联合抢险指挥部，调集国内省内煤矿方面专家 20 余人现场参与，为救援提供科学决策，保障安全救援。

（2）先期处置及时有效，避免事故扩大。新兴煤矿事故的应急处置响应时间较为及时，地面调度室瓦斯监控系统发现井下瓦斯异常立即报告领导，矿领导立即通知各区、各队迅速撤出井下所有作业人员的措施是正确的，为更多人员提供了生存机会，避免因盲目指挥或盲目救援造成事故扩大。

（3）矿山救援队伍顽强拼搏，是救援主力军。在国家矿山救援基地鹤岗救护大队全员参与救援工作的基础上，从鸡西、双鸭山、七台河调集161名专业救护队员投入救援工作。救护队始终发扬忠于职守、团结一致、不屈不挠、协同奋战的敬业精神，联合作战、连续作战，多次入井处理冒顶、恢复通风及疏通巷道等，最终成功救出15名遇险人员，并将108名遇难人员全部搬运升井。

（二）存在问题及建议

（1）矿井应急准备不足。该矿安全监控系统不能针对瓦斯扩散状态及时预报并响应；通信联络系统不健全，不能有效指挥撤离；避难硐室未发挥其应有作用；自救及互救知识的培训不到位，自救装置日常检查不够，应急演练未达到预期效果，导致撤离过程中人员伤亡。

（2）该矿在三水平瓦斯超限并逆流时，对灾害判断不够全面，没有考虑到瓦斯可能会逆流到二水平的情况，没有对二水平采取断电措施。

（3）在救援过程中缺乏先进的灾区人员搜寻装备，不能及时发现失踪人员，影响了救援效率。指挥人员应从瓦斯窒息及瓦斯爆炸的可能性去分析，以明确疏散路线的科学性，有效提高应急指挥人员的应急处置能力。

（4）在未确知井下瓦斯流动状态时，不可盲目用电作业，发生瓦斯突出时应及时断电，避免电器火源引发灾害。

第五节　河南省伊川县国民煤业公司"3·31" 特别重大煤与瓦斯突出事故

摘要： 2010 年 3 月 31 日 19 时 20 分左右，河南省洛阳市伊川国民煤业二$_1$ 煤 1102 上副巷掘进工作面发生煤与瓦斯突出，由于专用回风巷堵塞，导致突出的高压高浓度瓦斯无法从回风系统排出，持续涌出经副斜井井口到达地面，遇明火发生爆炸和大火，造成 44 人遇难（其中：井下 39 人，地面 5 人），6 人下落不明，31 人遇险。事故发生后，党中央、国务院高度重视，作出重要指示批示；国家安全监管总局、国家煤矿安监局有关负责同志带领工作组赶赴事故现场，指导协助抢险救援等工作；河南省委、省政府及时成立了抢险救援指挥部，组织协调有关方面全力开展事故抢救、伤员救治、被困人员核查等工作。共调集 6 个地区、4 个县市的救护大队 6 支，独立救护中队 4 支，参战小队 29 支，参战指战员 325 人。救援人员在矿井图纸资料不全、被困人员不清的情况下，快速清理出生命通道，扑灭了副井明火，恢复了部分巷道通风，恢复巷道 3970 m，清理巷道突出物 1100 多吨，施工密闭 4 道，历时 12 天，成功救援遇险人员 31 名、井下遇难人员 39 名。

一、矿井概况

国民煤业公司位于河南省洛阳市伊川县半坡乡白窑村，由半坡乡原白窑六矿和白窑十矿整合而成，属技术改造矿井，民营企业。事故发生时，该矿设计方案尚未批复，没有取得安全生产许可证和煤炭生产许可证。该矿设计生产能力 1.5×10^5 t/a，为煤与瓦斯突出矿井。矿井采用斜井开拓，单一水平开采，有三条井筒，中央并列式通风，通风方法为抽出式，主、副斜井进风，回风井回风。同时开采二$_1$ 煤和一$_7$ 煤，为方便开采两层煤就近布置巷道。事故地点为二$_1$ 煤 1102 工作面回风巷掘进工作面。

二、事故发生简要经过

2010 年 3 月 31 日 19 时 20 分左右，伊川国民煤业有限公司井下二$_1$ 煤 1102 上副巷掘进工作面施工过程中发生煤与瓦斯突出。突出的煤和矸石堵塞了二石门、专用回风巷、1102 工作面上巷、皮带运输大巷等多条巷道，其中二石门、专用回风巷堵塞较严实，导致突出的高压瓦斯无法从回风系统排出，因而逆风沿 1102 工作面上巷、1102 工作面开切眼、1102 工作面运输巷进入副斜井，致使副斜井风流逆转，大量高压高浓度瓦斯持续涌出副斜井井口，到达地面遇明火发生爆炸和大火。事故当班共安排 112 人入井作业，分布在 11 个作业地点（其中：采煤面 2 个，掘进面 4 个，维修点 5 个），从事采煤、掘进和维修工作。

河南洛阳伊川国民煤业公司"3·31"煤与瓦斯突出事故如图 2-9 所示。

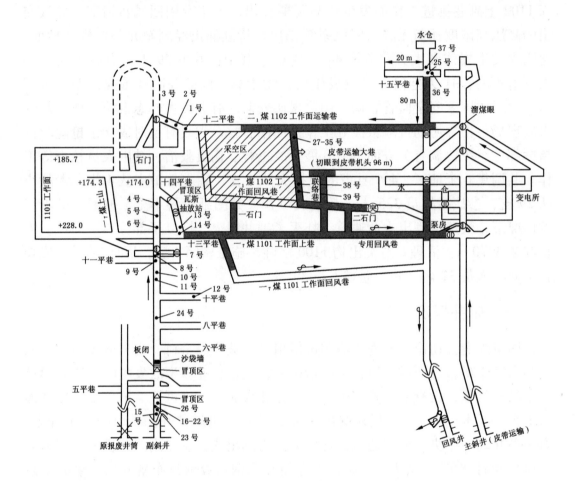

图 2-9 河南洛阳伊川国民煤业公司"3·31"煤与瓦斯突出事故示意图

三、事故直接原因

该矿违法在二₁煤 1102 工作面回风巷工作面掘进，由于区域和局部综合防突措施不落实，在施工瓦斯排放钻孔时诱发煤与瓦斯突出；突出的瓦斯逆流至副斜井井口，遇明火发生爆炸，并引起瓦斯燃烧。

四、应急处置和抢险救援

（一）应急响应

洛阳市煤炭局接到事故报告后，立即召请洛阳市矿山救护队（该矿救护服务协议签订单位）迅速出动3个小队28人于3月31日22:00到达该矿副斜井。河南煤矿安全监察局接到事故报告后，立即命令局救援指挥中心启动应急救援预案，就近调动登封、新安救护队先期赶赴事故矿井，同时电话通知郑煤救援中心、新密市救护队为待机队，随时做好出动准备。

河南省委、省政府，洛阳市委、市政府负责同志赶赴事故现场全力组织抢险救援工作，同时开展伤员救治、人数核查和善后工作，部署缉拿逃逸矿主，并启动了行政问责机制。现场成立了以洛阳市委常委、副市长为组长，分管副市长为副组长，伊川县委、县政府主要领导和市、县有关部门主要负责人为成员的事故抢险指挥部，下设现场抢险组、事故调查组、善后处理组、医疗救护组、对外宣传组、现场保卫组、后勤保障组7个工作组，立即开展各项工作。河南煤矿安监局派员现场指导抢险救援工作。

党中央、国务院高度重视，温家宝总理、张德江副总理分别作出重要批示，要求千方百计抢救遇险被困人员，迅速查明事故原因，切实做好善后工作，依法依规严肃处理责任人。时任国家安全监管总局副局长、国家煤矿安监局局长赵铁锤、国家煤矿安监局副局长彭建勋赶赴事故现场，指导协助地方政府进行抢险救援等工作。

（二）队伍调集

2010年4月1日，指挥部调集郑煤集团矿山救援中心52人、义煤救护大队51人、焦煤救护大队26人、平煤救护大队18人、鹤煤救护大队27人、永煤救护大队15人，会同先期到达的洛阳市、登封市、新安县等18支救护队200多名指战员、300多名矿工以及驻地解放军、武警部队、公安干警、消防官兵投入抢险救灾工作。

为加强现场抢险救援力量，指定由河南义煤集团牵头，调集国有大矿救护队，全力以赴抢险救援；组织得力医护力量，认真做好受伤人员的医疗救治和升井人员的康复检查，全力保障矿工身心健康；组织专门工作小组，对伤亡人员家属实行一对一的衔接，切实做好安抚和善后处理工作，确保矿区和社会稳定；统一信息汇总发布渠道，及时准确、公开透明地向媒体公布事故救援进展情况。组成以中国工程院院士张铁岗为首的6人专家组，强化对事故抢险救援的技术支撑。

（三）救援经过

1. 初步侦察，营救被困人员

洛阳市矿山救护队迅速到达副斜井，发现井口有火光、浓烟滚滚，经询问得知井下发生煤与瓦斯突出事故后形成风流逆转，引起副斜井井口发生瓦斯爆炸造成井口坍塌无法接近，井下被困人员不清。该队迅速奔赴主斜井，与登封市救护队会合。根据县煤炭工业局工作人员绘制的矿井示意图，除留一个小队在井口待机外，其余小队迅速沿主斜井向下侦察。

经侦察，主斜井内通风正常，未见冒顶，仅遇见几名矿方工人。之后，救援队员继续向下侦察，在变电所遇见伊川县煤炭工业管理局一名工作人员，该工作人员称通过变电所电话已与被困于十一平巷人员取得联系，并安排被困人员打开压风管路供氧原地待救，鼓励被困矿工到十四平巷向外清煤自救。

救护队通过变电所电话与被困十一平巷人员取得联系，确定里面有被困人员 29 人，其中 26 人身体状况良好，3 人轻伤。救护队进入十四平巷约 200 m 发现突出煤距顶板 0.5 ~ 0.6 m，经检查该处 CH_4 浓度为 0.5%，无 CO_2 和 CO，风流向里。救护队员爬行约 6 m，发现煤已堵满整个巷道无法通行，于是快速清出一条长约 6 m 能够爬行通过的窄巷，将 29 名遇险矿工安全救出。这些遇险矿工在高压配电硐室休息 1 h 后由两个小队护送他们安全升井。4 月 1 日 4 时，其他救援队伍继续侦察搜救遇险矿工。8 时，登封市救护队在十四平巷侦察过程中，发现 2 名遇险矿工，用担架将其中一名伤势较重者护送升井。

2. 全面侦察搜救人员

指挥部安排救援人员再次对矿井全面侦察，包括主斜井与副斜井相连通的报废巷道。具体侦察情况如下：

11 时，指挥部派洛阳市救护队用生命探测仪搜寻遇险人员，没有发现生命迹象；派义煤救护队一个小队到副斜井侦察，该处 CH_4 浓度为 0.18%，CO 浓度为 12000 ppm，温度为 40 ℃，烟雾大能见度不足 1 m，进入井口 20 m 后救援人员安全返回。

14 时 40 分，义煤救护队一个小队从主斜井进入侦察，沿皮带运输大巷迂回进入副斜井上部侦察，一切正常；进入十四平巷约 190 m 处有突出煤，突出煤粉距巷道顶部约 0.5 ~ 0.6 m，救护队匍匐前进约 10 m 后，巷道可以行走通过，通过联络石门进入十二平巷，在十二平巷通往副斜井底溜煤眼巷道口和附近巷道内发现 3 名遇难人员，在距瓦斯抽放站口上 8 ~ 16 m 处发现 1 名遇难人员，在副斜井十二平巷溜煤眼向下 3 m 处发现 1 名遇难人员，溜煤眼向上 6 ~ 22 m 处发现 4 名遇难人员，在十二平巷内距副斜井交叉口 20 m 处发现 1 名遇难人员；侦察至六平巷口上约 100 m 处发现冒顶把巷道全部堵塞，人员无法通过，冒顶处 CH_4 浓度为 0.36% 、CO_2 浓度为 0.4% 、无 CO、无烟、有微风。救援队员返回向瓦斯抽放站方向侦察，在瓦斯抽放泵站与一$_7$ 煤层 1101 工作面上巷交叉口发现 2 名遇难人员。从瓦斯抽放站返回时，巷道支护变形、顶板破碎处发生冒顶，中队长和一名队员被堵，经过努力终于顺利撤出。侦察中发现 1102 工作面运输巷、专用回风巷与回风井交叉口 8 m 处、皮带运输大巷与专用回风巷之间联络巷被突出物全部堵塞；从瓦斯抽放站到专用回风巷道内有煤堆积，交叉口向里有煤堵塞。22 时 25 分，侦察人员升井。

3. 制定方案采取措施，恢复通风和巷道

（1）抢险救援方案和安全措施。①将井下灾区进行分隔，实行分区作业，各自形成独立的通风系统，达到多头救援，快速推进的效果。

② 在西副斜井冒顶下部建一道永久密闭或防爆墙，隔断与下部区域通风联系，恢复原有平行的一条大巷，并安装局部通风机进行抽出式通风，形成独立的通风系统，为灭火、处理冒落区和抢救遇险遇难人员创造有利条件。

③ 恢复东斜井进回风系统，最大限度恢复原有系统的覆盖区域，排放有害气体，创造接近突出区域的条件。

④ 对有煤与瓦斯突出和冒顶的巷道，安装局部通风机设备，逐段排放，逐段清理，在有害气体不超过规程规定的情况下开展清理工作。

⑤ 在处理过程中，加强对有害气体、温度的检查，发现异常情况，立即撤出救援人员；抢救突出和冒落区的遇险遇难人员时，应加强顶板支护，采取安全技术措施后将其救出。

⑥ 在清理堵塞物时，要对巷道和浮煤进行洒水降尘，防止煤尘飞扬和聚集；清理堵塞时，要使用防爆工具，避免金属碰撞、摩擦产生火花，造成严重后果。

⑦ 在处理过程中，要防止二次突出。及时对巷道进行维护，确保退路畅通；条件成熟时，应建立密集支柱、蛇型防爆墙，保护救援人员的安全。

⑧ 在处理过程中，严禁敲打撞击和随意开关矿灯，防止发生火花。

⑨ 在抢救过程中，救护小队应携带 0~10% 、0~100% 的光学瓦斯检定器和便携检测仪，严格监视瓦斯浓度的变化。

（2）方案实施经过。4 月 1 日 22 时 30 分，指挥部派洛阳市救护队在六平巷口上约 100 m 冒顶处下方打风障两道，隔绝火区。同时决定架设局部通风机恢复 1102 工作面运输巷通风，为 1102 工作面运输巷清理突出物做准备。

4 月 2 日，井下新增两台 11 kW 局部通风机向巷道送风，以便于下一步清理巷道积煤；同时，在副井口附近打开一个原报废井口，安装一台 2×15 kW 局部通风机进行抽风，并向副井注入高泡灭火剂，加快灭火进度。11 时，焦煤救护大队两个小队到皮带运输大巷搬运 2×11 kW 风机到变电所口外并安装到位；在水仓口以里构建风障两道；连接风筒至 1102 运输巷突出煤堆积地点；工作到 23 时 30 分，连续工作近 12 h。为了加快清理进度，又于 4 月 3 日 2 时，两个小队将溜煤眼至专用回风巷 13 m 长巷道，风门至溜煤眼口 6 m 巷道清通，为后期清理突出物工作打下基础。

4 月 2 日 0 时 20 分，义煤救护大队四中队一个小队 12 名指战员担任副井旁报废井侦察任务，侦察人员沿报废井口进入后，到达井底发现多处冒顶，无法通行，小队按原路返回，1 时 50 分小队升井，并向抢救指挥部汇报侦察情况。

4 月 2 日四点班至 4 日八点班，在副斜井发射高泡窒息火区期间，指挥部加大清煤、寻找遇险遇难人员力度，组织矿井工人清理突出物，救护队跟班监护。在局部通风机通风的前提下，监护清挖水仓、十四皮带运输大巷、1102 工作面运输巷、1102 工作面、十四平巷与专用回风巷之间联络巷、瓦斯抽放站等地点突出物的工作。

4 月 2 日 18 时 38 分，新密市救护队开始向副斜井内发高泡进行灭火。

4 月 2 日 21 时，平煤集团救护大队按照指挥部的要求对 1102 工作面恢复供电、安装风机、接风筒、清理皮带、洒水防尘，因现场无供水管路、风机无电缆，供电、通风、洒水、防尘无法实施，工人清理 1102 工作面运输巷风量小、煤尘大、瓦斯超限，平煤集团救护大队指战员停止现场人员作业，立即撤出。

为了详细掌握井下各地点通风、气体情况，在副井井口高泡发射并稳定 2 h 后，4 月 2 日 21 时 30 分指挥部派义煤救护大队一中队一个小队 11 人到井下各个地点查明通风和气体情况。1101 专用回风巷 CH_4 浓度为 12%、CO_2 浓度为 0.4%、CO 浓度为 24 ppm；1102 工作面运输巷 CH_4 浓度为 0.3%、CO_2 浓度为 0.1%、无 CO；一₇煤工作面回风巷 CH_4 浓度为 0.4%、CO_2 浓度为 0.2%、无 CO；主斜井 CH_4 浓度为 0.02%、无 CO_2 和 CO；副斜井风障处 CH_4 浓度为 0.4%、CO_2 浓度为 0.26%、无 CO；十一平巷 CH_4 浓度为 0.38%、CO_2 浓度为 0.4%、无 CO；六平巷 CH_4 浓度为 0.34%、CO_2 浓度为 0.2%、无 CO。侦察结束后小队于 3 日 0 时 50 分升井。

4 月 2 日 23 时 50 分，指挥部安排郑煤救援中心 2 个小队、洛阳市救护队 3 个小队、登封市救护队 2 个小队、新安县救护队 2 个小队入井搬运发现的 14

名遇难人员，至 4 月 3 日 9 时 55 分遇难人员全部升井。接到任务后，郑煤集团矿山救援中心直属一中队第一个入井，行至十四平巷向里约 19 m 处，发现突出的煤堵塞了巷道，空间高度只有 0.3 m，长约 12 m，通过难度较大且退路又不安全，遇难人员不易运出，因此，郑煤救援中心带队指挥员一方面安排部分人员清理堵塞物，保证退路安全畅通，为后续部队打通前进线路；另一方面派人爬行通过堵塞物，到瓦斯排放巷小冒顶处处理冒落区。在处理瓦斯排放巷冒顶时，由于顶板漏煤多，压力大造成棚距超宽，且冒高在 3 m 左右，没有支护材料，救护队员利用沿途搜集的荆芭、椽子、坑木等背帮、背顶，经过处理终于疏通了冒落区，圆满完成了初次搬运遇难人员任务。

4. 灭火救援排查隐患，完成救援任务

根据主、副井侦察情况，指挥部采取了副斜井高泡灭火，主斜井局部恢复通风、清理突出物的救援方案。该方案实施较为顺利。

（1）副斜井灭火救援情况。4 月 4 日 17 时 37 分，在发射高泡窒息火区稳定两天后，指挥部派鹤煤救护队从副斜井入井侦察。侦察小队穿过泡沫在距井口 91 m 处发现 1 名遇难人员、151 m 处发现 7 名遇难人员、151 m 以下冒顶。随后指挥部迅速组织郑煤救援中心、义煤、永煤、焦煤救护大队共 6 个小队 60 名指战员搬运遇难人员。为处理副斜井冒顶创造条件，指挥部安排永煤、焦煤救护大队清扫泡沫继续侦察，在距副斜井口 140 m 处发现 1 名遇难人员，永煤、焦煤救护大队迅速搬运遇难人员升井后，再次接通水龙带 120 余米，为直接灭火做准备。

4 月 5 日 0 时 15 分，指挥部派新安县一个小队到副斜井底八、九、十平巷附近侦察，没有发现遇险遇难人员。

4 月 5 日 20 时 50 分，义煤救护大队一个小队在担任副斜井侦察任务中，在距副斜井井口 141 m 处发现 1 名遇难人员。遇难人员搬运出井后，郑煤救援中心一个小队在清理副斜井冒顶过程中因 CO 浓度增大至 6000 ppm，指挥部决定重新发泡灭火。4 月 6 日 3 时 40 分，新密救护队开始发射高泡灭火。

4 月 5 日八点班，鹤煤一个小队入井负责一$_7$煤工作面专用回风巷气体排放，登封救护队一个小队负责 1102 工作面皮带运输巷清煤监护工作。

4 月 5 日 8 时 11 分，新安县救护队在八平巷下部冒顶处侦察时，在八平巷下方副井内 100 m 处发现 1 名遇难人员。

4 月 5 日 15 时，登封救护队在监护清挖主斜井底水仓过程中发现 1 名遇难人员。

4 月 5 日 21 时 40 分，焦煤救护大队、永煤救护大队、焦煤宝雨山中队在井下侦察、监护清煤至 1102 工作面切眼下口上 5 m 处时，同时发现 9 名遇难人员，于 4 月 6 日 6 时，由郑煤救援中心两个救护小队全部搬运出井。

（2）恢复通风及巷道救援情况。4 月 6 日 8 时，义煤救护大队一个小队从主斜井入井，从井底沿主回风井向上侦察。经侦察主回风井内没有发现遇险遇难人员，主斜井 CH_4 浓度为 0.4% 、无 CO_2 和 CO。鹤煤救护大队一个小队入井监护水仓清理和 1102 工作面的清理工作。

4 月 6 日四点班，登封救护队一个小队到皮带运输大巷与专用回风巷之间联络巷监护清煤；鹤煤一个小队监护水仓和 1102 工作面清理工作。18 时 30 分，鹤煤一个小队监护水仓清理过程中，发现 2 名遇难人员。为准确判定水仓清理处是否还有遇险遇难人员，指挥部又派义煤一个小队利用钢钎和小镐小锹向里侧探察，没有发现遇险遇难人员。

4 月 6 日 16 时，登封救护队一个小队到副斜井冒顶处处理冒顶，共清扫泡沫 151 m，清渣 1 矿车，临时性处理加固小冒落区 3 m，冒顶处 CH_4 浓度为 0.2% 、CO_2 浓度为 0.16% 、CO 浓度为 2000 ppm。

4 月 7 日零点班，焦煤宝雨山中队在监护 1102 工作面清理工作过程中，在 1102 工作面向上 60 m 处发现 2 名遇难人员。

4 月 7 日晚，焦煤救护大队大队长陪同指挥部副指挥长入井侦察 1102 工作面切眼以里巷道情况，约 21 时 40 分，听到井下发生动力现象，升井后汇报指挥部，指挥部决定停止清煤，派义煤一个小队负责监测专用回风巷外侧、1102 工作面的气体变化，派洛阳救护队分别在回风井、副井 2×15 kW 局部通风机口检测气体，两队均在观察一个班次后继续清理。

4 月 8 日八点班，指挥部在观察一个班次没有异常情况前提下，决定继续清理突出物，4 月 8 日八点班至 10 日八点班，各班次分别从 1102 工作面下部到 1102 工作面上副巷方向、从联络巷下部到专用回风巷方向、专用回风巷东段、专用回风巷西段监护清煤（从 4 月 8 日八点班起，陆续由平煤救护大队、登封市救护队、义煤救护大队、焦煤宝雨山中队、郑煤救援中心、永煤救护大队、新安县救护队、洛阳市救护队监护清煤）。

4 月 8 日 10 时 20 分，指挥部决定派人进入副斜井侦察，在条件许可的情况下，清理冒顶，搜救遇难人员。17 时 40 分，新安救护队在清理冒顶过程中，检测到冒顶处 CO 浓度升高至 1650 ppm，巷道右侧向外漏烟，人员工作地点前后方不断有渣向下掉落，请示指挥部后人员撤出。指挥部派鹤煤一个小队于 4 月 9 日 21 时 55 分，在十平巷下方 15 m 处打一道板闭，外钉风障，板闭下垛 1 m 高沙袋。

4月9日16时至23时15分，平煤救护大队和洛阳市救护队各派两名队员监护井下十二个地点拍照取证工作。

4月10日0时至11日18时，出动4个小队，34人次入井进行安全监护、专用回风巷探查等工作。

4月11日16时至22时，指挥部派洛阳救护队一个小队对井下人员能够到达的地点（包括废弃巷道等）进行全面探查，没有发现遇险遇难人员，抢险救援工作结束。救援历时12天，清理巷道内突出物1110多吨，恢复巷道3970 m，施工密闭4道，成功救援遇险人员31名、遇难人员39名。

五、应急处置及救援总结分析

（一）救援经验

（1）侦察到位，情况准确。接到侦察任务后，各救护队精心组织，严格按照指挥部的要求，认真组织侦察，准确提供了第一手资料，为指挥部制定正确施救方案提供了科学依据。

（2）方案正确，措施得力。本次事故处理中，指挥部制定了正确的方案和安全技术措施，为安全救援提供了可靠保证。

（3）抢救快速，科学施救。31名遇险人员的生还，一是得益于组织有序的救援；二是井下主要作业地点通信线路的畅通；三是压风管路的畅通。

（4）高泡灭火，抑制火灾。副斜井瓦斯燃烧烧断串车钢丝绳形成跑车，碰撞巷道造成多处冒顶。副斜井巷道坡度在28°～32°之间，串车造成的冒顶比较严重，有的冒高达2～3 m，救护队员佩用呼吸器处理冒顶比较困难。通过发射高倍数泡沫灭火，虽不能完全把冒顶中间火灾扑灭，但可降低巷道温度，稀释排放巷道中有害气体浓度，为尽快进入副斜井侦察抢救创造了条件，并成功从副斜井上部抢救出了10名遇难人员，提高了救援科学性，加快了救援进度。

（5）利用生命探测仪寻找遇险人员。洛阳市救护队用生命探测仪对遇险人员进行搜寻，没有发现生命迹象。结合检测气体情况，判断不具备人员生存的条件，指挥部因此将抢救的重点转移到主斜井，为成功救援赢得了宝贵的时间。

（二）存在问题及建议

（1）矿方安全管理混乱。矿方不能提供详细的巷道分布情况，数据不准，直接影响处理方案及安全措施的制定。矿难发生后，由于矿长和伊川县政府派驻的驻矿安监员逃逸，地面存放有关入井人员资料的矿灯房被完全损毁，加之企业用工混乱，入井人数由包工头确定，企业没有统一的人员调度安排，没有花名册、工资册、职工档案、劳动合同等，严重影响了人员核查工作进度。

（2）现场秩序混乱，救援环境差。事故处理过程中经常出现群众过激行为，影响事故应急处置和救援进程。

（3）指挥程序有待进一步理顺和规范。救护队是一支处理事故的专业性救援队伍，按照《煤矿安全规程》和《矿山救护规程》规定，救护队一切行动应统一指挥，其他机构和个人不得随意指挥，这样才能确保救援行动科学、安全、高效。

第六节　煤与瓦斯突出事故应急处置及救援工作要点

一、事故特点

（1）煤与瓦斯突出易发生在采掘工作面（大多数发生在掘进工作面，特别是石门揭开煤层时，突出强度最大、次数最多）。也容易发生在地质构造变化大、煤层厚度变化大、采掘作业应力集中地带和围岩致密而干燥的厚煤层等区域。

（2）瞬间突出的大量煤（岩）会掩埋采掘工作面和附近巷道的作业人员，同时，突出的大量瓦斯使采掘工作面及回风巷道内的氧气浓度急剧降低，造成人员窒息。突出的瓦斯因压力较高，可能破坏通风系统，改变风流方向，使进风侧充满高浓度的瓦斯，造成更大范围的人员窒息。高浓度瓦斯顺风流或逆风流蔓延，当达到爆炸界限并遇火源可能引起瓦斯爆炸。

（3）有明显的动力效应，可造成供水、供电、压风、通风、支护、运输等系统和设施、设备的损坏，巷道坍塌、片帮、底鼓，以及堵埋人员、积水涌出等。

（4）煤与瓦斯突出事故对救援人员安全的主要威胁是发生二次突出和引起瓦斯爆炸。

二、应急处置和抢险救援要点

（一）现场应急措施

（1）现场人员要立即佩戴自救器，按照突出事故的避灾路线，迅速撤出灾区直至地面，并立即向调度室报告。

（2）对于小型煤与瓦斯突出事故，现场人员应在保障安全的前提下，尽力抢救被埋人员。

（3）在撤离途中受阻时应紧急避险，采取以下自救措施：①选择最近的避难硐室或临时避险设施待救。②选择最近的设有压风自救装置和供水施救装置的安全地点，进行自救互救和等待救援。③迅速撤退到有压风管或铁风筒的巷道、硐室躲避，打开供风阀门或接头形成正压通风，可利用现场材料加固设置生存空间，等待救援。

（4）被困后采用一切可用措施向外发出呼救信号，但不可用石块或铁质工具敲击金属，避免产生火花而引起瓦斯煤尘爆炸。

（5）被困待救期间，班组长和有经验人员组织自救互救，遇险人员要节约体能，节约使用矿灯，保持镇定，互相鼓励，积极配合营救工作。

（二）矿井应急处置要点

（1）启动应急预案，及时撤出井下人员。调度室接到事故报告后，应立即通知撤出井下受威胁区域人员。严格执行抢险救援期间入井、升井制度，安排专人清点升井人数，确认未升井人数。

（2）在井下范围大、人员撤退时间长的情况下，应评估突出引发瓦斯爆炸的可能性（瓦斯逆流状况和电气设备防爆性能等）和人员撤退的及时性。必要时，可通过矿井应急广播系统通知难以及时撤出地面的遇险人员进入永久避难硐室避灾。

（3）通知相关单位，报告事故情况。第一时间通知矿山救护队出动救援，通知当地医疗机构进行医疗救护，通知矿井主要负责人、技术负责人及各有关部门相关人员开展救援，按规定向上级有关部门和领导报告。

（4）采取应急措施，组织开展救援。矿井应保证主要通风机正常运转，保持压风、供水系统正常，在确保不被水淹的前提下，远距离切断灾区和受影响区域电源。矿井负责人要根据事故情况，在确保安全的情况下，组织开拓、掘进、通风、维修等作业队伍及企业救援力量，迅速组织开展救援工作，积极抢救被困遇险人员，防止事故扩大。

（5）采掘工作面和防突风门进风区传感器显示瓦斯超限时，应立即对该传感器关联区域提前断电，避免流动瓦斯到达电气设备时才断电而引发瓦斯爆炸。

（三）抢险救援技术要点

（1）了解掌握突出地点及其波及范围、遇险人员数量及分布位置、突出煤量和瓦斯量、灾区通风、瓦斯浓度、巷道破坏程度、是否存在火源及火灾范围，以及现场救援队伍和救援装备等情况。根据需要，增调救援队伍、装备和专家等救援资源。

（2）组织矿山救护队进行灾区侦察，发现遇险人员立即抢救。通过灾区侦察，进一步掌握突出地点及其波及范围、遇险人员数量及分布位置、突出煤量和瓦斯量、灾区通风、瓦斯浓度、巷道破坏程度、是否存在火源及火灾范围、人员伤亡等情况。救援指挥部根据已掌握的情况、监控系统检测数据和灾区侦察结果，分析和研究制定救援方案及安全保障措施。

（3）保证矿井正常通风，不得随意停风或反风，防止风流紊乱扩大灾情。如果通风系统和设施被破坏，应尽快恢复巷道通风，保障救援人员安全。恢复独头巷道通风时，应将局部通风机安设在新鲜风流处，按照排放瓦斯的措施和要求进行操作。因突出造成风流逆转时，要在进风侧设置风障，并及时清理回风侧的堵塞物，使风流尽快恢复正常。

（4）多措并举构建快速救援通道。采取快速清理直接恢复突出灾区巷道、在灾区巷道中开挖小断面救援通道、在灾区巷道附近新掘小断面救援绕道以及向被困人员位置施工救援钻孔等多种方法，形成快速救援通道。

（5）救护队进入灾区时，应携带足够数量的氧气呼吸器和自救器、氧气瓶等，在抢救时供遇险人员佩戴。

（6）在救援过程中，在被困人员不能及时救出时，应采取一切措施与遇险人员取得联系，利用压风管、供水管或打小孔径钻孔等方式，向被堵人员输送新鲜空气、饮料和食物，为被困人员创造生存条件，为救援争取时间。

（7）如果突出事故破坏范围大，巷道恢复困难，应在抢救遇险人员之后，对灾区进行封闭，逐段恢复通风。

三、安全注意事项

（1）加强警戒，保证地面和井口安全。在进、回风井口及其 50 m 范围内检查瓦斯、设置警戒，禁止警戒区内一切火源，严禁一切机动车辆和非救援人员进入警戒区。

（2）救援期间要加强电气设备管理。已经停电的设备不送电，仍然带电的设备不停电，防止产生火花，引起爆炸。

（3）矿山救护队进入灾区后，必须认真检查气体和温度的变化。发现空气中一氧化碳浓度或温度升高时，应迅速查明原因。突出瓦斯燃烧引发火灾时，按照火灾事故应急处置和救援工作要点进行救援。

（4）清理突出的煤（岩）时，应制定防止煤尘飞扬的措施。设专人检查煤尘和瓦斯，发现问题及时处理，防止发生瓦斯煤尘爆炸事故。

（5）救援过程中，必须严密监视，注意突出预兆，防止二次突出造成事故扩大。注意观察围岩、顶板和周围支护情况，发现异常，立即撤出人员。

四、相关工作要求

（1）在排放瓦斯时，应制定详细方案和安全措施，严格按照有关规定、方案、措施操作，严禁"一风吹"排放瓦斯。

（2）在灾区侦察和施救过程中，不得随意启闭电器开关，不得扭动矿灯开关和灯盖，注意防止摩擦、碰撞产生火花，严防引发瓦斯爆炸事故。

第三章 矿井火灾事故应急救援案例

第一节 黑龙江省鹤岗市富华煤矿 "9·20" 特别重大火灾事故

摘要：2008 年 9 月 20 日 3 时 30 分，黑龙江省鹤岗市富华煤矿发生一起煤炭自燃火灾事故，造成 31 名矿工被困。事故发生后，省市各级领导立即赶赴现场，成立救援指挥部，国家安全监管总局派出工作组指导救援工作。救援首先对矿井进行了反风，然后根据侦察情况对局部地段通风系统进行了再次调整，结合搜救情况，对巷道风量进行实时调控，但由于火势过猛，指挥部决定封闭主副井灭火。井口封闭后开始注液态二氧化碳进行灭火，启封后对遇难人员进行了搜救。鹤岗矿山救护大队共出动 49 队次，496 人次。在全体救援人员的共同努力下，经过 28 天的紧张救援，搜救出 26 名遇难人员，5 人失踪，完成了救援任务。

一、矿井概况

富华煤矿位于黑龙江省鹤岗市南山区跃进街，设计生产能力 6.0×10^5 t/a，开采煤层为 7、9、11 号煤层，现开采 11 号煤层。矿井采用压入式通风，副井入风，主井回风，总入风量为 1230 m^3/min，总回风量 1190 m^3/min。矿井瓦斯等级为低瓦斯矿井，瓦斯绝对涌出量 0.317 m^3/min。煤层自然发火期 6~8 个月，煤尘爆炸指数 48.41%。

二、事故发生简要经过

2008 年 9 月 20 日 3 时 30 分，鹤岗市富华煤矿新二段暗斜井第四联络巷因煤炭自燃引发火灾事故（图 3-1）。该矿当班入井 44 人，事故发生后，13 人安全升井，31 名矿工被困井下。

三、事故直接原因

该矿采取压入式通风，防灭火检测手段落后，未能及时发现煤炭自然发火

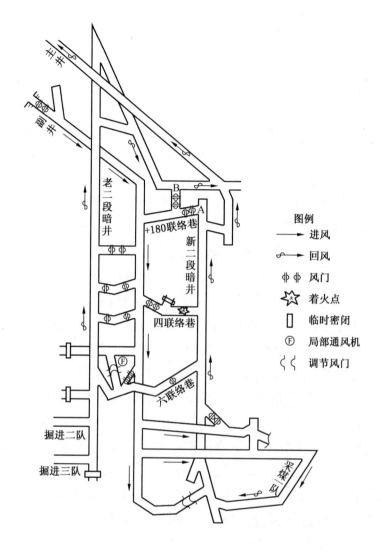

图3-1 鹤岗市富华煤矿"9·20"火灾事故示意图

征兆；易自燃煤层永久巷道锚喷封闭不严，存在自然发火条件；该矿进风井第四联络巷煤层自燃引发火灾事故。

四、应急处置及抢险救援

事故发生后，黑龙江省、鹤岗市人民政府领导带领有关部门负责人相继赶到事故现场，成立抢险救灾指挥部，调集鹤岗矿山救护大队等救援力量，组织开展救灾工作。国家安全监管总局派出国家煤矿安全监察局副局长付建华带领工作组赴现场指导救援工作。

（一）灾区初期侦察，搜救遇险人员

（1）侦察灾区、抢救人员。20 日 4 时 40 分，按照指挥部的命令，鹤岗救护大队一中队、二中队各 1 个小队从主井入井侦察救人（当时主要通风机已停运）。进入主井以下 5 m，测得一氧化碳浓度为 1250 ppm，甲烷浓度为 0.3%，侦察到主井底弯道附近共发现遇难矿工 4 名，此处一氧化碳浓度为 5000 ppm，甲烷浓度为 1%，二氧化碳浓度为 0.3%。进入新二段暗井 70 m 处发现遇难者 1 名。探至 240 m 处，整条巷道已全是浓烟，能见度为零，经检测：一氧化碳浓度为 5000 ppm，甲烷浓度为 1%，二氧化碳浓度为 0.5%，温度为 30 ℃。随后，三中队 1 个小队入井侦察，于 9 时返回升井。

（2）反风探查、抢救人员。10 时，恢复了主要通风机运转，实施反风。11 时 26 分，一中队 1 个小队 9 名救护队员入井侦察，进入 +180 联络巷上部，检查风门关闭良好，经检测：主井入风 800 m³/min，通往新二段暗井入风 170 m³/min，新二段暗井岔口以下一氧化碳浓度为 24 ppm，甲烷浓度为 0.5%，二氧化碳浓度为 1%，+180 联络巷副暗井岔口下一氧化碳浓度为 1000 ppm，甲烷浓度为 0.3%，二氧化碳浓度为 0.1%。12 时 35 分，副大队长带领二中队 2 个小队计 19 人从主井进入，切断 +180 联络巷以下电源，给新二段暗井和老二段暗井绞车供电并试车，任务完成后，两个小队于 16 时升井。

（3）调整局部通风系统，创造侦察条件。根据救护队探查结果，指挥部决定调整局部通风系统。即由反风后的新、老二段暗井入风，暗副井回风，改为新二段暗井入风，老二段暗井回风的状态，并将暗副井封闭，控制火势。待调整通风系统后，再进行探查。18 时，救护队出动 3 个小队入井实施通风系统调整工作，完成任务后于 20 时 30 分全部升井。

（4）探查掘进二队，搜救遇险人员。通风系统调整后，指挥部决定查找火源，控制火势，搜救遇险人员。22 时 35 分，副总工程师带领二中队 1 个小队、一中队 2 个小队、三中队 1 个小队，沿新二段暗井侦察；当侦察至四联络巷岔口以下 5 m 处时，发现 1 名遇难矿工。此处：一氧化碳浓度为 150 ppm，甲烷浓度为 0.3%，二氧化碳浓度为 0.1%，氧气浓度为 20%，温度为 24 ℃。21 日 0 时，二中队 1 个小队沿着六联络巷进入老二段暗斜井，在岔口上部发现 1 名遇难矿工；在独头密闭栅栏内、外发现 5 名遇难矿工，此处一氧化碳浓度为 3500 ppm，甲烷浓度为 0.3%，二氧化碳浓度为 0.9%，氧气浓度为 11.1%；在掘进二队巷道岔口附近发现 7 名遇难矿工，此处一氧化碳浓度为 3500 ppm，甲烷浓度为 0.6%，二氧化碳浓度为 1.3%，氧气浓度为 11.5%，温度为

24 ℃。至此，共发现遇难矿工 19 人。1 时，由于火情发展迅猛，四联络巷烟雾增大，有切断探查人员退路的危险，救援人员全部撤离灾区升井。

（5）调控风量、抬运遇难人员。2 时 10 分，指挥部决定，增加新二段暗井入风量，提高四联络巷以下能见度并稀释瓦斯。3 时 50 分，三中队 10 人入井，将主井底弯道 4 名遇难矿工、新二段暗井绞车道 1 名遇难矿工抬运升井。4 时 40 分，一中队 6 人入井，去抬运四联络巷以下遇难人员，5 时 5 分，到达四联络巷岔口。发现岔口处向外蹿火，有冒落物不断下落，检测该处一氧化碳浓度为 10000 ppm，浓烟太大无法进入，指挥部下令撤出。

（6）接水管注水控制火势。7 时 50 分，二中队刘树新带领 8 人入井，往着火处接设管路，准备注水灭火，接至四联络巷岔口处发现有一堆明火，顶板有冒落危险，向指挥部汇报后，指挥部要求，将管路断开，为下一步充沙、注水、注惰气灭火方案的实施做好准备工作。

（二）封闭火区，灌注液态二氧化碳

（1）封闭火区。10 时 30 分，救援专家组对遇难人员地点有毒有害气体浓度、氧气浓度等多方面的技术数据进行了反复评估论证，判定灾区内被困人员已无生存可能，决定采取下一步救灾方案：封闭二段以下新老二段暗井和副暗井，采取向火区灌注液态二氧化碳灭火方案。11 时 30 分开始，救护队共出动 4 队次 41 人次，于 15 时 6 分完成封闭和束管接设任务。封闭后检查发现漏风严重，经加强后仍不严密，指挥部决定在地面主、副井井口进行封闭。17 时 10 分，主、副井永久密闭建完。

（2）灌注液态二氧化碳。22 日，富华煤矿主、副井口封闭后，通过富华煤矿消火集团孔的两条管路开始向井下灌注液态二氧化碳。经初步测算，矿井封闭空间体积为 2×10^4 m³，需注入 5 车 25 t 液态二氧化碳，起到冷却、窒息火区的目的。同时，使用 3 路束管进行采样，利用移动气体分析工作站进行化验分析，及时掌握封闭区内气体变化情况。23 日 8 时 4 分，由新二段暗井集团孔注入液态二氧化碳 25 t；11 时 15 分，由老二段暗井集团孔注入液态二氧化碳 100 t。25 日 6 时，通过气体监测分析发现封闭区存在漏风现象。为了控制火势发展，指挥部决定向井下连续注入液态二氧化碳。9 月 25 日至 9 月 30 日，共向井下注入 400 t（16 车）液态二氧化碳。为了进一步对火区进行惰化，指挥部决定继续向井下注入液态二氧化碳，截至 10 月 13 日，共向火区灌注液态二氧化碳 850 t（34 车），合成二氧化碳气体约 5.1×10^5 m³。经束管监测分析，各项数据指标比较稳定，火势已经得到有效控制，井下没有发生爆炸可能，具备了抢救遇难人员的条件。

（三）启封火区，搜救遇难人员

为保证搜救工作的安全顺利实施，救护大队制定三套救灾方案，组织开展侦察和搜救。13 日 8 时，救护大队出动 4 个中队、8 个小队，参战指战员 94 人，按救灾方案开始抢运遇难人员工作。

（1）全风压调风解放一段的巷道。13 日 11 时 25 分，将主、副井密闭破开，启动主要通风机单机运转；由于风量不足，主要通风机单机改为双机运转。测定风量 $Q_人 = 260 \, \text{m}^3/\text{min}$，完成了方案第一步工作，解放了一段的巷道。

（2）调整通风，破冰探查。12 时 30 分，大队长带领一中队两个小队共计 25 人入井。入井后，首先对 3 个密闭及一段系统进行了全面探查，根据探查情况，在井下基地对人员进行了分工：1 个小队负责施工控风板闭，1 个小队加固副暗井密闭。然后，对新二段暗井破闭探查，进入新二段暗井 20 m 处，发现巷道堆满干冰（液态二氧化碳遇水冷凝固化），干冰结冻长度为 21 架棚，高度接近顶板，进不去人，微入风。于是，大队长安排人员进行刨冰清理巷道，同时，观测老二段暗井、副暗井气体变化情况。3 个小时后，将结冻处干冰刨开半米宽通道。

（3）探查七联络巷、老二段暗井。18 时 50 分，救护大队总工程师等带领三中队 2 个小队 24 名队员入井，继续刨冰扩大断面，以便能通车。同时，总工程师领三中队队员进入四联络巷探查，发现四联络巷已全部冒严，往上 10 m 巷道有过火痕迹，燃烧过的刹帮刹顶材料和破碎岩石堆积巷道有 0.5 m 高，四联络巷与新二段暗井绞车道交叉口处已冒严。经过快速处理后，救护队员爬过冒落区继续进入七联络巷风门处，发现 2 名遇难人员。通过六联络巷在老二段暗井片盘发现 1 名遇难者。巷道内全是烟，能见度为零，温度 30 ℃以上，一氧化碳浓度为 10000 ppm。于是，返回向指挥部汇报。

（4）探查并抢运遇难人员。13 日 23 时 50 分，结冰处巷道已能通车。大队长传达指挥部命令，抓住火势没有扩大的时机，二中队 2 个小队 26 人入井，进入掘进一队、二队工作面抢运遇难人员；四中队 2 个小队 20 人入井，进入一队采煤工作面搜查抢运遇难人员。进入六联络巷片口以下，在底弯道岔尖处发现 2 名遇难人员。沿底弯道向暗副井上山继续探查，在 30 m 处发现 2 名遇难人员，至此，共发现遇难人员 26 人。到 14 日 7 时 40 分，将发现的 26 名遇难人员全部运至地面。

（5）继续探察灾区，搜救失踪人员。按照矿方统计的人数，井下应有矿工 31 人，救护队已运出 26 名遇难人员，还有 5 名没有找到，无法确定失踪 5 人具体位置，指挥部决定救护队继续入井搜寻。14 日 9 时，一中队 3 个小队

28 名救护指战员，分别进入一队采煤工作面、三队掘进工作面、老二段暗井绞车道继续搜寻人员。9 时 30 分，行进至四联络巷处，1 个小队进入三队掘进工作面探查，2 个小队待机。当探查小队进入六联络巷时，待机小队发现四联络巷有蓝烟从冒落区涌出，经检测风流中一氧化碳浓度为 300 ppm。9 时 40 分，发现四联络巷烟雾增大，由轻烟变为黄烟，10 min 之内风流中一氧化碳达到 1000 ppm，四联络巷火势迅速恶化，于是立即向指挥部汇报。指挥部决定，救护队侦察人员立即升井。

（四）封闭灾区

由于井下遇难人员位置难以确定，井下恢复通风近 23 h 后火源复燃，救援环境恶化。老二段暗井管路口处被干冰堆满巷道，无法行人，二段副暗井里有火源，只有新二段暗井一条通道可行。如果继续进入四联络巷以下巷道搜寻，一旦四联络巷火烟大量涌出，救护队员将无法退出，威胁到救护队员安全。因此，指挥部决定其余救护队员全部升井。14 日 10 时 40 分，指挥部命令将主要通风机停止运转，由一中队负责将主、副井井口封闭。

火区封闭后，经过 68 个小时的连续观测，一氧化碳浓度由 582 ppm 上升到 8969 ppm，指挥部分析认为，火区已完全复燃，不具备再次入井探查搜救遇难人员条件，研究决定停止救援工作。

五、总结分析

（一）救援经验

（1）国家安全监管总局工作组及省市领导亲临现场指挥救灾工作，措施得力，及时控制了灾情及火势，为成功救出遇难人员争取了宝贵的时间。

（2）现场救灾方案制定科学、安全、有效，救护队提供的灾情信息翔实、准确，符合现场实际，为指挥部制定救援方案提供了科学依据。

（3）救护大队各级指挥员冲锋在前，率先垂范，既是指挥员又是战斗员，极大鼓舞了参战队员的士气，为救援任务的完成奠定了坚实的基础。参战指战员不怕苦、不怕累、英勇顽强、连续作战，安全地完成了指挥部下达的各项任务，保证了抢险救援工作的顺利进行。

（4）移动气体工作站、南非灾区电话、基地宿营车、液态二氧化碳灭火装备等先进救援装备，在此次事故救援中发挥了重要作用。

（二）存在问题及建议

（1）企业安全培训不到位，矿工不熟悉矿井避灾路线，自救、互救知识缺乏，导致事故扩大。

（2）企业没有安装井下人员位置监测系统，矿工没有携带标识卡，救护队在搜救时无法准确判定遇险人员位置，贻误了最佳抢救时机。

（3）平时应加强对液态二氧化碳灭火装备的学习和实战演练，熟练掌握操作技能，确保战时操作熟练，准确判断并排除故障，从而更好地发挥其作用。

（4）救护队应根据辖区灾害事故特点，配备救援装备工具车，以保证抢险救援所需装备供应。

（5）处理火灾事故时，灾区通信应优先选择无线通信，以减轻救护队员的劳动强度。当通信效果受环境影响时，可增设基站，保证通信畅通。

第二节　黑龙江省双鸭山市友谊县龙山镇煤矿十井 "9·22" 重大火灾事故

摘要： 2012 年 9 月 22 日 4 时 15 分左右，黑龙江省双鸭山市友谊县龙山镇煤矿十井主井二段 −140 m 运输平巷靠近三段绞车道处顶板冒落，砸破电缆，导致电缆短路着火，引发火灾，造成 12 名矿工被困。事故发生后，国家安全监管总局派出工作组指导应急救援工作。黑龙江省各级党委、政府高度重视，有关负责同志赶到事故现场组织指挥抢险救援。调集鸡西、七台河、鹤岗、双鸭山等地 5 支专业救援队伍 275 人，深入井下抢险救援共 39 队次、532 人次。救援方案几经调整，在直接处理灾区冒顶灭火、施工救援通道、打均压气室等多个方案均不可行的情况下，最终采用构筑密闭墙，注液氮、液态二氧化碳灭火降温的方案，经过全体参战人员 18 个昼夜的连续奋战，于 10 月 9 日 23 时，搜救出 12 名遇难矿工并运送升井。

一、矿井概况

龙山镇煤矿十井位于双鸭山市友谊县境内，设计生产能力为 6×10^5 t/a。2007 年核定生产能力为 5×10^5 t/a，批准开采 11、12、13 号 3 个煤层，开采深度由 +135 m 至 +85 m 标高，现开采 11、12 号煤层，煤层不易自燃，煤尘具有爆炸性，属瓦斯矿井。该矿为片盘斜井开拓，主井斜长 200 m，坡度 15°，副井斜长 130 m，坡度 28°，单钩串车提升，中央并列抽出式通风，矿井水文地质类型简单。

该矿深部井界标高批准为 +85 m，但矿方私自违法进行主井下延（在 +112 m 标高处打设密闭逃避监管人员检查）至 −12 m 标高处，越界开掘左四片车场，通过石门联通龙煤集团双鸭山分公司七星煤矿已报废的五采区，非法盗采 4、5、6、7、8 号煤层。该区域采用 11 kW 局部通风机正压供风，由七星煤矿采空区回风至 −75 m 标高处。越界开掘右七片车场，通过暗斜井二段、三段轨道上山进入龙煤集团双鸭山分公司七星煤矿矿界，非法盗采 13、14、15 号煤层。该区域通过邻近的兴旺煤矿采空区入风，由本矿采空区回风。

事故发生时，越界区域当班七片有两个作业地点生产，四片有三个作业地点生产，事故发生在右七片 15 号煤层 −140 运输平巷石门处，波及 15 号煤层 −140 运输平巷以下区域。

二、事故发生简要经过

2012 年 9 月 21 日夜班，当班工人陆续入井作业，在 -140 运输平巷中距机电硐室 20 多米处休息的潘喜伍听到靠机电硐室侧"砰砰"两声响后，看见 15 号煤层 -140 运输平巷石门口处落地的电缆发出火光，立即告诉其他工人电缆着火了。4 名工人下到三段上部车场岔口处时，发现浓烟已经很大，他们 4 人就往三段下部跑。1 名工人向相反方向顺着平巷摸着导轨爬出了火区。10 min 后，听见火区里有动静，就喊"趴地上往出爬，上面烟很大"，一两分钟后蹬钩工等 2 人也爬了出来。3 人到二段井底车场，赶紧往地面打电话报告，但电话断电无信号，随后 3 人升井报告事故。另外一名工人则在石门联络巷用安全帽盛水对着火处进行灭火，但浇了几次没起作用，他又找到另一名工人一起拿着灭火器到着火区灭火。因烟太大，温度高，灭火未见效果。当班 49 人入井，37 人安全升井，12 人被困。

黑龙江双鸭山龙山镇煤矿十井"9·22"火灾事故如图 3-2 所示。

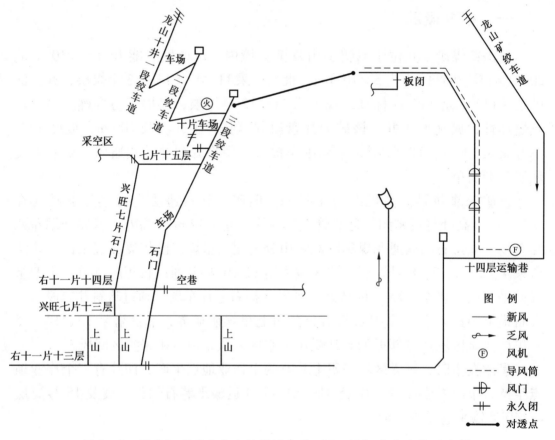

图 3-2 黑龙江双鸭山龙山镇煤矿十井"9·22"火灾事故示意图

三、事故直接原因

15号煤层-140运输平巷石门口处变压器至馈电开关之间低压橡套电缆被冒落的岩石砸伤，绝缘损坏，造成相间短路，电缆着火，引燃周边可燃物及煤壁，导致火灾事故发生、人员中毒窒息死亡。

四、应急救援方案及过程

（一）企业先期处置

9月22日5时30分左右，矿长接到当班工人报告后，立即组织人员进行救援，6时20分左右，先后组织3批20多人带着自救器、灭火器到达着火地点，参与灭火救援。由于火势较大，用灭火器没能扑灭石门联络巷处的明火。通风矿长指挥救援人员接水管从6片水仓取水进行灭火。11时左右，由于着火处顶板冒落片帮，堵塞通往三段通道，救援人员采取边清理冒落岩石边打支护的办法进行救援，但三段上部车场运输平巷靠三段一侧火仍未扑灭。事故发生后，该矿未按规定向有关部门报告。

（二）各级应急响应及救援力量调集

双鸭山市煤炭生产安全管理局接到群众举报后，立即责成友谊县政府进行核实，经核实确认事故后并逐级进行了报告。双鸭山市委、市政府主要领导带领市、县相关部门立即赶赴事故现场，成立了抢险救援指挥部，启动了事故抢险应急预案，紧急调动抢险救援设备设施，迅速组织人员开展抢险救援工作。黑龙江省省长王宪魁、副省长张建星率领有关部门负责同志相继赶到事故现场，对抢险救援等工作做出安排和部署。国家安全监管总局派出国家煤矿安全监察局副局长兼总工程师王树鹤率工作组赶到事故现场，指导抢险救援工作。

救援指挥部调集鸡西、七台河、鹤岗、双鸭山等地5支专业救援队伍275人，以及液氮和液态二氧化碳等灭火装备材料，并聘请省内外有关专家组成专家组现场指导。

（三）研究制定救援方案

救援指挥部在国家安全监管总局工作组和省政府领导的指导下，坚持"多管齐下、多措并举、科学施救、同时展开"的原则，认真研究并先后制定了救援方案，包括9个措施：一是直接处理火区；二是在火区上方煤柱里施工第二条生命通道；三是向灾区输入足够的新鲜风流；四是在二段绞车道中部施工全煤下山与三段绞车房对透，打通新的生命通道；五是地面打钻给养；六是在该矿相邻矿井兴旺煤矿11号煤层打设救援通道；七是沿该矿相邻矿井龙山煤矿

13、15 号煤层空区探查，寻找灾区最近连接巷道；八是在龙山煤矿可通往灾区的 16 号煤层巷道施工全岩上山形成新的救援通道；九是在兴旺煤矿与龙山十井同一煤层的七片外部 14 号煤层平巷向龙山十井 14 号煤层平巷施工下山通道。

（四）抢险救援经过

救援指挥部按照制定的救援方案，相继组织实施救援。

1. 向火区注水灭火，直接处理冒落区

9 月 22 日 9 时 40 分，按照指挥部的命令，双鸭山市救护队 8 名队员入井侦察。到达冒落区，经检测：一氧化碳浓度为 10000 ppm，甲烷浓度为 0%，氧气浓度为 18%，温度为 60 ℃，从冒落区往前烟雾很大，无法继续前行。

14 时，双鸭山矿业集团救护大队大队长带领两个小队入井，与双鸭山市救护队一起到冒落区实施注水灭火，清理冒落区。清理过程中，大块矸石向两帮码，铺设 15 节溜子板用于倒浮货，清理冒落区长 10.5 m。前方出现巨矸，且发生火烟逆退，接指挥部命令升井。

由于巷道冒落严重，沿下帮小断面进行清理时，处理巨石非常困难，指挥部决定派有经验的矿工施工，经过艰苦努力，巨石处理完毕，负责监护的双鸭山市救护队发现火区已经冒严。此时，二段底弯处温度为 18 ℃，氧气浓度为 18%，一氧化碳浓度为 5000 ppm 且逐渐升高。14 时 25 分，救护队发现 −140 运输巷风流沿巷道向外流动，一氧化碳浓度达到 13000 ppm，巷道内烟雾弥漫，能见度低，温度为 50~60 ℃，初步判断冒落处火没有熄灭，不具备救援条件。

23 日，指挥部收集到龙山镇煤矿十井及相邻矿井部分老旧图纸。通过听取邻矿技术人员介绍，并对图纸分析，认为被困人员所在区域邻近兴旺煤矿，因此，分析被困人员可能在来自兴旺煤矿的采空区入风侧待救，人员生存的可能性极大。于是，指挥部立即派双鸭山矿业集团救护大队对兴旺矿业七片 14 号煤层主运巷老空进行探查，破开密闭进入 96 m 处冒严，无法继续前进。

2. 施工二段中部下山救援通道

24 日 8 时，专家组研究决定在处理冒落区的同时，在二段绞车道中部施工全煤下山与三段绞车道上部贯通，旨在形成救援通道，贯通后在火区岔口处打设密闭对火区进行封闭，便于人员施救。24 日 11 时 15 分，施工准备完毕，全煤下山开始施工，但由于斜下通道施工与下部处理冒落区施工相互干扰，巷道坡度大，出矸困难，因此暂停施工。

3. 封闭火区，在 -140 运输巷上部施工救援通道

24 日 18 时 5 分，专家组根据现有救援方案及进度提出，火区如果不封闭或均压局部通风机发生故障，可能对二段绞车道下山掘进工作面救援人员造成威胁；同时下山施工进度缓慢，为加快救援通路的打通，决定在火区附近打设均压气室，防止火区一氧化碳涌出。

20 时，双鸭山矿业集团救护大队入井，在二段联络巷先打设两道通车风门，25 日 2 时升井。为保证上部绕道施工人员安全，专家组决定放弃直接处理冒区方案，确定在火区附近打设隔离密闭，再在隔离密闭后部打设高压气室的方案，确保密闭前一氧化碳不超标。如果密闭打设成功，在密闭后部合适地点施工 15 m 全煤上山，沿煤层走向施工全煤绕道与三段绞车道贯通，形成救援通道。经论证，该方案的实施可以大大加快救援进度。双鸭山矿业集团救护大队与双鸭山市救护队 18 时入井打设密闭，于 26 日 5 时 25 分完成。由于一氧化碳渗透性强，密闭墙前一氧化碳浓度仍达到 5000 ppm。13 时 35 分，双鸭山矿业集团救护大队再次入井，在密闭外 6 m 处再建造一道砖闭，在密闭上安装 5.5 kW 风机形成正压气室。但此方案仍然无效，专家组被迫放弃全煤上山绕道方案。

4. 在龙山镇煤矿六片 16 层平巷施工全岩上山救援通道

专家组在研究龙山镇煤矿老图纸过程中，发现龙山镇煤矿六片 16 号煤层平巷从龙山镇十井 15 号煤层三段绞车道下部通过，两煤层间距 12 m。26 日 6 时 13 分，指挥部派双鸭山矿业集团救护大队 12 人与龙山镇煤矿 2 人进入龙山煤矿六片 13 层进行探查。6 时 55 分，探查人员打开密闭后，前进 50 m 遇到一道板闭，破开板闭前进 30 m 后发现前方顶板冒落，人员无法进入，经检测一氧化碳浓度达 500 ppm，返回升井。27 日 0 时 35 分，接指挥部命令，双鸭山矿业集团救护大队在龙山镇煤矿六片 13 层敷设风筒，排放有毒有害气体。双鸭山矿业集团救护大队两个小队立即入井，敷设风筒 41 节。8 时 30 分，有毒有害气体排放完毕，安全升井。

10 时 30 分，开始施工全岩上山与龙山十井三段绞车道贯通。由于龙山矿、龙山十井提供的测量资料均为用罗盘测量资料，精度较差，因此，指挥部安排七星煤矿地测科及双鸭山矿业集团地测处对两处工程重新进行了经纬仪导线测量后开工。经过 5 天的紧张突击施工，10 月 2 日 13 时 45 分，根据指挥部的命令，预贯通地点全部撤人，由双鸭山矿业集团救护大队最后爆破。

15 时 35 分贯通后，救护队准备进入探查，但透点处及三段绞车道内能见

度低，温度为 220 ℃，一氧化碳浓度为 10000 ppm，局部煤壁燃烧，有明火，救护队员无法进入探查。

5. 对三段绞车道采取灭火、降温措施

为加快救援进度，专家组研究决定：采取在贯通处向三段绞车道洒水降温，同时打开龙山十井 -140 运输巷冒落区附近密闭，开启龙山十井主要通风机，关闭龙山煤矿主要通风机，加大三段绞车道通风量，实施灭火降温。由于龙山十井密闭坚固且密闭前一氧化碳浓度及温度过高，破闭难度较大。双鸭山市救护队破开一小缺口后拟采取爆破破闭措施，但因密闭前温度过高，未能实施爆破作业，三段绞车道烟雾和温度未能得到有效控制，救护队员无法进入灾区。

3 日 10 时 50 分，经省专家组反复论证，决定改变救援方案，在龙山煤矿全岩上山三岔口处打设密闭，向火区及三段绞车道注氮气、三相泡沫、液态二氧化碳及干冰灭火降温。方案确定后，从龙山煤矿主井口敷设专用管路。3 日 23 时，管路敷设完成。4 日 4 时，开始向火区及三段绞车道注入氮气、液态二氧化碳，双鸭山矿业集团救护大队和鸡西矿业集团救护大队负责对管路进行巡视。

5 日 11 时 50 分，根据灾情，指挥部召请七台河矿业集团救护大队调 3 个救护小队、鹤岗矿业集团救护大队调 3 个救护小队、鸡西矿业集团救护大队调 1 个救护小队前来支援。17 时 16 分，双鸭山矿业集团救护大队 3 个小队及鸡西矿业救护大队 2 人入井，一个小队探查，一个小队浇水，一个小队待机。此时火区一氧化碳浓度为 9800 ppm，温度为 50 ℃。19 时 6 分，混合探查小队返回报告：能见度 0.5 m，一氧化碳浓度为 1000 ppm，温度为 38 ℃，90 m 处有三辆矿车堵塞巷道，矿车距左右帮不到 0.3 m，队员能勉强通过，探查至110 m 处能见度为零，无法进入后撤回。21 时，七台河矿业集团救护小队入井探查，前进到矿车处，无法进入，留下来处理矿车，用棕绳将矿车拉至巷道下方宽敞处放倒。

7 日 9 时 51 分，双鸭山矿业集团救护大队一个小队带营养液入井探查，探查到底弯处发现水接顶，有一部电话露出水面。此地点一氧化碳浓度为1200 ppm，二氧化碳浓度为 55%，巷道为锚杆支护。随即，指挥部安排排水工作，先安设两台水泵，一台 7.5 kW、一台 5.5 kW。21 时，又紧急调两台5.5 kW 水泵投入排水。七台河矿业集团救护大队负责运泵、敷设管路和向前移泵，确保正常排水。

根据指挥部命令，七台河矿业集团救护大队、鸡西矿业集团救护大队、鹤岗矿业集团救护大队、双鸭山市救护队和双鸭山矿业集团救护大队明确分工:鹤岗矿业集团救护大队负责搜救,七台河矿业集团救护大队负责运泵、排水,双鸭山矿业集团救护大队负责打设密闭、灭火,双鸭山市救护队负责监护。经过几番紧张救援,至 9 日 11 时 35 分,鹤岗矿业集团救护大队趟过 50 多米齐腰深的积水,搜救到 12 名遇难人员。其中,右十一片 14 层平巷 1 人、13 层平巷与石门交叉口以里 10 人、三道风帘后 1 人,搜救工作结束。

9 日 16 时,七台河矿业集团救护大队 13 人、鹤岗矿业集团救护大队 10 人、鸡西矿业集团救护大队 9 人、双鸭山矿业集团救护大队 10 人、双鸭山市救护队 13 人入井,将遇难人员抬至七片 15 层新风侧后,再由矿工负责搬运遇难人员至底弯道,双鸭山市救护队和双鸭山矿业集团救护大队负责监护。23时,救护队员全部升井,救援结束。

五、总结分析

(一)救援经验

(1)国家安全监管总局工作组现场指导,省市主要领导亲临现场指挥救灾工作,聘请省内外专家准确研判、科学决策,及时控制了灾情及火势,为遇难人员的成功救出争取了宝贵的时间。

(2)指挥部制定方案科学合理,针对现场灾情变化,及时调整救援方案,果断采用构筑密闭墙,注液氮、液态二氧化碳及干冰灭火降温的方案,确保救援成功。

(3)全省各救护大队接到灾情命令后,出动迅速、抢险积极、配合密切、不畏艰险、全力施救,是完成救援任务的关键。

(二)存在问题及建议

(1)救援过程中,违反《矿山救护规程》的规定,使用混合救护小队。在现场条件没有发生变化的情况下,安排救护队重复探查,增加了救护队员的劳动强度和危险。在今后的事故救援时,应严禁使用混合小队。

(2)救援技术装备落后。救灾过程中,有的救护指战员没有佩戴全面罩氧气呼吸器,造成指战员眼睛受到高浓度二氧化碳强烈刺激,影响了战斗力。建议所有救护指战员均应配备全面罩氧气呼吸器,提高防护装备的安全性、可靠性。

(3)矿井生产技术管理薄弱,图纸资料不全、不真实、不准确,影响了指挥部救援方案的制定和救援进度。

(4)矿井巷道布置不符合《煤矿安全规程》有关规定,没有设置 2 个以上通达地面的安全出口，事故发生后，仅有的一条通道被堵塞，造成遇险人员无法逃生。

（5）多支矿山救护队联合救援时，应成立联合救援指挥部，由事故矿井所在区域的矿山救护队指挥员统一指挥协调各矿山救护队的救援行动，并作为指挥部成员，参与指挥部救援方案的制定。

第三节　内蒙古兴安盟兴通煤矿
"4·27" 火灾事故

摘要： 2014 年 4 月 27 日 16 时 50 分，内蒙古兴安盟兴通煤业有限公司兴通煤矿 11B07 综采工作面发生瓦斯燃烧事故。由于火势发展迅猛，近距离无法封闭，被迫进行全矿井封闭。经过平庄矿山救护大队采用灌注液态二氧化碳对火区进行惰化后，安全启封了矿井，解放了矿井系统，有效地处理了火灾。

一、矿井概况

内蒙古兴通煤业有限公司兴通煤矿位于兴安盟科尔沁右翼中旗境内，井田内主要可采煤层为 11、14、21 号煤层，倾角为 $10° \sim 15°$，局部倾角较大，现开采 11、14 号煤层。该矿属于低瓦斯矿井，煤层具有自燃倾向性。

矿井采用立井、斜井多水平综合开拓方式，主井、副井为斜井，风井为立井。主井倾角 25°、斜长 402 m；副井倾角 25°，斜长 360 m；回风立井垂直长度 119 m。在开采水平布置采区运输、轨道、回风 6 条下山，在下山两翼布置各区段回采工作面。回采工作面采用长壁后退式采煤法，综合机械化回采工艺，全部垮落法管理顶板。

矿井采用中央并列式、抽出式通风，由主、副斜井进风，回风立井回风。

二、事故发生简要经过

2014 年 4 月 27 日 16 时 50 分，11B07 综采工作面一名工人在 78 号支架处清理浮煤时，突然发现有明火落下，随后，发现 100 号支架处又有明火落下，见此情况，他立即沿进风巷道撤离，并告知其他工人一起沿进风方向撤离。此时，班长在工作面上出口处也发现火情，他立即组织其他人员沿避灾路线撤离，同时向带班矿长做了汇报。带班矿长立即向矿调度室做了汇报。

兴通煤矿 "4·27" 火灾事故通风示意图如图 3-3 所示。

三、事故直接原因

11B07 工作面工人在移动支架时，支架与支架相互摩擦产生火花引燃架后积存的瓦斯，引起火灾。

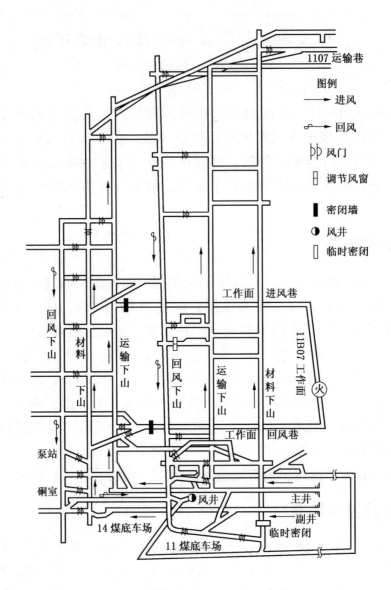

图3-3 兴通煤矿"4·27"火灾事故通风示意图

四、应急处置和抢险救援

(一) 企业应急处置

调度员接到灾情报告后，立即通知矿领导及兴通煤业公司领导，兴通煤业公司领导命令："立即启动事故应急救援预案，通知井下所有工作人员，按火灾避灾路线全部撤到井上，并对全矿井进行封闭"。

矿长接到公司命令后，立即组织井下所有工作地点的人员撤离，截止到

17 时 40 分，当班入井 58 人全部撤到地面。17 时 50 分，开始进行井口封堵。20 时 30 分，井口封堵完毕，并在各井口设置警戒线。

（二）事故救援过程

4 月 30 日，平庄煤业公司救护大队接到事故召请。根据事故性质，副大队长立即带领相关人员，出动气体分析化验车、液态二氧化碳灭火装备，于 16 时到达事故矿井。经与兴通煤业有限公司和兴通煤矿领导共同研究决定，制定了对已封闭矿井进行惰化并逐步启封的救援方案：第一步，从副井井口向井下注入液态二氧化碳，并在距着火工作面回风巷内 100 m 左右位置通过打钻孔向工作面灌注液态二氧化碳。第二步，在符合启封条件时，锁风进入灾区，在井底打三道密闭，解放副井井筒。第三步，在条件允许的情况下，把着火工作面进回风巷封堵上，把大系统解放，随之解放工作面，恢复生产。为确保救援过程安全，同时制定了安全技术措施。

1. 灌注液态二氧化碳惰化火区

5 月 1 日 18 时 30 分，开始向火区灌注液态二氧化碳，每天对气体进行检测，同时确定在距着火地点最近的地方打钻，进行灌注液态二氧化碳。2 日，确定打钻位置为距工作面约 100 m 的回风巷内。钻孔穿过 11 号煤保安煤柱直到 14 号煤回风道。

3 日，由于灌注液态二氧化碳的 2 寸管径太细，二氧化碳气化器灌注时间长，降温效果不明显。救援指挥部决定在地面打 1 个 4 寸的钻孔，钻深 11.32 m，钻透副井井口以下 14 m 的位置。20 时 30 分，采用直注式直接向灾区灌注。

截至 5 月 5 日，从副井共向灾区灌注液态二氧化碳 12 车，其中从 2 寸管路注入 5 车，从 4 寸管路灌注 7 车，气化后合计二氧化碳气体为 149480 m^3。

5 月 13 日，根据化验结果分析，入风副井和回风井的二氧化碳浓度分别由 1.08% 和 1.02% 升高至 46.1% 和 24.5%，氧气浓度分别由 4.1% 和 3.6% 降至 1.8% 和 1.6%，一氧化碳浓度分别由 0.27% 降至 0.19% 和 0.14%，乙烷浓度由 0.18% 分别降至 0.12% 和 0.17%，乙烯浓度由 0.02% 分别降至 0.007% 和 0.01%，乙炔浓度分别由 0.002% 降为 0，说明灭火效果明显，但依然有燃烧性气体存在。为使火区快速熄灭，需继续灌注液态二氧化碳。至 5 月 18 日，再从副井灌注 6 车液态二氧化碳，气化后气体为 75210 m^3。

5 月 22 日 20 时左右，距着火工作面回风巷内 100 m 左右位置的钻孔打透，全长 199.81 m。经处理后，将钻孔封闭。由于钻孔打透之后，气体向里漏气，所以未进行气体采样分析。随后，开始从钻孔灌注二氧化碳 4 车计 101.3 t。截止到 5 月 25 日，共向灾区灌注液态二氧化碳 550.68 t，合计 275340 m^3。

5月28日16时30分左右，矿方通过钻孔测试巷道温度为36.6℃。指挥部分析认为井下温度偏高，决定继续通过钻孔向灾区罐注6车液态二氧化碳，合计注入151.5 t。

截止到5月31日，共向灾区灌注液态二氧化碳28车，合计702.18 t。折合气体体积351090 m^3，灾区空间为150000 m^3，灌注的气体是空间的2.34倍。

2. 启封火区

根据对火区气体成分的持续检测，分析判断火区已无明火。指挥部研究决定，制定火区启封措施，对火区予以启封。

6月5日，平庄救护大队出动2个救护小队，赶到事故矿井，与兴通矿1个救护小队，按照救灾指挥部的部署，实施火区启封，顺序步骤为：①副井井口。②探查副井井筒并在副井井筒建立密闭，利用局部通风机恢复副井井筒的通风。③在副井井底、11煤车场、11煤人车站3个地点建造密闭，恢复副井井底的通风。④对工作面进行探查并在工作面进回风巷建造两道密闭。⑤对6条下山进行探查，恢复大系统的通风。⑥恢复工作面的通风。

5日16时，首先对副井井筒密闭进行启封。因启封密闭墙工作量大，工作场所空间较小，启封密闭工作进展缓慢。经过一昼夜的连续工作，于当天零点左右，在密闭墙上掘出一条高2 m、宽1 m的通道，随后，矿方救护队把锁风密闭建好。

6日12时50分，平庄大队一中队一小队，在锁风的情况下，对11煤车场以上副井井筒进行探查；13时50分，完成探查工作。14时10分至16时20分，平庄大队二中队二小队在11煤车场以上副井井筒合适位置建造第一道密闭。当日夜班，矿方救护队对11煤车场以上副井井筒排放瓦斯，恢复通风（图3-3）。

7日12时30分至13时45分，平庄大队一中队一小队完成对11B07工作面回风巷的探查任务。14时15分至16时，平庄大队二中队二小队，对11煤车场和11煤候车室分别建造一道密闭。19时至21时20分，平庄救护大队一中队一小队在14煤车场建造一道密闭，完成对副井井底的封闭工作。7日夜班至8日早班，矿方救护队排放副井井筒瓦斯，恢复整个副井通风。

8日12时40分至20时10分，平庄救护大队在锁风的情况下，对11B07采煤工作面上下顺槽进行探查，分别在上下顺槽建造密闭墙封闭工作面，矿方救护队在基地待机。

9日，由平庄救护大队和矿方救护队分5个小组分别对11煤、14煤材料下山、皮带下山、回风下山以及1106备采工作面进行探查并取样，经探查确认无高温火点，气体化验与 5 月 27 日化验结果相同。至此，矿井大系统探查基本结束。

10 日 12 时 45 分，启动矿井主要通风机，恢复除 11B07 采煤工作面以外地点的通风。完成了矿井启封工作，解放了矿井大系统。

11 日，指挥部决定平庄救护大队返回，11B07 采煤工作面的启封工作待具备启封条件后再由矿方救护队负责启封。至此，本次救援结束。

五、总结分析

（一）救援经验

（1）使用液态二氧化碳灭火装备处理瓦斯火灾事故非常成功。灌注液态二氧化碳既达到了抑制瓦斯煤尘爆炸、保护救灾人员安全的目的，又收到了快速扑灭灾区火源、降低灾区温度的显著效果。

（2）启封火区时，灾区氧气浓度始终控制在 10% 以下，温度低于 18 ℃，为救护队员启封火区创造了相对有利的条件。

（3）利用气相色谱仪对灾区气体进行适时分析化验，为救灾指挥提供了准确可靠的数据，对救援行动的指挥、决策起到了至关重要的作用。

（二）存在问题及建议

（1）对气体分析化验设备性能不熟悉。使用纯度不够的标准气，出现故障不能及时处理，准备不足，影响了救援工作进度。

（2）对次生灾害判断不够，事故预防不足。5 月 25 日 13 时 50 分，矿方救护队存放装备的彩板房发生瓦斯爆炸造成矿方 1 名兼职救护队员烧伤。事故原因：①该屋北墙下原为一条通往井下的暖风硐，后弃用填平，但没有封实，存在裂隙；②在事故救援封闭井口时，井下高浓度瓦斯沿该屋北墙裂隙漏出，达到爆炸极限遇明火发生爆炸；③该位置仅设置了警告标志，没有设置必要的检测仪器。爆炸发生后，检查发现该屋 3 间瓦斯浓度分别为，爆炸点屋内墙根漏风处 13%，第二间屋内墙根漏风处 3%，第三间 1%。

（3）快速密闭技术及装备落后。为解决副井瓦斯超限无法通车的问题，需对主副井联络巷进行快速密闭。救援采用了快速密闭材料喷射漏风密闭，再用速凝剂堵漏的措施，但先后使用 6 组快速密闭，堵漏效果仍不理想。经过一昼夜抽排，瓦斯浓度仍在 2% ~ 3%，救援人员只能步行往返事故现场，既增加了救援人员的劳动强度，又影响了救援进度。

（4）救护队员训练不足，经验不足。有 1 支小队对于斜井拱断面巷道建造木板密闭缺乏经验，打立柱方法不正确，耗时过长；个别队员在搬运密闭材料时方法不正确，造成装备兜带压住吸气软管，险些造成危险；小队人员分工不合理，合作不默契，反映出平时训练配合少；对运送材料和建造密闭时消耗氧气量估计不足。

（5）启封密闭若需要锁风时，应首先锁风，然后再启封，以免引起火区复燃或火势增大。

第四节 河北省沙河市铁矿 "11·20" 特别重大火灾事故

摘要：2004 年 11 月 20 日 8 时 10 分左右，河北省邢台市沙河市白塔镇章村李生文联办一矿（以下简称李生文矿）井下发生火灾，灾害波及相互连通的另外 4 处铁矿，造成 121 名矿工被困井下。事故发生后，国务院高度重视，作出重要批示和指示。国家安全生产监督管理局有关领导赶到事故现场指导应急救援工作。河北省、邢台市人民政府领导带领有关部门负责人赶到事故现场组织事故抢险救援，成立事故抢险指挥部，调集河北、河南、山西 3 省 11 个单位 22 个救护队的 241 名救护队员参加井下被困矿工的搜救工作。救援采取了多点同时搜救的办法，对所有灾害地区同时派救护队进行搜救，经过 9 昼夜的奋力抢救，共抢救出遇险人员 51 人、遇难人员 70 人。

一、矿井概况

李生文矿位于河北省沙河市西 17 km 的西郝庄矿区，采用竖井—平巷—盲竖井开采方式，空场法采矿，自然通风，3 级单绳缠绕式接力提升，最大采深 396 m。该矿由 1 个竖井、2 个盲竖井和 3 个开采水平组成。

与李生文矿井下巷道互相连通的 4 个矿山企业的情况分别为：岭南矿由 1 个竖井、3 个盲井、4 个开采水平组成，最大采深 310 m；白塔二矿由 1 个竖井、1 个盲井、2 个开采水平组成，最大采深 246 m；李生文联办矿由 1 个竖井、4 个盲井、4 个开采水平及 1 个过渡水平组成，最大采深 387 m；西郝庄矿，浅部采用主副斜井开拓，矿井深部主井和副井相互独立（其中，主井系统由盲西井、盲东井、盲 8 号井和红旗 1 号井组成；副井系统由盲 9 号井、盲 10 号井和盲 11 号井组成）。上述各井分别采用 2 级至 3 级盲竖井开拓，最大采深 565 m。

二、事故发生简要经过

2004 年 11 月 20 日凌晨 4 时许，李生文矿一平巷盲竖井的罐笼在提升矿石时发生卡罐故障，罐底被撞开，罐笼内约 1 t 的矿石掉落井底，罐笼被卡在离井口 2~3 m 的位置不能上下移动。

当班的绞车工张善贵随即上井向值班矿长元月平和维修工陈红亮报告，陈红亮和元月平先后下井进行检查和修理工作。其间，陈红亮在没有采取任何防护措施的情况下，3 次使用电焊对罐笼角、井筒护架进行切割和焊接作业，至 8 时左右结束，元月平和陈红亮先后上井返回地面。

当日上午 8 时 10 分左右，张善贵在绞车房发现提升罐笼的钢丝绳晃动，前往井口观察，发现盲竖井内起火，随即关掉绞车房内向下送电的闸刀开关并上井向元月平和陈红亮汇报。张善贵与陈红亮一起下井，到达一平巷时烟雾已经很大，他们只能前行几十米，此处离事故盲井还有 500 多米，能见度不足 1 m。他们遂返回地面向元月平汇报。

因该矿与周边 4 矿井下巷道连通，火灾烟雾很快蔓延到其他 4 矿。事故当班下井人员分布情况为：李生文矿入井人员 10 人，岭南矿入井 9 人，白塔二矿入井 18 人，李生文联办矿入井 14 人，西郝庄矿入井 231 人（其中，主井 160 人、副井 71 人）。事故发生后，121 人被困井下。

沙河铁矿"11·20"火灾事故矿井示意图如图 3-4 所示。

三、事故直接原因

李生文矿维修工在盲 1 井的井筒内违章使用电焊，焊割下的高温金属残渣掉落在井壁充填护帮的荆笆上，造成长时间阴燃，最后引燃井筒周围的荆笆及木支护等可燃物，引发井下火灾。

由于 5 个矿井越界开采，造成各矿井下巷道连通，各矿井都没有独立的通风系统。李生文矿发生火灾后，火灾烟雾很快蔓延至其他四矿，因 5 个矿均未按要求设置井下作业人员逃生的安全通道，导致了事故的升级和扩大。

四、应急处置和抢险救援

（一）企业先期处置

20 日 9 时 30 分左右，元月平给生产矿长元玉柱打电话报告，9 时 50 分左右元玉柱到达井口，打 119 电话报警，沙河市消防中队 10 时 30 分左右到达井口，但没有条件对井下火灾实施扑灭，建议打 110 电话报警，请矿山救护队救援。当地公安局于 10 时 37 分接警，通知沙河市安全监管局。沙河市安全监管局已于 10 时 35 分接到岭南矿的电话报告，随即派副局长赶赴现场并将事故情况报告了沙河市领导。

（二）应急响应和救援力量调集

11 月 20 日 10 时 40 分，沙河市委、市政府接到事故报告后，立即启动应急预案，组织公安、安全监管、国土资源、冶金、卫生、财政等部门组成抢险处理指挥部，由市委书记和市长负责，各有关部门负责人为指挥部成员；紧急

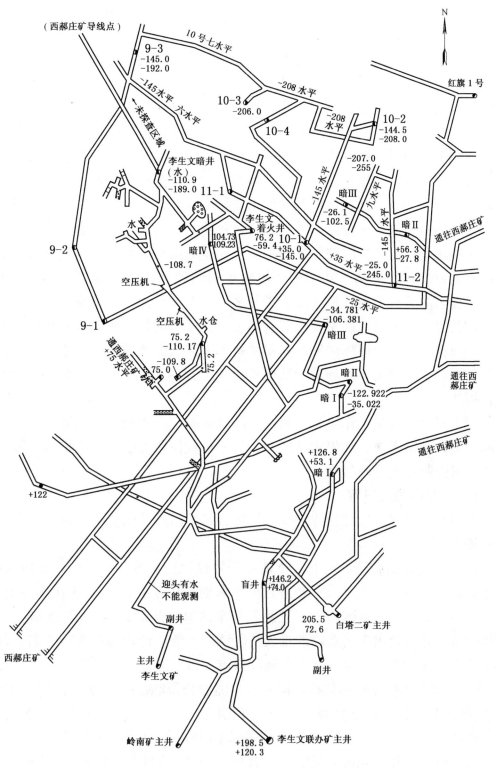

图 3-4 沙河铁矿"11·20"火灾事故矿井示意图

调集附近几个国营大矿和沙河市煤矿救护队、医疗卫生队伍以及风机、电缆等抢险物资，全力抢救井下被困矿工；同时，调集省内 8 名矿山通风专家，共同制定抢险救灾实施方案。随后，河北省、邢台市政府领导带领有关部门负责人赶到事故现场组织事故抢险救援。

事故发生后，国务院高度重视，温家宝总理和华建敏国务委员对事故抢救和查处工作分别作出重要批示和指示。国家安全生产监督管理局副局长孙华山同志率领工作组迅速赶到事故现场协调指导应急救援工作，指导成立了以邢台市市长为总指挥的现场抢救指挥部，强调抢救工作由指挥部统一指挥协调，研究制定救援方案，加强现场抢救和技术支持力量。

指挥部紧急调集了河北金牛能源公司救护队、显德汪煤矿救护队、沙河市煤矿救护队和市内各大医院医疗救护队伍，全力组织抢救。抢救指挥部又调集邢台市地方煤矿救护队、邯郸矿业集团公司救护大队、峰峰集团公司救护大队，参加事故救援。由于事故波及矿井多、井下烟雾太大、情况复杂，被困矿工多，救援力量不足，国家安全监管局工作组又增调井陉矿务局救护队、开滦集团公司救护大队、河南鹤壁煤业集团救护大队、山西潞安矿业集团公司救护大队到现场进行增援。现场救护队伍增至 10 支救护队 22 个救护小队，241 名救护指战员。

国家安全监管局工作组和抢救指挥部研究制定了密闭火源、通风排烟、多点同时搜救被困人员、加强现场监测、保证抢救作业安全等救援措施，抢险救援工作紧张有序地全面展开。

（三）抢险救援过程

按照救援方案和抢救指挥部统一指挥，各矿山救援队伍从不同地点开展应急救援工作。

（1）岭南矿的救援。河北金牛能源公司显德汪矿救护队 20 日 13 时 40 分到岭南矿下井救援，在二水平巷道救出 2 名遇险矿工。16 时，再次下井搜救，因井下烟雾太大，能见度为零，无法开绞车被迫升井。21 日 2 时 15 分，东庞矿救护队下井，救出 7 名遇险遇难人员。该矿共救出遇险遇难人员 9 名，其中生还 7 人，死亡 2 人，是第一个将遇险遇难人员全部救出的矿井。

（2）李生文联办矿的救援。河北金牛能源公司邢台矿救护队于 20 日 12 时 30 分到李生文联办矿下井搜救。竖井底烟雾太大，能见度为零，不能前进，被迫升井；18 时，邢台矿救护队和峰峰集团公司救护队再次下井，因烟雾仍然太大，被迫升井。经研究决定，对冒烟巷道进行封堵，减少下部巷道烟雾。封堵成功后，救护队再次下井搜救，于 21 日 6 时 10 分将 4 名遇险人员和 2 名遇难人员救出。10 时，又和河南鹤壁矿业公司救护队联合作战，在五水平救出 7 名遇险矿工和 1 名遇难矿工。在该矿共救出遇险遇难人员 14 名，其中生还 11 人，死亡 3 人。

（3）西郝庄矿的救援。西郝庄矿井下范围大，生产地点多，巷道复杂，遇险遇难人员最多。矿方没有提供图纸，指挥部根据矿方介绍绘制草图，制定方案进行搜救。20 日 14 时 20 分，先后派出河北金牛能源救护队 4 个小队、邢台市救护队 1 个小队、邯郸市救护队 1 个小队、邯郸矿业集团救护队 2 个小队、峰峰救护队 4 个小队、井陉矿务局救护队 2 个小队多次下井，反复搜救。分别沿副斜井搜救到五水平（-25 m）；沿 9-1 井、9-2 井、9-3 井搜救到六水平（-145 m）和七水平（-192 m）；沿 10-1 井、10-2 井搜救到六水平（-145 m）和八水平（-208 m）；沿 11-1 井、11-2 井搜救到六水平（-145 m）和九水平（-245 m）。到 22 日 20 时，除水淹巷道外所有巷道全部搜救完毕，救出遇险遇难人员 64 人，其中 31 人生还，33 人死亡。

（4）白塔二矿的救援。20 日 15 时 10 分，沙河市救护队在白塔二矿搜救，救出 1 名遇险矿工，并在盲井上口发现 4 名遇难矿工；18 时 40 分，再次下井时烟雾太大，被迫返回。21 日 0 时，井陉矿务局救护队下井时也因烟雾太大，被迫返回。21 日 11 时，开滦集团公司救护队和山西潞安矿业集团公司救护队赶赴现场，两支救护队 6 个小队，在沙河救护队的协助下，3 个小队下井，另外 3 个小队地面待命，连续两次下井搜救，救出遇险人员 1 名，遇难矿工 17 名，其中 1 名遇难矿工为李生文矿矿工。在该矿共救出遇险遇难矿工 19 人，其中 2 人生还，17 人死亡。

（5）李生文矿的救援。20 日 19 时，邯郸矿业集团公司救护队在李生文矿下井，因烟雾太大，能见度为零，不能前进被迫升井。22 日 11 时，河北金牛能源公司邢台矿和显德汪矿救护队 3 个小队，从白塔二矿下井，启封李生文矿火区密闭墙（用棉被建的临时密闭），连续两次进行全面搜救，在老空区发现 8 名遇难人员并救出。22 日 17 时 30 分，在地面消防队配合下，河南鹤壁矿业集团公司救护队穿隔热服，向着火盲井接水龙带实施灭火。该矿共救出 8 名遇难矿工。

22 日 20 时，指挥部召开会议分析当前救援形势，除西郝庄水淹巷道外，对 5 个矿进行了全面搜救，已救出遇难矿工 63 名，遇险矿工 51 人。要求西郝庄矿继续加大排水力度，留下河北金牛能源公司、邢台市、沙河市救护队继续进行救援工作。

28 日，水淹巷道排完积水，搜救出 7 名遇难矿工。至此，救援人员共抢救遇险人员 51 名，遇难矿工 70 名全部被搬出，救援结束。

五、总结分析

（一）救援经验

（1）国务院及有关部门、地方各级党委政府的高度重视、组织有力、靠前指挥，为抢险救援提供有力保障。国务院领导同志的重要指示批示为抢险救援提供了极大的精神动力。国家安全生产监督管理局工作组迅速赶赴事故现场，加强对救援工作的指导，完善救援方案，增调救援力量。河北省、邢台市、沙河市政府领导带领有关部门负责人及时赶到事故现场指挥事故抢险救援。先后成立的抢救指挥部靠前指挥，不断完善救援方案，组织调动专业救援队伍、医疗卫生、武警、公安、民政等多方面力量参加救援工作。

（2）聘请矿井通风、救护专家进行技术支持，对制定救灾方案、作出救援决策起到了关键作用。专家们依据矿井管理人员的介绍和救援人员的描述，临时勾画出矿井示意图，对掌握的资料认真分析、研究灾情，确定了控制火源、疏排火烟、多点同时搜救的总体方案，对抢险救援工作给予了强有力的技术支持。

（3）充足的救援队伍，多支队伍联合作战、配合默契，为成功救援发挥了重要作用。随着救援工作的开展，先后成立了抢救指挥部和国家局工作组，调集了 3 省 11 个单位 22 个救护队的 241 名救护队员投入抢救工作。各支队伍在指挥部的统一调度指挥下，联合执行灾区侦察、人员搜救、破除密闭、修复通道、火区探查、直接灭火、灾区监护等任务，既满足了多矿多点平行搜救任务，又保证了救援队伍的有序轮休，提高了抢救效率。

（4）当地政府做好抢救物资和后勤保障工作，确保抢险救灾工作顺利进行。沙河市和金牛能源集团协调各方力量，筹备救灾物资及矿山救护队员氧气呼吸器所需的药品及器材，保证救护队升井后能够及时补充装备，恢复战斗力。

（二）存在问题及建议

（1）事故矿井迟报事故，火灾初期各矿的自救措施不当，造成了事故的扩大。

（2）救援中暴露出地方救护队装备落后，人员配备不足，影响了救护队战斗力的发挥。

（3）建议加强对矿山企业负责人的应急救援知识培训，加强矿工自救、互救和避灾知识培训，提高企业和矿工的自救能力。

（4）救援后勤保障不足。冬季天气寒冷，救灾后升井的矿山救护队，尤其是外援的救护队，没有地方休息。

第五节　山东省招远市玲南矿业罗山金矿
"8·6"重大火灾事故

摘要： 2010 年 8 月 6 日 17 时，山东省招远市玲南矿业有限责任公司罗山金矿四矿区盲主井发生火灾事故，51 人被困井下。龙矿集团救护大队先后出动 4 个救护小队 50 余名救护指战员参加事故救援。事故导致盲主井罐笼坠落，救援人员在没有机械运输的情况下，经过 20 多个小时的连续奋战，将被困人员全部救出，其中 44 人生还，7 人遇难。在营救最后 7 名被困人员时，充分考虑了用大绳进行人工救援的危险性，采取了先恢复供电再使用吊桶救援的安全救援措施，圆满完成了此次救援任务。

一、矿井概况

罗山金矿四矿区位于招远市玲珑镇北约 10 km 处，矿区占地面积约 19 km^2，日处理矿石约 450 t，年产黄金 50 万两。矿井分 30 个中段开采，其中主竖井可到达 12 中段，从 10 中段向下延伸一盲主井可到达 30 中段，距主竖井约 2000 m 为 1 号竖井，1 号竖井可直达 20 中段。矿井通风为中央分列式（主风机型号为 DK45 – 6 – 19 2 × 200 kW），主竖井和 1 号竖井进风，2 号竖井回风。20 中段以下区域采用通风机供风。

二、事故发生简要经过

2010 年 8 月 6 日 17 时，罗山金矿四矿区盲主井 12 中段至 14 中段井筒电缆超负荷运转造成短路燃烧，引起火灾（图 3 – 5）。火灾迅速蔓延至 10 中段卷扬机房，大火将绞车房烧毁，提升机钢丝绳断裂，盲主井罐笼坠落至 30 中段的井底。当班井下共有 329 人，事故发生后有 51 人被困井下。

三、事故直接原因

矿井违规使用非阻燃电缆，井筒选用电缆与井下电气设备负荷不匹配，电缆长时间超负荷运转，致使电缆温度升高，短路着火，引起矿井火灾。

四、应急救援过程

（一）应急响应

事故发生后，矿方立即通知井下被困人员迅速撤离事故现场，并从 1 号竖

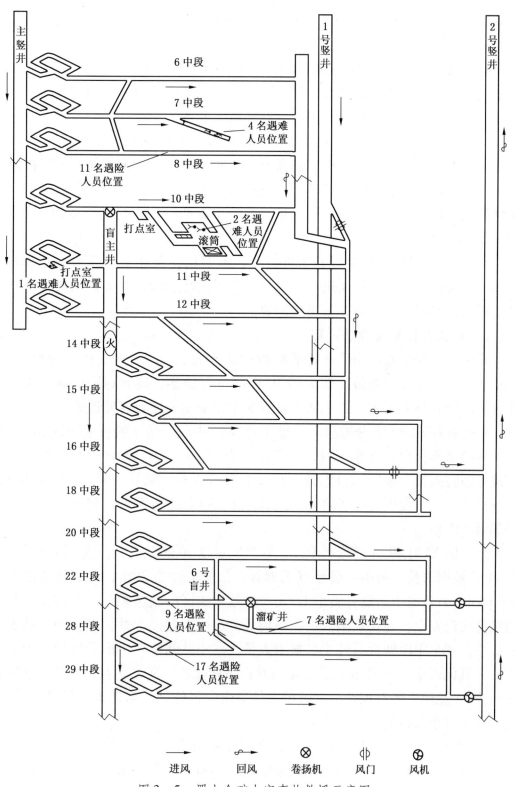

图 3 - 5　罗山金矿火灾事故救援示意图

井升井。山东省省委、省政府领导和国家安全监管总局工作组相继赶到事故现场指导救援工作。

6日21时25分，龙矿集团救护大队接到烟台市安监局召请后，大队长立即带领2个救护小队赶往事故矿井，同时安排待机小队做好出动准备，召集在家休息人员归队，做好出动增援和后勤保障的准备。

22时20分，救护大队到达事故矿井初步了解情况后，采取如下救援措施：一是查看压风管路，并保证其畅通，以便冲淡有毒有害气体，满足被困人员生存需要；二是采取措施堵住上部涌水流入水仓，防止因为水仓水满后向上蔓延而危及被困人员生命安全；三是搜救的重点部位放在受火灾威胁较大的7中段至12中段。

矿方安排人员对16中段漏水进行了拦截封堵，保证上部涌水不会影响下部救援；安排专人盯守压风机房，确保压风机正常运转；并安排人员打开井下沿途压风管路阀门，保证井下供风需要。

（二）入井侦察及救援过程

救护大队两个救护小队在矿兼职救护队员的引领下，分头执行侦察任务。一小队负责对受火灾威胁比较大的10中段进行侦察、搜救遇险遇难人员，查看着火现场并扑灭明火。二小队负责到8中段侦察、搜救遇险遇难人员。

一小队在22时35分通过1号竖井到达11中段，通过斜坡道到达10中段。发现巷道烟雾很大，视线不清，一氧化碳浓度达到600 ppm，采用红外热成像仪搜寻遇险人员。在操作台附近发现2名遇难人员。随后，对10中段其他地点进行侦察，未发现其他遇险遇难人员。于23时37分升井，将侦察情况向指挥部做了汇报。

二小队22时40分到达八中段，巷道能见度20 m左右，行进200 m后，发现11名被困人员，被困人员地点无烟雾，氧气浓度为20%，一氧化碳浓度为100 ppm。因救援小队没有满足11人安全救出灾区的救援装备，考虑到待救现场条件比较安全，便让被困人员在现场等待进一步救援，并根据被困人员提供的信息，到7中段搜救另外4名被困人员。二小队到达7中段后发现有少量烟雾，一氧化碳浓度为80 ppm，在距离井口200 m处发现1名遇难人员，继续行进约70 m发现3名遇难人员。救援人员决定先将外侧1名遇难人员搬运升井，然后由增援小队将另3名遇难人员运出。

22时25分，三小队到达事故矿井，指挥部命令三小队负责井口气体检测。经检测，井口5 m内一氧化碳浓度为50 ppm，威胁不大。根据矿方提供的资料，20中段下部有30余人失去联系，需尽快搜救。经过分析，因盲主井罐笼坠落，无法通过主竖井到达 20 中段，只能从 1 号竖井下井，直接到达 20 中段，到达后，行进 1700 m 到达盲主井位置，对 20 中段下部进行侦察。

23 时 10 分，三小队按照指挥部的命令到 20 中段下部进行侦察，侦察中发现整个巷道压风管阀门全部打开向巷道内供风，巷道无烟雾，一氧化碳浓度为 10 ~ 50 ppm。8 月 7 日 0 时到达 20 中段盲主井口，从 20 中段盲主井筒看，井筒无罐笼和钢丝绳，井筒设施有被砸过的痕迹，初步认为罐笼已经坠入井底。经向矿方了解，20 中段以下人员主要集中在 22 中段、28 中段。救援小队根据救援力量，决定先通过梯子间爬到 80 m 深的 22 中段，搜救 22 中段遇险人员。7 日 0 时 15 分到达 22 中段，发现井口有 1 名遇险人员，身体状况良好，现场有少量烟雾，压风管阀门开启，一氧化碳浓度为 50 ppm。在这名被困人员的带领下，在 22 中段找到另外 8 名遇险人员，经检查，8 名被困人员身体状况较差，直接上井比较危险，救援小队将 9 名遇险人员集中到盲主井口待救。根据遇险人员提供的信息，与 22 中段溜矿井内（深近 90 m，因停电卷扬机无法使用）被困的 7 名人员取得了联系。随后，救援小队爬上 20 中段后，将情况向指挥部汇报，请求增援食物和水。

1 时 50 分，食物和水送到 20 中段盲主井位置。2 时 6 分，救援人员携带食物和水到达 22 中段，发给 22 中段 9 名被困人员，同时将食物和水用细绳送至 22 中段溜矿井内被困的 7 名遇险人员，并通过传递纸条的方式，进一步了解井下被困人员情况及现场安全情况。确认安全后，让其稳定情绪待救，给他们送下对讲机，通过对讲机与其对话，进一步稳定其情绪，便于待救。然后，安排侦察人员对 22 中段以下区域继续侦察。

2 时 10 分，侦察人员到达 28 中段，发现 28 中段门口聚集大量被困人员，人员精神状态较好，现场一氧化碳浓度为 51 ppm，无烟，压风管阀门开启，经清点统计，现场有 17 人。其中 13 人为原 28 中段工作人员，1 人为 29 中段工作人员，3 人为 30 中段工作人员。事故发生后，他们通过梯子间爬到 28 中段，经侦察，发现 29 中段、30 中段再无被困人员，随后向指挥部汇报侦察情况。

3 时 10 分，22 中段 9 名被困人员恢复体力后，在救护队员的护送下，逐步升井。

3 时 25 分，到 28 中段侦察的救护队员返回 20 中段，指挥部随即安排人员携带食物、水、备用矿灯、对讲机等到 28 中段抢救 17 名被困人员。

0 时 35 分，四小队携带部分救援装备到达事故矿井，三小队在进行简单补给后，根据指挥部命令到 12 中段进行侦察，侦察发现 12 中段能见度良好，一氧化碳浓度为 10 ppm，氧气浓度为 20%，没有发现遇险人员，向指挥部做了汇报，指挥部安排其监护矿方人员恢复供电。

指挥部安排一、二小队携带 12 台两小时氧气呼吸器到 8 中段营救被困人员。1 时 50 分，8 中段 11 名被困人员全部升井。至此，井下被困人员除 1 人位置不明外，其余人员位置均已确定。指挥部对照图纸分析认为，11 中段通往盲主井通道尚未侦察，失踪人员极有可能在此位置，于是安排四小队对该处进行侦察。

2 时 15 分，四小队到达 11 中段侦察，侦察小队砸开通往 11 中段盲主井的铁门，在盲主井打点室发现失踪人员，失踪人员已经遇难，现场有少量烟雾，一氧化碳浓度为 60 ppm。2 时 25 分，将遇难人员搬运升井。

6 时 30 分，28 中段被困人员在救援人员的带领下，陆续到达 20 中段，简单休整后陆续升井。

8 时 5 分，四小队奉命到 10 中段卷扬机房，将 2 名遇难人员搬运升井。

至此，除 22 中段溜矿井内 7 名被困人员未被救出，其余被困人员全部救出。此时，恢复井下供电工作正在紧张进行。

（三）营救最后被困人员

指挥部分析认为：①7 名被困人员生存条件较好，食物和水供应充足，相对比较安全；②井下供电尚未恢复，不具备将 7 名被困人员从 90 m 深井安全救出的条件；③如果采用滑轮、大绳人工将 7 名被困人员逐个吊出，存在安全隐患，容易发生次生事故。为确保 7 名被困人员安全升井，决定恢复供电后，用吊桶将其安全救出。

11 时左右，井下恢复供电，救援人员随即组织对溜矿井内被困 7 名矿工进行救援，首先通过吊桶将 7 名矿工救至 22 中段，然后在救护队员的护送下，通过梯子间到达 20 中段，7 名遇险矿工由 20 中段通过 1 号竖井安全升井。12 时 42 分，事故救援结束。

五、总结分析

（一）救援经验

（1）救援指挥部制定方案科学、合理，特别是在营救最后 7 名被困人员时，充分考虑到用大绳营救被困人员的不安全因素，通过恢复供电，用吊桶将被困人员安全救出，避免了次生事故的发生。

（2）大队指挥员作为现场指挥组组长，提出救援措施科学合理，为救援工作安全、快速、有效完成发挥了关键作用。

（3）救护队指战员不怕苦、不怕险、勇于奉献，克服种种困难，在对事故矿井系统不熟悉的情况下，仍然按照指挥部的安排，快速完成各项救援任务，为被困人员的成功救援赢得了时间。

（二）存在问题及建议

（1）该矿井与矿山救护队没有签署救护协议，救援人员对矿井情况不熟悉，给救援工作带来一定困难。

（2）部分气体检测设备防水性能差，有待进一步改进，以适应淋水环境下的气体检测。井下救援通信设备落后，对讲机受井下环境影响，距离稍远或者拐弯就无法通话，影响了事故救援。

（3）兼职救护人员素质还有待进一步提升，虽然配备了氧气呼吸器，但不能熟练使用，应加强兼职救护队的管理和培训。

第六节　矿井火灾事故应急处置及救援工作要点

一、事故特点

（1）矿井火灾分为内因火灾和外因火灾。内因火灾由煤炭自燃引起，主要发生在采空区、煤巷顶板、破碎煤壁、遗留煤柱等地点。外因火灾由明火、电火花、机械摩擦、爆破等外部热源引起，主要发生采掘工作面、井筒、井底车场、皮带巷、机电硐室以及其他有机电设备的巷道等地点。

（2）矿井火灾对遇险人员的主要威胁是产生的高温和火焰灼烧造成人员伤亡，产生大量一氧化碳等有毒有害气体造成遇险人员中毒伤亡。

（3）火灾产生火风压或烧毁通风构筑物，可能引起矿井或局部区域风流状态发生变化，造成风量变化和风流逆转、逆退、滚退等紊乱，导致高温有毒有害气体进入进风区域而扩大火灾影响范围，增加事故损失和灭火救灾的难度。

（4）在瓦斯矿井和有爆炸性煤尘矿井中，火灾产生的高温和明火容易引起爆炸事故。在井下低瓦斯或无瓦斯区域发生富燃料类火灾时，其生成的未消耗完的爆炸性气体也可能发生爆炸。

（5）发火地点很难接近，灭火时间长。特别是内因火灾，面积大、隐蔽性强、氧化过程比较缓慢，发火后长时间不易扑灭。

（6）矿井火灾对救援人员的主要威胁是高温、有毒有害气体以及火灾引发爆炸的危险。矿井火灾救援是当前各类救灾中难度最大、最危险、技术要求最强、任务最艰巨的救援工作，矿山救护队在处理此类事故中出现的问题较多，在救援过程中特别是封闭有爆炸危险的火区时，容易发生瓦斯爆炸的次生事故，造成救援人员自身伤亡。

二、应急处置和抢险救援要点

（一）现场应急措施

（1）发现火源时，现场人员应利用附近灭火器材积极扑灭初期火灾，并迅速向调度室报告。在难以控制时应立即佩戴自救器，按照火灾事故的避灾路线，迅速撤出灾区直至地面。

（2）在撤离受阻时应戴好自救器，选择最近的避难硐室或临时避险设施待救。

（3）带班领导和班组长负责组织灭火、自救互救和撤离工作。采取措施控制事故的危害和危险源，防止事故扩大。

（二）矿井应急处置要点

（1）调度室接到事故报告后，必须立即发出警报，通知撤出灾区和可能受威胁区域的人员。在判断受威胁区域时，要充分考虑到矿井外因火灾发展迅速、火烟蔓延速度快的特点，要估计到火势失去控制后可能造成的危害。严格执行抢险救援期间入井、升井制度，安排专人清点升井人数，确认未升井人数。

（2）通知相关单位，报告事故情况。第一时间通知矿山救护队出动救援，通知当地医疗机构进行医疗救护，通知矿井主要负责人、技术负责人及各有关部门相关人员开展救援，通知可能波及的相邻矿井和有关单位，按规定向上级有关部门和领导报告。

（3）要抓住火灾初期容易控制、容易扑灭的有利时机，尽快采取措施灭火和控制火势发展，防止灾情扩大。迅速组织开展救援工作，积极抢救被困遇险人员。

（4）保持风机正常运行，维护通风系统稳定。

（三）抢险救援技术要点

（1）了解掌握火灾地点、火灾类型、火源位置、灾区范围、遇险人员数量及分布位置、通风、瓦斯等有害气体浓度、巷道破坏程度，以及现场救援队伍和救援装备等情况。根据需要，增调救援队伍、装备和专家等救援资源。

（2）应迅速派矿山救护队进入灾区侦察灾情，发现遇险人员立即抢救，探明灾区情况，为救援指挥部制定决策方案提供准确信息。救援指挥部根据已掌握的情况、监控系统检测数据和灾区侦察结果，进一步分析判断火源点、燃烧强度、温度及气体浓度分布状况、破坏范围及程度，判断被困人员的生存状况，研究制定救援方案和安全技术措施。

（3）采取风流调控措施，控制火灾烟雾的蔓延，防止火灾扩大，防止引起瓦斯爆炸，防止因火风压引起风流逆转造成危害，创造有利的灭火条件，保证救灾人员的安全，并有利于抢救遇险人员。采取反风措施处理进风井筒、井底车场及主要进风巷火灾时，必须详细制定和严格实施反风方案和安全措施，反风前，撤出火源进风区人员。

（4）根据现场情况选择直接灭火、隔绝灭火或综合灭火方法。当火源明确、能够接近、火势不大、范围较小、瓦斯浓度在允许范围内时，应采取清除火源、用水浇灭等直接灭火方法，尽快扑灭火灾，防止事故扩大。对于大面积或隐蔽火灾,直接灭火无效或者危及救援人员安全时,应采取封闭火区的隔绝灭火方法或综合灭火方法。封闭具有爆炸危险的火区,应采取注入惰性气体、注浆等措施惰化火区,消除爆炸危险,再在安全位置建立密闭墙进行隔绝灭火。

(5)组织恢复通风设施时,遵循"先外后里,先主后次"的原则,由井底开始由外向里逐步恢复,先恢复主要的和容易恢复的通风设施。损坏严重,一时难以恢复的通风设施可用临时设施代替。

三、安全注意事项

(1)加强对灾区气体检测分析,防止发生瓦斯、煤尘爆炸造成伤害。必须指定专人检查瓦斯和煤尘,观测灾区的气体和风流变化。当甲烷浓度达到2.0%并继续上升时,全部人员立即撤离至安全地点并向指挥部报告。

(2)救护队在行进和救援过程中,救护队指挥员应当随时注意风量、风向的动态变化,用以判断是否出现风流逆转、逆退和滚退等风流紊乱,并采取相应防护措施。还应注意顶板和巷道支护情况,防止因高温燃烧造成巷道垮落伤人。

(3)处理掘进工作面火灾时,应保持原有的通风状态,进行侦察后再采取措施。

(4)处理上、下山火灾时,必须采取措施,防止因火风压造成风流逆转或巷道垮塌造成风流受阻威胁救援人员安全。

(5)处理爆炸物品库火灾时,应先将雷管运出,再将其他爆炸物品运出。因高温或爆炸危险不能运出时,应关闭防火门,退至安全地点。

(6)处理绞车房火灾时,应将火源下方的矿车固定,防止烧断钢丝绳造成跑车伤人。处理蓄电池电机车库火灾时,应切断电源,采取措施,防止氢气爆炸。

(7)封闭火区时,为了保证安全和提高效率,可采取远距离自动封闭技术实施封闭。采用传统封闭技术时,必须设置井下基地和待机小队,准备充足的封闭材料和工具,确保灾区爆炸性气体达到爆炸浓度之前完成封闭工作,撤出作业人员。

(8)采取火区缩封措施减小火区封闭范围时,应采取注惰、注浆等措施有效惰化火区后实施缩封作业。

四、相关工作要求

(1)严禁盲目入井施救。救援过程中,如果发现有爆炸危险、风流逆转或其他灾情突变等危险征兆，救援人员应立即撤离火区。在已发生爆炸的火区无法排除发生二次爆炸的可能时，禁止任何人入井，根据灾情研究制定相应救援方案和安全技术措施。

（2）封闭具有爆炸危险的火区时，必须保证救援人员的安全。应采取注入惰性气体等抑爆措施，加强封闭施工的组织管理，选择远离火点的安全位置构筑密闭墙，封闭完成后，所有人员必须立即撤出，24小时内严禁派人检查或加固密闭墙。

（3）发现已封闭的火区发生爆炸造成密闭墙破坏时，严禁派救护队侦察或者恢复密闭墙。应当采取安全措施，实施远距离封闭。

第四章 矿井水灾事故应急救援案例

第一节 河南省三门峡市陕县支建煤矿
"7·29" 淹井事故

摘要： 2007 年 7 月 29 日 8 时 40 分左右，当地暴雨引发的洪水经废弃的老窑溃入河南省三门峡市陕县支建矿业有限公司支建煤矿井下，导致井下 +260 m 水平巷道 600 余米被淹，透水量达 4000 多立方米。当时井下有 102 名矿工，其中 33 人及时升井，69 人被困。事故发生后，国务院领导立即做出重要批示，提出明确要求。国家安全监管总局、国家煤矿安监局及河南省委省政府主要负责同志迅速赶赴现场，共同研究确定了 "一堵、二排、三送" 的抢险方案，组织协调抢险救援工作。经过各方共同努力，通过 76 个小时的艰苦奋战，克服困难，排除险情，最终取得了救援成功。截至 8 月 1 日 12 时 53 分，69 名被困矿工全部获救。

一、矿井概况

支建煤矿始建于 1958 年，1970 年 10 月建成投产，设计生产能力为 21×10^4 t/a，2006 年核定生产能力为 14×10^4 t/a。该矿采用斜井多水平开拓，中央并列式通风。井下布置 20、22 两个采区，20 采区已收尾，22 采区布置一个采煤工作面（22071 工作面）和两个掘进工作面（22061 准备工作面上、下巷掘进面）。瓦斯相对涌出量 2.23 m^3/t，绝对涌出量 0.671 m^3/min，属低瓦斯矿井。矿井正常涌水量 28 m^3/h，最大涌水量 40 m^3/h，矿井井底有主、副 2 个水仓，容积 696 m^3，安装 3 台水泵，排水能力为 110 m^3/h。井田内地表有一条铁炉沟河流经矿区，为季节性河流。矿井周边有多处已报废的矿井，废弃的井筒没有填实。

二、事故发生简要经过

2007 年 7 月 28 日 20 时至 29 日 8 时，河南省三门峡地区急降暴雨，降雨量达 115 mm，引起山洪暴发。洪水造成流经陕县支建矿业有限公司（支建煤矿）的铁炉沟河河水暴涨。29 日 8 时 40 分左右，洪水涌入一废弃充填不严实的铝土矿井（紧靠中铝矿业分公司联办的露天采矿大坑旁边），冲垮三道密闭，泄入支建煤矿井下，导致垂深 173 m 的巷道被淹。该矿井下当班作业人员 102 人，其中 33 人脱险升井，69 人被困。

支建煤矿"7·29"事故示意图如图 4 – 1 所示。

三、事故直接原因

三门峡市陕县境内突降暴雨，支建煤矿矿区山洪暴发，造成流经矿区的铁炉沟河水位急剧上涨，洪水冲垮多年前废弃老窑的充填物，通过采空区、报废巷道溃入支建煤矿井下。

四、应急救援方案及过程

（一）企业先期处置

矿调度室接到事故报告后，支建矿业有限公司、中铝河南矿业公司铝土矿立即组织抢险自救，查找并堵截透水点，同时上报事故情况。8 时 50 分，支建矿业有限公司安全副总经理、支建煤矿井长等组织工人堵截溃水口。9 时，值班调度员通知井下撤人。由于井下电话线被洪水冲断，支建煤矿井长等人立即入井排查情况，撤出井底附近工作的 33 名矿工。10 时 20 分，井长升井后汇报井下轨道和运输平巷等 600 余米巷道被淹。

（二）各级政府应急响应

接到事故报告后，三门峡市市委、市政府和陕县县委、县政府及有关部门的领导立即赶赴现场，成立抢险指挥部组织抢救。河南省委书记、省长、省委副书记、常务副省长、副省长带领有关部门负责人相继赶到事故现场指导事故抢救工作。国务院领导同志立即做出重要批示，要求全力以赴抢救被困矿工。29 日 14 时，国家安全监管总局接到事故报告后，立即启动应急预案，与现场通话了解情况，要求首先堵死水源，向井下通风，尽快组织排水营救。国家安全监管总局局长李毅中和国家煤矿安监局局长赵铁锤带领有关司局负责人和专家赶到现场，立即指导事故抢险救援工作。

（三）应急救援方案及过程

抢险指挥部根据井下情况制定了"一堵、二排、三送"的抢险方案，即：堵住漏水源头，加强井下排水，向遇险工人聚集点送风、送氧、送牛奶。围绕抢救方案，抢救救援工作紧张有序地进行。

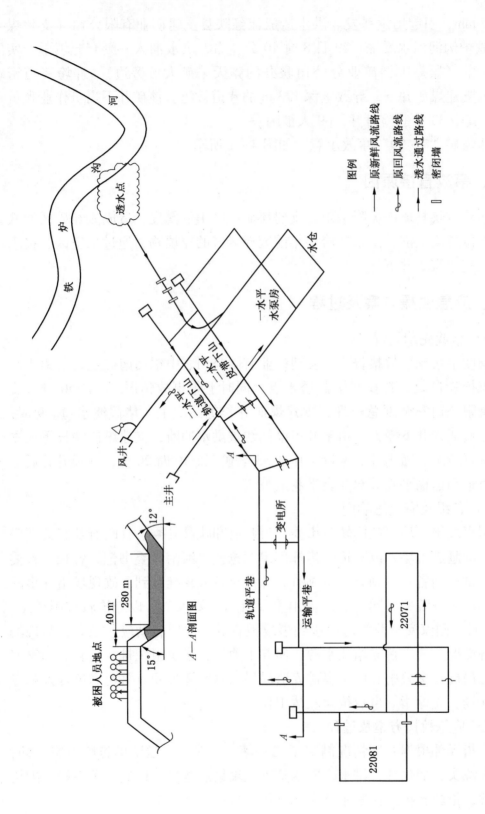

图 4-1 支建煤矿 "7·29" 事故示意图

1. 查堵地面漏洞，确保井下不再进水

事故发生后，及时组织 350 名武警官兵和 80 余名机关干部在 200 m 的河道上查堵泄漏点，从 29 日下午 2 时开始持续奋战，经过 6 个小时的艰苦努力，成功堵住了透水点。同时，在河床底部铺设防水布，防止河道渗水。29 日晚，当地又降暴雨 90 mm，武警官兵坚守现场，严阵以待，加强巡查，发现险情，立即处理。一直在透水点附近严防死守，保证了井下不再进水。

2. 全力排水清碴，打通营救通道

鉴于支建煤矿抢险力量薄弱，东风井因突水井下排水系统瘫痪，指挥部果断决定，由省属国有煤炭企业义煤集团承担井下排水清碴工作。义煤集团董事长、总经理、常务副总经理、副总经理兼安监局长轮流下井带班指挥。一天 3 班每班120 人昼夜不停入井排水清碴。共出动 1360 人次，组织调运水泵 8 台、电缆2400 m、排水管道 1200 m 等抢险物资，安装投用 3 台水泵和 3 趟管路，铺设电缆2250 m，清理巷道 45 m。同时，义煤集团还派出 110 名矿山救援队员全程参加抢险。

3. 送风送氧送食物，维持被困人员生命

送风工作最初由矿方负责，为了保证万无一失，指挥部专门成立了压风送氧工作小组，由义煤集团抽调 4 名专职空压机司机操作设备，保证一台空压机运行，两台备用；利用矿井压风和防尘洒水管道，不间断地向被困人员地点压送新鲜空气和医用氧气，随时与被困矿工保持联系，及时调整压风量和输氧量。共向井下输送医用氧气 106 瓶、636 m^3，为被困矿工创造了生存条件。

随着营救时间的推移，被困矿工体力下降，为保护矿工生命，争取救援时间，指挥部精心研究制定方案，在压风管道加接"三通"，使压风管道成为压风和输送液体食物两用管道。30 日晚上 9 时，成功向井下被困矿工输送新鲜牛奶 400 kg。31 日上午 10 时，再次输送牛奶 175 kg；7 月 31 日下午 6 时和 8月 1 日早上，又分别向被困人员输送了 170 kg 牛奶和 200 斤面汤。井下被困矿工体力得到补充，情绪稳定下来。

经过 76 个小时的艰苦营救，抢险救援工作克服了种种困难和不确定因素，最终取得了圆满成功。被困矿工被转移到安全区域，有组织地分批升井。8 月1 日 11 时 36 分，第一名被困矿工出井，至 12 时 53 分，69 名被困矿工全部安全升井，现场抢救工作圆满结束。

五、总结分析

（一）救援经验

（1）党中央、国务院高度重视，亲切关怀，指示明确。事故发生后，温家宝总理、华建敏国务委员分别作出重要批示，要求抓住时机，科学部署抢救工作，确保被困人员安全，尽早救出被困矿工。党中央、国务院领导的指示，明确了抢险救灾工作的方向，为抢险救援工作指明了方向，使参与救灾的同志受到鼓舞鞭策，也使受困人员增添了获救信心，这是抢险救援工作能够取得成功的重要保证。

（2）组织指挥坚强有力，正确决策，科学施救。国家安全监管总局、国家煤矿安全监察局以及河南省委省政府等各级领导亲自到现场指挥事故抢救工作，科学制定施救方案，精心组织施救措施，针对不断出现的新情况、新问题，及时调整部署，科学果断决策，保障了救援工作科学、有序开展。

（3）参加救援的矿山救护队员、武警官兵、义马煤业集团公司干部职工等抢险救援人员顽强战斗、奋勇拼搏，不畏艰险，在大雨中连续奋战，为成功抢救救援发挥了关键作用。

（4）社会各方积极支援，密切关注，共同努力。事故发生后，社会各界高度关注、积极参与，"一方有难，八方支援"，从机关部门到社会团体，从企业厂矿到一般群众都全力投入事故抢救中，在人力、物力、财力上给予了无私的援助，保证了抢救工作顺利进行。

（5）支建煤矿和被困矿工积极自救。事故发生后，被困工人没有慌乱，而是积极开展自救活动，在洪水淹没 22 采区下山平台开拓掘进工作面之前就将压风管拉至被困地点，为送氧创造了最基本的条件。班组组织将工人分成几个小组并进行分工，相互鼓励缓解了精神压力。对食品、矿灯等实行统一管理、统一发放，为地面营救工作赢得了宝贵时间。

（6）矿井具有一定的防灾抗灾能力。在本起事故抢救过程中，正是矿井压风系统、防尘系统和通信系统的畅通有效保障了被困矿工氧气、食物供应和情绪稳定，为被困矿工提供了生存的必备条件。矿井的压风系统、防尘系统和通信系统被矿工和地面抢救人员称为"三条生命线"，为此次成功抢险救灾工作提供了较好的基础条件。

（二）存在问题及建议

（1）在这起事故抢救中，曾遇到大型设备无法入井的问题，给抢险救援工作带来一定困难。建议在《煤矿安全规程》《煤矿设计规范》中提高对巷道断面的要求，不仅要满足生产过程中通风、行人、运输的需要，还要考虑突发事件的抢险救援需要，以适应新的技术发展要求。

（2）矿山企业在雨季里要随时了解天气预报信息，时刻关注天气变化。存在洪水淹井隐患的矿井，在遇到大到暴雨等恶劣天气时要立即停工撤人，不得进行井下作业。应及时掌握汛情水情预警预报信息，制订完善的水害事故应急抢险救援预案，配备必要的应急排水设备和物资，确保抢险救灾工作及时到位，确保安全生产。

（3）各级政府要进一步健全自然灾害预防和救助体系，组织各有关部门加强水库、涵闸、堤防工程设施及重大地质灾害隐患点的除险加固。气象、水利、国土资源等有关部门要及时准确发布各类灾害预警信息，加强对企事业单位防灾避险的指导。

（4）要加大社会救援体系建设，特别是应急救援设备、物资的储备，建议将应急救援的设备、物资集中存放在当地的救援中心或有实力和能力的大型骨干企业中，以保障设备完好，能随调随用。

第二节　华晋焦煤公司王家岭矿"3·28"
特别重大透水事故

摘要： 2010 年 3 月 28 日 13 时 12 分，华晋焦煤有限责任公司王家岭矿在基建施工中发生透水事故，当班井下共有作业人员 261 人，其中 108 人脱险升井，153 人被困井下。事故发生后，党中央、国务院高度重视，作出一系列重要指示批示，指挥部署救援工作。国家安全监管总局、国家煤矿安监局主要领导带领工作组迅速赶到事故现场指导协助抢险救援。山西省委、省政府主要领导带领有关部门和企业负责人及时组织开展抢险救援。各有关方面认真落实党中央、国务院的决策部署，按照张德江副总理提出的"排水救人、通风救人、科学救人"的救援方针和方案，不抛弃、不放弃，周密组织、排除困难、全力施救。经全体救援人员历时 8 天 8 夜的艰苦奋战，4 月 5 日，115 名被困矿工成功获救。至 4 月 25 日，38 名遇难人员全部找到，井下抢险救援工作结束。

一、矿井概况

王家岭矿地处山西省运城市河津市、临汾市乡宁县境内，为基建矿井，由山西焦煤集团公司和中煤能源集团公司各出资 50% 共同组建的华晋焦煤有限责任公司开发建设，设计生产能力 6 Mt/a，采用平硐—斜井开拓方式布置，设计分 2 个水平开采，按高瓦斯矿井设计，先期开采 2 个工作面。矿井于 2007 年 1 月 16 日开工建设，计划于 2010 年 10 月投产。该矿区范围内小窑开采历史悠久，事故发生前该矿井田内及相邻范围内共有小煤矿 18 个。

发生事故的王家岭矿 20101 首采工作面回风巷于 2009 年 11 月 10 日开工，截至事故发生时已掘进 797.8 m。采用直流电法、瑞利波物探方法进行井下超前探水。

二、事故发生简要经过

2010 年 3 月 28 日早班，入井施工人员分别在 20101 回风巷等 15 个开拓、掘进工作面及运输、供电等各辅助环节作业。10 时 30 分，在 20101 回风巷掘进工作面的工人发现迎头后方 7～8 m 处的巷道右帮有水渗出，底板向上 20～30 cm 的煤壁上有明显的出水点，当时估计出水量每小时 2～3 m^3。

11 时 25 分左右，施工项目部副经理去实地查看，水流没有明显变化，水质较清，无明显异味，随即安排停止掘进，加强支护，观察水情。升井后，该副经理于 11 时 55 分左右向项目部经理汇报了水情。

12 时 10 分，项目部经理与西安研究院瑞利波勘探项目现场技术负责人沟通了情况，但没有对渗水情况做出明确判断，未采取果断措施。

13 时 15 分，当班瓦检员在 20101 回风巷巡回检查时，发现有约 20 cm 高的水向外急速流出，立即转身向外跑，中途遇到运输班长，忙说："出水了，快撤!"运输班长立即跑到中央回风大巷通知正在工作的人员马上撤离。13 时 40 分，瓦检员跑到进风斜井底的电话处向地面调度室做了汇报，项目部经理立即打电话通知各队升井，此时电话已打不通。

13 时 45 分，项目部紧急安排人员分头下井查看水情。14 时 10 分左右，查看人员发现 20101 工作面回风巷与总回风巷的联络巷上口已全部被水淹没，辅助运输大巷内的水上涨很快，于是向地面调度室及有关领导进行了汇报。

透水事故造成中央输送机大巷、中央辅助运输大巷、中央回风大巷外部 +583.168 m 标高以下巷道全部被淹，淹没巷道约 4933 m。经测算，透水时的每小时最大流量为 4.25×10^4 m^3。井下被淹巷道积水达 13.4×10^4 m^3，相邻废弃小煤窑的积水仍不断向王家岭矿补给。事故发生时井下共有作业人员 261 名，事故发生后有 108 人升井，153 人被困井下。

华晋焦煤王家岭矿"3·28"特别重大透水事故示意图如图 4-2 所示。

三、事故直接原因

该矿 20101 回风巷掘进工作面附近小煤窑老空区积水情况未探明，且在发现透水征兆后未及时采取撤出井下作业人员等果断措施，掘进作业导致老空区积水透出，造成透水事故。

四、应急处置及抢险救援

（一）企业先期处置

3 月 28 日 14 时 5 分，项目部经理向中煤一建六十三处进行了汇报。14 时 15 分，又向王家岭矿区建设指挥部进行了汇报，王家岭矿区建设指挥部立即向山西煤矿安监局临汾监察分局和华晋焦煤公司进行了汇报。15 时，华晋焦煤公司分别向山西焦煤集团、中煤能源集团报告了事故情况。随后，逐级向上级有关部门报告。

中煤一建公司接到透水事故报告后，立即启动应急救援预案，成立了抢险救援指挥部，就近调集在王家岭矿施工的 31 处西家沟项目部和机电安装处项目部的 200 名职工驰援。同时，开启了井下所有通风和压风系统，并安排专人

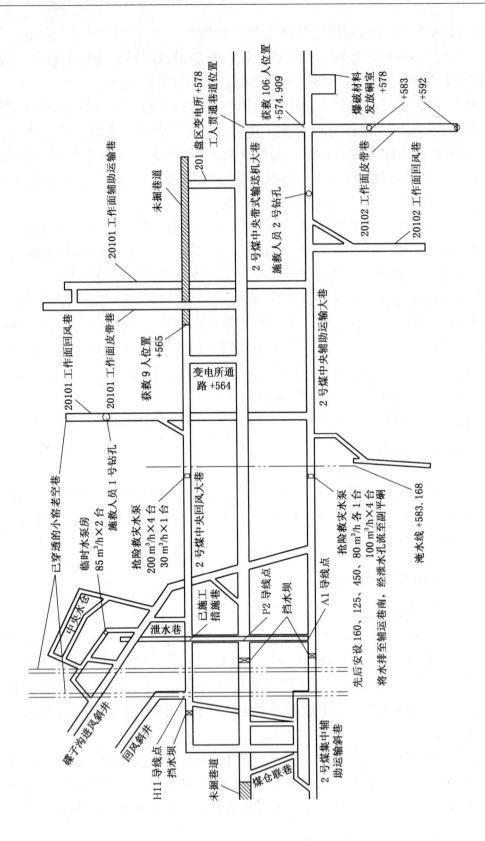

图 4－2　华晋焦煤王家岭矿 "3·28" 特别重大透水事故示意图

看护，保证系统正常运转。

中煤集团、山西焦煤集团公司、华晋焦煤公司接到事故报告后，各公司主要负责人立即带领有关人员赶到现场，及时调集平朔公司、中煤建设集团、太原煤气化公司及西安设计公司等单位的救援队伍携带物资、设备迅速赶往事故现场，实施抢险救援。

（二）各方应急响应

党中央、国务院高度重视。胡锦涛总书记做出批示，要采取有力措施，千方百计抢救井下人员，严防发生次生事故。温家宝总理也做出批示，当务之急是全力以赴救人，要尽快摸清井下情况，加大排水力度。张德江副总理批示要求，要组织协调各方面力量，采取一切措施，抢时间、争速度，全力以赴救人。马凯国务委员就落实总书记、总理指示精神，协调解决相关事宜，做好抢险救援工作作出了批示。28日23时40分，张德江副总理率领有关部门负责人紧急赶赴王家岭矿事故现场，指导事故抢险救援工作。

国家安全监管总局局长骆琳，国家煤矿安监局局长赵铁锤、副局长王树鹤立即率领工作组于28日22时20分赶到事故现场，指导事故抢险救灾工作。

28日21时30分，山西省委书记、省长到达王家岭矿透水事故现场。在赶往现场的路上，他们一边传达落实中央领导的指示精神，一边打电话调集各方救援力量迅速向事故现场集结。

（三）救援队伍集结

各级政府及相关部门立即启动应急救援预案。救援、医疗队伍迅速赶赴事故现场投入抢险救灾。各煤业集团公司主要负责人带领专业施工队伍，组成抢险救援突击队分系统开展施工救援。

28日14时55分至29日3时，临汾市矿山救援大队、汾西矿业公司矿山救援大队等专业救援队伍共300余名救援指战员相继赶到事故现场投入抢险救灾。

国家安全生产应急救援指挥中心紧急协调从郑州排水站、新密市矿山救援队、西安科技大学、中国矿业大学等专业机构调来专业人员、井下潜水员和有关专家及相关先进抢险设备，全力配合抢险救援工作。

由医护人员、救护车组成的医疗队，以及当地驻军、武警官兵、公安干警组成的维护矿区秩序稳定和后勤保障队伍迅速向事故现场集结。

参加此次抢险救援的人员达5500人，仅事故现场就有3600人，分别承担安装管道、水泵以及供电、排水、井下安全监护、探查搜救、医疗救治、后勤保障等任务。各方面救援力量各负其责，密切配合，形成了强大的抢险救援合力，确保了抢险救援工作顺利进行。

（四）救援装备调运

救援指挥部先后从省内外调运了 111 台水泵、118 台开关、15 辆轨道平板车、13 套皮划艇、10 台局部通风机、8 套瓦斯监控仪、7 台干式变压器、5 台回柱绞车、4 台钻机、2 台发动机，安装各种排水管路 27853 m、电缆 25813 m，以及各种水管接头、法兰、垫片等 1.2 万余件。山西省军区及时送来军用帐篷和炊事车具，电力、通信、气象、公安等部门迅速在救援现场架设了应急设备。

（五）决策和指挥

1. 中央领导高度重视、科学决策部署、全程指导

在抢险救援的关键时刻，温家宝总理于 4 月 3 日再次做出批示，要求坚定信心、周密组织、争分夺秒、全力以赴救人，下决心把一切可能被救出的井下幸存人员全部都救出来。

28 日当晚，张德江副总理抵达事故现场后，在查看了事故现场、了解救援情况后，立即主持召开会议，传达贯彻胡锦涛总书记、温家宝总理重要指示精神，确定了"抽水救人、通风救人、科学救人"的救援方针和指导原则，要求把抢救井下被困人员工作放在第一位，抢时间、争速度，调动各种资源，制定周密救援方案，实施科学救援。

29 日上午，张德江副总理再次来到抢险救援现场，查看排水设备安装情况，再次明确指出要全力落实好胡锦涛总书记和温家宝总理的重要指示，进一步加大抢险救援工作力度。当前首要任务是救人，核心是排水。要围绕救人，调动一切可以调动的人力和设备加快排水；坚持向井下送压风，为被困人员提供氧气；迅速对水质进行化验，查明透水点和透水量；成立专家组，科学施救，确保安全。

救援期间，张德江副总理时刻关注抢险救援进展，每天打电话了解情况，并提出明确要求，全过程指导、指挥救援。先后 15 次做出批示，对抢险救援和安全生产提出要求，通过国务院应急救援指挥平台，与现场指挥部召开了 3 次视频会议，听取汇报，及时作出指示和工作部署，明确每个阶段的工作重点和目标，要求全体救援人员要坚定信心，不放弃、不抛弃，争分夺秒、全力以赴，尽最大努力将被困矿工解救出来。

2. 加强现场指挥、严密组织、科学施救

成立了王家岭矿"3·28"透水事故抢险救援指挥部。山西省分管副省长任总指挥，国家煤矿安监局副局长、中煤能源集团总经理、山西焦煤集团总经

理等为副总指挥，下设抢险救援组、救护协调组、技术组、打钻组、专家组、医疗组、保卫组、新闻组、善后组、后勤保障组。抢险救援分工明确，指挥有力，高效运转。

国家安全监管总局、国家煤矿安监局及山西省委、省政府主要负责同志盯在现场指挥，根据救援进展及时与抢险救援指挥部研究、协商、调整救援方案，现场协调组织抢险救援工作。

针对井下环境复杂、救援队伍多、各工种交叉作业等情况，及时设立了井下救援指挥部，由山西煤矿安监局局长任总指挥，加强井上、井下的协调和调度，确保救援高效、安全。

坚持科学施救。在加快排水进度的同时，多措并举，采取了大型水泵向地面排水，多台小型水泵直接在井下往南大巷倒水，从平硐大巷打钻孔泄水，利用井下巷道筑坝蓄水，保持矿井通风系统向井下压风提供氧气，地面垂直打钻通风、通信，提供营养液等一系列措施。

（六）全力实施救援

1. 排水、打钻、探查施救阶段（3 月 28 日至 4 月 15 日）

3 月 28 日 19 时 30 分，恢复原有排水系统，每小时往地面排水 46 m^3。到 29 日 21 时，共有 4 台水泵投入运行，排水能力达到每小时 560 m^3。

30 日，国家安全监管总局、国家煤矿安监局主要领导会同山西省政府主要领导召开救援指挥部会议，研究安装大型水泵排水、加快井下倒水、加强井下通风等工作。确定通过地面向井下打钻，为被困人员提供生存条件。决定进一步加强施工力量，调集山西焦煤集团所属的霍州、西山、汾西公司，大同煤业集团、中煤能源集团等成建制的施工安装队伍，由各集团公司董事长或总经理带队，分别负责一趟排水系统的安装和维护。

30 日 2 时 15 分，霍州煤电公司负责安设的排水系统首先完成，排水能力为每小时 160 m^3。截至当日 18 时，井下共有 6 台水泵运行，排水能力为 640 m^3/h，累计排水量达 1.5×10^4 m^3，井下水位第一次出现下降，幅度为 0.15 m。

4 月 2 日 14 时 12 分，山西省煤炭地质局施工的地面 2 号钻孔在钻进 251.8 m 后打通井下，从井下传来敲击声，钻头上发现了缠绕的铁丝。救援人员立即向井下输送营养液。

3 日 12 时 15 分，救援人员通过地面 2 号钻孔向井下输送了防爆电话，国家安全监管总局主要领导手持电话呼叫，希望听到被困人员的声音，但听筒内没有回音。13 时，国家安全生产应急救援指挥中心人员带领山西汾西救护大队 7 名救护队员和河南新密市救护队 6 名潜水队员，下井执行水下勘察任务。

4日，指挥部召开会议研究下井救援的各项准备工作。一是组织救护队编制搜救路线，制定被淹巷道风路导通后的瓦斯防范措施；二是对井底车场、井口周边和工业广场进行清理，确保井下救援线路和地面救护车辆畅通无阻；三是开展对机电设备设施的防爆措施、通风系统、斜井提升系统的检查，确保安全可靠。

4日15时，在水位线下降接近回风大巷顶板时，救护协调组召开会议决定，立即组织矿山救护队下井，使用皮划艇越过水面进入灾区侦察，并安排配备了抢救井下被困人员所需的担架、棉被、大衣、护眼罩等物资。对各救护队搜救区域进行了明确分工。

22时10分，水位下降了15 m，有些地点露出了顶板。在井下进行搜救的潞安集团矿山救护大队小队长郝喜庆第一个发现水面前方有灯光在晃动，立即向救护协调组做了汇报。阳煤救护大队的戢维群不顾泥水污浊和寒冷跳入水中，第一个游泳到达被困人员地点，发现一个被锚索卡住不能动的矿车，矿车里有4名被困人员，矿车以里的巷道高处还有5名被困者。由于水面高，皮划艇不能靠近矿车，戢维群游泳过去将矿车推出到皮划艇处，在队友帮助下将3名被困者运出，又游泳返回推着漂浮起来的矿车将另1名被困者运出。随后赶来的救援人员共同把9名被困者全部营救出来。

4月5日零时38分，9名被困179小时的矿工获救升井。

凌晨1时，张德江副总理从北京发来电报，代表党中央、国务院，代表胡锦涛总书记、温家宝总理向获救矿工表示亲切慰问，向所有参加救援的同志致以崇高敬意，希望参加抢险救援的同志再接再厉，争分夺秒，继续加大救援力度，全力以赴解救被困矿工。

9时，喜讯再次传来，救护队员在井下灾区搜救时发现一片灯光，估计有100多人生还。信息传至地面，现场所有人都流下了激动的眼泪。10时许，救护队员在辅助运输大巷借助皮划艇渡过积水区搜寻到106名被困矿工，随即利用皮划艇运送被困人员脱离灾区。经过4个多小时紧急施救，截至14时10分，第二批106名被困人员全部获救升井，并被迅速送往医院救治。

胡锦涛、温家宝、贺国强、王兆国、张德江等中央领导同志都作出重要批示和指示，对获救矿工和家属表示慰问，对全体救援人员表示感谢和敬意。

指挥部召开全体会议，传达贯彻中央领导同志的重要指示批示精神，要求全体救援人员继续发扬不怕疲劳、连续作战的作风，千方百计，争分夺秒，精心组织落实好抢险救援各项工作，坚决做到力量不减、排水不断、通风不停。

同时对排水、通风、搜救、医疗、善后、稳定、新闻发布和事故调查工作等作出全面部署。

2. 清淤搜救（4月15日至4月30日）

4月15日，国家安全监管总局领导与抢险救援指挥部负责同志在救援现场召开会议，组织认真贯彻落实张德江副总理关于"水排干、泥挖尽、人找到"的工作要求，制定了恢复井下通风、供电、运输系统，彻底清淤，全面搜救被困人员的方案并组织实施。至4月25日11时15分，最后1名被困矿工遗体被找到。4月30日，清淤工作全部完成。至此，王家岭矿"3·28"特别重大透水事故井下抢险救援工作结束。

（七）积极救治伤员

事故发生后，山西省政府立即调集由89名医护人员、68辆救护车组成的医疗队在矿区集结待命，随时准备施救。4月2日，发现井下有生命迹象后，医疗组迅速配制了特殊营养液并通过钻孔送至井下。

4月4日上午，根据张德江副总理"一人一个医疗组、一人一套治疗方案"的要求，制定了井下救治、井口救治、转运救治和医院救治的医疗方案，增配调齐了153辆救护车，准备了153张病床，抽调山西省三大医院156名医护人员组成12个专家组，保证每个获救人员都能得到及时救治。

5日1时24分，首批获救的9名被困矿工被送到山西河津铝厂医院，接受全面检查和治疗。从当日10时起，第二批106名被困人员陆续获救，并被紧急送往医院救治。

根据张德江副总理的指示，卫生部协调北京协和医院、国家矿山医疗救护中心和河南省平顶山市急救中心，成立了由急救、重症救治、营养治疗、消化科、皮肤科、外科等方面的11名专家组成的专家组，由副部长尹力带队赶赴山西，制定医疗救治方案，指导医院做好收治病例的病情评估和重症病例的救治工作。

5日晚，卫生部副部长尹力主持召开会议，分析评估救治形势，研究部署进一步做好医疗救治有关工作，决定将60名较重病例转诊到太原最好的医院救治。

6日12时，在48名专家和医护人员的精心照料下，60名病情较重伤员乘由铁道部派出的专列，分别转入山西省人民医院及山西医科大学第一医院、第二医院接受治疗。

至5月13日，经过全体医疗救护人员采用心理疏导、中药调理、康复训练等个性化方案的精心医治和精心护理，115名获救矿工全部康复出院。

五、总结分析

(一) 救援经验

（1）党中央、国务院的高度重视，中央领导同志的全过程决策、现场指导，为成功救援指明了方向，提供了强有力的组织保障和精神动力。事故发生后，党中央、国务院高度重视，胡锦涛总书记、温家宝总理立即做出重要指示。受胡锦涛总书记、温家宝总理的委派，张德江副总理于事故当晚赶赴事故现场，对抢险救援工作作出了全面科学的决策部署，在抢险救援过程中，每天打电话了解救援工作情况，多次召开视频会议，对抢险救援工作及时作出重要指示，提出明确要求。党中央、国务院的高度重视，中央领导同志的全过程决策、现场指导，为成功救援提供了强有力的组织保障和精神动力。

（2）坚定地贯彻落实"以人为本、生命至上、科学救援"的理念，是成功救援的重要思想保证。"抽水救人、通风救人、科学救人"的救援原则和总体部署充分体现了"以人为本、生命至上、科学救援"的理念，突出强调要把救人作为救援工作的核心，把排水作为救援的重点任务，把通风作为救援的安全保障。全体救援人员贯彻落实救援工作原则和部署，千方百计加快救援进度，全身心地投入救人工作中。所有人都心往救人想，劲往救人使，风餐露宿，连续作战，众志成城，写就了"生命的奇迹、救援的奇迹"。

（3）科学决策、科学施救是成功救援的重要前提。抽水救人——是救人的最佳途径和最有效的办法。以最快的速度、最短的时间抽除积水成为救人的关键。指挥部紧紧抓住这一关键环节，短时间内调动、安装了大量排水设备，组织了强有力的安装队伍，为成功救援奠定了坚实基础。通风救人——为被困人员提供足够的氧气，保障生存条件。指挥部采取措施开启 7 台压风机向井下巷道供压风，为被困人员输送氧气。同时，向可能有人员生存的巷道打通地面垂直钻孔，形成了抢险救援的信息孔、通风孔、生命孔，为抢险救援赢得了宝贵时间，创造了有利条件。科学救人——科学施救是成功救援的重要保障。大型水泵排水、多台小型水泵并联排水、临时水仓倒水、打钻孔放水，压风供氧、打钻通风、恢复通信、提供营养液、潜水员入井侦察、皮划艇入井救援、设立井下指挥部、领导干部亲自带队施工安装、一人一救护等一系列有效措施无不体现出科学决策的重要性和正确性。

（4）举全国之力进行救援，社会主义制度的优越性得到充分体现。指挥部从山西焦煤集团和中煤能源集团成建制调集 3000 多人的专业施工队伍，山西省 11 支矿山救护队及河南省新密救护队的 376 名救护队员参加了救援工作。卫生部从全国调集专家赴现场指导治疗。铁道部组织专列运送重症人员。电力、通信、公安、武警、交警、中国人民解放军、民兵预备役，以及临汾、运城的社会各界都动员起来，全力保障抢险救援工作。中国移动、中国联通、中国电信出动 206 人次，调度车辆 100 余趟，为现场指挥部开通了 8 部移动式固定电话，加开了视频、宽带等业务，为抢险救援架起了生命的信息通道。乡宁县政府组织有关单位昼夜不停，加班加点，为抢险救援提供后勤保障。

（5）被困矿工积极组织自救，为成功获救创造了机会。被困矿工集中智慧商讨决定打开封闭的联络巷道，将辅助运输大巷与运输大巷联通，使被困人员会合在一起，进入更高、更安全的地点。安排专人不间断检查瓦斯，掌握气体情况。轮流开启矿灯，延长照明时间。将井下水沉淀后饮用。在 2 号钻孔与井下打通后，通过敲击钻杆、捆绑铁丝向地面传递生命信息。躲在顶梁上的矿工为防止睡着了掉入水中，用裤带或撕碎的衣服把自己吊在巷道横梁上。大家通过各种自救、互救方式，为最终获救创造了机会。

（6）新闻媒体客观公正地报道，为抢险救援营造了良好氛围，展示了国家形象。各新闻媒体昼夜蹲守现场坚持正面报道，及时报道事故抢险救援进展情况和抢险救援中的感人事迹，新华社、中央电视台等主流媒体对此次抢险救援工作进行了全程不间断跟踪报道，为事故抢险救援营造了良好的舆论氛围。指挥部制定了完善的新闻发布制度，统一向社会发布信息，随时为新闻单位提供新闻素材和短讯，及时回应国内外的关切，真正做到了及时、公开、透明。国外很多媒体对此次救援给予了高度赞扬。美国《纽约时报》称"无论按照何种标准，这都是一个奇迹"。卡塔尔半岛电视台评论说"完全是出乎意料的成功"。英国《每日邮报》称"世界矿业史上最让人惊叹的救援之一"。《爱尔兰时报》赞"成功书写了人类的大营救"。美国《时代》周刊评说"中国矿工获救"居世界十大救援奇迹之首。

（二）存在问题及建议

（1）该矿施工安全措施不落实，应急管理不到位，工作面出现透水征兆后，没有按照规定采取停止作业、立即撤人等果断有效的应急措施。

（2）安全和应急知识培训不到位，未对职工进行全员安全培训，新到职工未培训就安排上岗作业。

（3）矿山企业应建立完善安全生产动态监控及预警预报体系，强化应急物资和紧急运输能力储备，提高应急处置效率。

（4）进一步加强应急救援知识培训和开展应急救援预案演练，赋予企业生产现场带班人员和调度人员在遇到险情时有权立即组织停产撤人，最大限度地防止人员伤亡。

第三节　云南省曲靖市下海子煤矿"4·7"重大透水事故

摘要： 2014 年 4 月 7 日 4 时 50 分，云南省曲靖市麒麟区黎明实业有限公司下海子煤矿发生透水事故，造成 21 人遇难，1 名下落不明。该矿透水事故的救援是云南省乃至全国煤矿水灾事故救援史上救援条件较为复杂、救援难度较大的一起。事故发生后，党中央、国务院领导高度重视，及时作出批示，国家安全监管总局、国家煤矿安监局及云南省委、省政府主要领导亲赴现场指挥抢险救援工作。通过千余人 24 天的昼夜奋战，搜救出 21 名遇难人员，施工钻孔 7 个，钻孔进尺 546 m，排出水量约 10×10^4 m^3。

一、矿井概况

下海子煤矿位于云南省曲靖市麒麟区东山镇境内，始建于 1989 年 1 月，原为集体企业，生产能力 3×10^4 t/a。2001 年企业改制为私营企业。2004 年 11 月更名为曲靖市麒麟区黎明实业有限公司下海子煤矿，核定生产能力 6×10^4 t/a，为低瓦斯矿井。矿井范围及相邻矿井采空区较多，水文地质条件复杂。

该矿采用斜井开拓，布置 4 个井筒：主斜井、副斜井、一采区行人斜井、风井。主斜井采用带式输送机运输，副斜井为绞车提升，一采区行人斜井兼做 C24 煤提升井，运输大巷采用带式输送机运输煤炭，人力推车运输材料、设备。井下实际分 2 个采区，一采区为老井区域、二采区为新井区域，事故区域位于一采区。

矿井采用中央并列式通风，分别在主斜井、人行斜井安装 2 套排水系统，最大排水能力为 270 m^3/h。新井为一级排水、老井为二级排水。

二、事故发生简要经过

2014 年 4 月 7 日夜班，老井当班入井 26 人，1 名副矿长带班，主要在 2401 工作面附近 3 个穿采点（以掘代采作业点）作业。4 时 30 分左右，3 名推车工在 +1914 m 水平溜煤眼处陆续听到下面三声炮响。4 时 50 分左右突然听到下面巷道传来"轰轰"的声音，向带式输送机机尾方向查看，发现"水"已经淹满下部巷道，3 人立即返回并向带班副矿长报告。带班副矿长立即打电话报告矿长，但矿长未接电话。于是，带班副矿长找机电副矿长组织人员下井救人。3 名推车工升井后，5 时 30 分到矿长家里报告情况。5 时 40 分，矿长下井查看，发现水已经从带式输送机机尾淹上来20多米，出井后，于6时2分向高家村煤管所报告事故。透水事故发生后水位淹到+1893.38 m水平，当班下井26人中有4人脱险，22人被困井下。

云南省下海子煤矿"4·7"重大透水事故示意图如图4-3所示。

三、事故直接原因

下海子煤矿非法越界开采陆东煤矿三号井保安煤柱，掘进工作面不进行探放水作业，冒险蛮干，放炮贯通采空区积水，诱发透水，造成事故。

四、应急救援方案及过程

（一）事故应急响应

接到事故报告后，高家村煤管所所长韩自增带领人员立即赶赴事故现场，同时向麒麟区煤炭局上报事故情况。麒麟区煤炭局接到事故报告后立即派人赶赴现场，并逐级上报事故情况。

曲靖市政府迅速启动应急预案，市委书记、市长、分管副市长立即率领有关部门人员赶赴事故现场，成立了以书记、市长为指挥长的现场救援指挥部，迅速组织开展救援工作。

云南省省委书记、省长、常务副省长、分管副省长等领导率领相关部门立即赶赴事故现场。在市级救援指挥部的基础上，成立了以省政府副省长为指挥长，曲靖市委书记、云南煤矿安全监察局局长、曲靖市人民政府市长、省安监局副局长、省工信委副主任等为副指挥长的应急处置指挥部，下设综合组、现场施救组、专家组、医疗救治组、群众工作组、维稳组、事故原因调查组、宣传组、环保组等9个工作组，迅速开展救援工作。

事故发生后，党中央、国务院领导高度重视，李克强总理、马凯副总理及国务委员王勇、郭声琨等党和国家领导同志立即做出重要批示。国家安全监管总局副局长、国家煤矿安监局局长付建华带领工作组及时赶赴事故现场，协助、指导事故抢险救援工作。

（二）救援力量调集

1. 救援队伍调集

事故发生后，麒麟区煤炭工业局紧急调动麒麟区矿山救援队出动救援。曲靖市政府迅速调遣60名应急民兵、300余民警及武警消防官兵、35名医务人员、9辆救护车及帐篷、水泵、野战炊事车等器材迅速赶赴现场参与救援。

成立省级现场救援指挥部后，针对事故矿井技术资料不全、周边水文地质

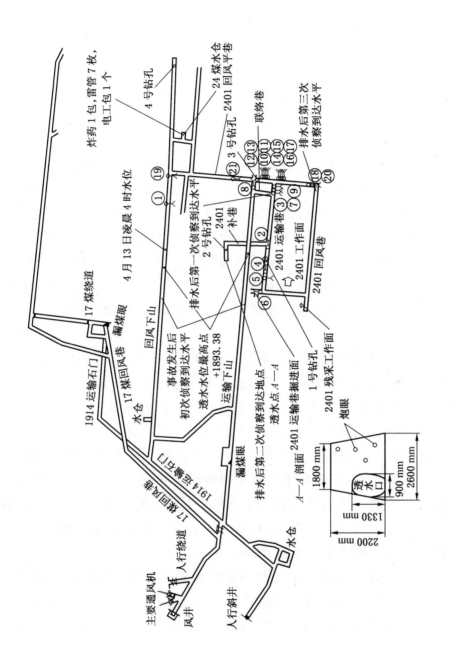

图 4 - 3 云南省下海子煤矿 "4·7" 重大透水事故示意图

条件复杂、矿井排水能力小、煤矿安全技术力量薄弱、救援环境极其艰难等诸多问题，立即调集全省煤矿采矿、通风、机电、地质等专家组成员和富源、恩洪、圭山、后所、一平浪、羊场、田坝、陆东等 8 支省内专业矿山救援队、麒麟区 60 支煤矿兼职救援队投入救援。同时，成建制调动云南东源公司及所属煤矿技术、机电、电钳等骨干力量和云南 143 地质勘探队参加救援。

国家安全监管总局工作组到达现场后，立即协调调集四川芙蓉救援大队、贵州林东救援大队、四川排水站、郑州排水站、贵州煤田地质队等救援队伍携带大型排水设备参加救援。

2. 救援物资装备调集

除在省内调集大量煤矿排水救援物资设备外，国家安全监管总局、国家煤矿安监局领导及时从河南、山西、四川、贵州等省调运大型排水设备，协调总参作战部、空军、民航运输排水管道，协调公安部、交通运输部为设备运输提供支持。在全国全省范围内共调集水泵 81 台（其中大型排水设备 49 台件）、500 kV·A 变压器 2 台、开关 46 台、电缆 14592 m、排水软管 7200 m、调度绞车 2 台、轨道 600 m、单体液压支柱 1000 余套，采购大型物资设备 94 台件。救援出动炊事车、电力保障车、通信保障车等各种保障车辆 300 余辆。

（三）主要救援措施

自 4 月 7 日 8 时 30 分麒麟区矿山救援队初次入井侦察及有关技术人员相继入井了解灾区情况后，指挥部制定了排水救人施救方案，采取了以下措施。

（1）千方百计加大排水量。救援初期井下涌水量大，水已淹井至 1893.312 m 水平，井下现场靠潜水泵排水，排水能力严重不足。指挥部果断采取全力排水决策，利用在省内外调集的大型排水设备，全力加大井下抽排水量。先后对井下灾区主水仓、进风下山、回风下山、主副井水仓、钻孔等 6 个作业点，12 套排水管路（最大排水能力 1130 m³/h）实施 3 班 24 小时不间断抽水，至 16 日 10 时，水位降至 1867.882 m 水平，累计排出水量 54966 m³。至 25 日救援工作终止时，累计排出水量 100640 m³。

（2）多措并举、积极施救。在全力安装排水系统抽排水的同时，指挥部根据专家组意见，及时采取从地面打救生钻孔输送氧气和营养液、打排水钻孔抽排水、在地面防渗水等多项措施，紧紧围绕"水排干、泥挖尽、人找到"主题开展救援工作。

（3）明确救援任务分工，加强责任落实。指挥部坚持实时掌握井下现场救援环境和工作进展情况，实行各救援组负责制，争分夺秒、科学安全组织实施救援工作。在通风管理方面，由通风组 24 小时专门负责，及时完善井下通风系统、组织安装局部通风机排放有毒有害气体等工作；在气体及环境监测方面，由专业救护组 24 小时负责，实时监测监控井下水位、气体、温度及灾区情况等工作；在巷道支护和清堵工作方面，由东源公司及所属矿救援组负责，全部采用单体液压支柱支护井下巷道，疏通井下巷道堵塞物，确保井下救援通道安全畅通；井下物资运送、管路电缆安装、机电运行管理、各排水点作业等各项具体工作，都有具体的救援组负责，确保做到科学救援、安全救援。

（4）加强现场救援调度管理。救援指挥部分别设立了井上、井下两个调度指挥工作组，实行 24 小时不间断调度指挥，突出加强救援现场调度管理。要求每项工作任务定时汇报、按时完成，要求各救援队所在单位领导现场带班、现场指挥作业，要求救援物资装备由区政府主要领导现场值守协调采购供给，要求后勤保障 24 小时保证救援人员就餐和休息等。

（四）抢险救援经过

1. 灾区初次侦察搜救

4 月 7 日 8 时 30 分，麒麟区矿山救援队副中队长带领一小队 8 人佩戴氧气呼吸器从人行斜井入井侦察，发现运输下山 150 m 处（联络巷至水面距离，后来实测为 1893.312 m 水平）巷道被水淹没，局部通风机正常运转，巷道支护完好，测得 CH_4、CO、H_2S 浓度均为 0，CO_2 浓度为 0.02%。回风下山栅栏处无风流，测得 CO 浓度为 3 ppm，进入 20 m 处，CO 浓度为 4 ppm，CH_4 浓度为 0.01%，30 m 处 CO 浓度为 7 ppm，CO_2 浓度为 2.6%；回风下山 159 m 处（联络巷至水面距离）巷道被水淹没，水面以上巷道支护完好，测得 CO 浓度为 12 ppm，CH_4 浓度为 1.5%，CO_2 浓度为 6.56%。根据初步侦察情况，现场指挥部决定立即安装 2 台 11 kW 局部通风机排放 1893.312 m 水平进、回风下山有毒有害气体，由麒麟区救援队负责观察水位和监测有毒有害气体情况。

2. 灾区排水搜救

7 日 11 时 30 分，运输下山安装 2 台水泵、回风下山安装 3 台水泵，铺设排水管 450 m。17 时 40 分，井下排水量约为每小时 100 m³，因补给水量远大于排水能力，水位继续上涨。根据灾情，指挥部立即研究制定对策，一是立即协调四川芙蓉救援大队、四川矿山排水站、贵州林东救援大队等 3 支救援队伍携带大型排水设备赶赴事故矿井支援；二是安排专家组核查事故矿井及周边矿井的图纸资料，同时调遣云南省 143 钻探公司钻探队，准备由地面打排水钻孔和救生钻孔；三是为保障大功率水泵的用电需求，紧急调集安装 2 台 500 kV·A 变压器。

8 日，贵州林东救援大队、四川芙蓉救援大队、四川矿山排水站相继到达，指挥部统一调配武警消防配合专业救援队、煤矿兼职救援队、电钳工等300余人进行排水管路、供电电缆的敷设以及水泵搬运、安装调试。9日22时贵州林东救援大队第一台90 kW水泵开始排水，10日0时50分第二台90 kW水泵开始排水。随后四川芙蓉救援大队、四川排水站的2台（92 kW、132 kW，备用2台）水泵开始排水，至此每日排水量约达6000 m³，井下水位以每小时4 cm的速度下降。4月11日，林东救援大队后续调运2台160 kW水泵安装完成并排水。

11日8时，水泵排水能力达830 m³/h，实际排水量510 m³/h，累计排水量达14000 m³。同时，为加强排水设备有效运行时间和确保现场救援安全，指挥部明确由林东救援大队负责运输下山排水，东源恩洪煤矿负责该排水作业点的巷道支护和移泵；四川芙蓉救援大队负责回风下山排水，东源后所煤矿负责该排水作业点的巷道支护和移泵。

16日4时，水位已下降至联络巷顶部，回风巷进入一平缓区域，移泵支护困难，水泵有效工作时间缩短（抽排约5分钟，移动水泵1小时），水位下降幅度不大。指挥部研究决定，在回风巷安装80 m³/h排水泵1台，将水抽排至1914 m水平的水泵房后再抽排至地面。8时，1台80 m³/h排水泵完成安装并运行。至10时，井下累计排水54966 m³，水位累计下降25.43 m。15时50分，在回风下山水面上发现1名遇难人员。

3. 钻孔排水搜救

4月8日，在专家组对事故矿井及周边矿井图纸资料核查分析的基础上，指挥部决定由地面打排水钻孔和救生钻孔。10日，云南省143钻探公司钻探队开始从地面打救生钻孔进行救援。至16日4时30分，先后打钻孔4个，其中1号钻孔打通2401运输巷；4号钻孔打通回风下山巷道下部，安装了排水管道，18日16时30分，实现200 m³/h向地面排水。

4. 灾区清堵搜救

15日15时，随着水位降至联络巷，现场指挥部安排救援队进入灾区侦察搜救被困人员。

16日11时10分，富源县矿山救援队进入侦察，发现联络巷14 m处，联络巷与2401运输巷交叉口被坑木、石块、风筒、电缆等堵塞，无法继续进入。经清理联络巷堵塞物后，富源县救援队于19时35分沿联络巷进入侦察，测得2401补巷掘进工作面巷道长78 m，迎头CO_2浓度为18.4%，CH_4、CO、H_2S浓度均为0，发现迎头左侧有0.9 m×1.33 m透水口1个，右侧有未装药炮眼4个，透水口仍有240 m³/h左右的涌水流出。

22 时 30 分，圭山、恩洪救援队入井排放有毒有害气体，各救援队继续加大清理、搜寻搜救力度。

17 日 5 时至 4 月 18 日 20 时，救援队在 2401 运输巷、2401 回风巷先后搜寻到 20 名遇难人员。

5. 灾区清淤搜寻

18 日 20 时起，井下继续开展排水、清淤工作，搜寻最后 1 名失踪人员。截至 25 日，累计排水量为 100640 m^3，水位累计下降 33.55 m。至 4 月 28 日 16 时，因矿井仍然透水、巷道垮塌严重、采空区有害气体升高、灾区巷道复杂难辨、人员搜寻非常困难等原因，救援行动被迫停止。此次事故共搜救出 21 名遇难人员，1 人下落不明。

五、总结分析

(一) 救援经验

(1) 各级领导高度重视，救灾指挥坚强有力。事故发生后，党中央、国务院领导同志高度重视，国务院总理、副总理、国务委员等领导同志作出了重要批示。国家安全监管总局及时派出工作组连夜赶赴事故现场协调指导救援工作。云南省委、省政府领导高度重视，主要领导赴现场指挥救援，成立了以副省长为指挥长的救援指挥部。国家安全监管总局工作组、救援指挥部领导始终坚守救援现场一线，亲自下井查看灾情，研究制定救援方案和救援措施，加强救援现场管理和救援组织指挥，保障了救援工作紧张有序进行。

(2) 及时协调调集救援队伍和装备物资，提高了救援效果。救援指挥部、国家安全监管总局工作组先后从省内调集 9 支、省外调集 3 支专业矿山救援队，调集了麒麟区 60 支煤矿兼职救援队，调集了云南省 143 钻探公司钻井队、贵州煤田地质队等 3 支钻探救援队伍，以及其他各类相关救援人员共 1800 余人投入抢险救援。从省内外调集和购置了大量大型排水设备和物资，加大了排水搜救力度。

(3) 充分发挥专家组作用。此次事故救援中，专家组在事故煤矿图纸资料不全且与井下实情不符的情况下，现场查阅了大量有关资料，多次深入井下实地勘察，昼夜奋战，反复推理论证，不但为指挥部决策提供了有关技术资料，还为指挥部提供了水量估算、钻孔定位、安装排水设备、供电保障等方面的技术决策支持和救援方案支持，在整个救援工作中发挥了不可替代的作用。

(4) 攻坚克难，全力做好后勤保障。事故矿井地点偏僻，在设备运输、人员食宿等方面均无法保障救援工作的开展。根据救援工作需要，先后组织省、市、区公安、武警、消防、医疗卫生、电力、通信等相关部门工作人员，进行了道路铺设、场地平整、帐篷搭建等多方面工作，从交通、食宿、卫生、办公、医疗等方面做好救援现场的后勤保障工作，为救援工作的开展提供了条件。

（二）存在问题及建议

（1）没有水害应急救援预案和应急救援装备。该矿没有按照有关规定针对矿井水害隐患编制水害应急救援预案，也没有储备水害应急救援的排水设备、管路和配套的电缆等相关设备。发生透水事故，企业束手无策，临时找设备、组织人员进行救援，效果较差。

（2）矿井基本救援条件差，大型排水设备不能发挥作用。矿井没有按照标准化要求建设矿井，巷道断面小，即使有大功率排水设备，由于巷道断面小，容不下设备，致使排水能力降低，救援时间长。而且矿方隐瞒井下开采情况，图纸资料不准确，影响了救援效果。

（3）现有排水设备成套性、适应性差。调来的不同厂家水泵、管路及相关部件的性能、规格有差别，存在不匹配的问题，缺乏成套性，影响了排水作业的效率。透水事故水源酸性较强、含沙多、杂物多，现有水泵对此适应性不好，甚至影响排水作业顺利进行。另外现有抢险排水设备太笨重，安装时间长，缺乏适用于小煤矿的应急排水设备。

（4）装备运行保障条件差。煤矿地处山村僻野，地形复杂、电力保障能力弱，为保障水泵、钻机等装备能够顺利进场、安装、运行，不得不新辟或改造周边及场区道路，平整相关场地，新建变电站，铺设供电线路，涉及面广、协调难度大、耗时耗力。

（5）建议加强煤矿水害救援装备及配套产品研发和配备，进一步提升小煤矿排水救援装备的适用性、配套性、可靠性。

（6）建议完善企业自救、区域救援、国家协调处置的应急排水救援体系。稳步推进小事故企业自救、大事故周边企业支援以及特别重大事故国家协调国家队、区域队、排水站处置的建设模式，实现资源有效配置，充分发挥企业、区域救援队、国家救援队的作用。

第四节　河北省开滦（集团）蔚州矿业公司 崔家寨矿"7·29"透水事故

摘要： 2017 年 7 月 29 日 15 时 50 分许，河北省开滦（集团）蔚州矿业有限责任公司崔家寨矿发生一起水害事故，造成 4 人被困。事故发生后，各级领导高度重视、敢于担当、科学决策、靠前指挥，救护队指战员迎难而上、果断处置，经全力救援，3 人生还、1 人遇难。

一、矿井概况

崔家寨矿位于张家口市蔚县白草村乡，隶属于开滦（集团）蔚州矿业有限责任公司，1996 年建井，2000 年投产，属国有重点煤矿，核定生产能力 210×10^4 t/a。该矿为低瓦斯矿井，煤层均为自燃煤层，各煤层煤尘均有爆炸危险性。矿井水文地质类型为中等型，正常涌水量为 73.6 m^3/h，最大涌水量为 123.6 m^3/h。矿井主要充水水源为老空水和含水层水，老空水主要包括本矿采空区积水和井田内小煤矿开采时形成的老空积水。

事故发生地点为东三 1 煤北部回风探巷掘进工作面。该巷道于 2017 年 7 月 20 日开始施工，自东三 1 煤北部探巷向北掘进，事故前已掘进 21 m。巷道断面为矩形，宽 4.6 m、高 3.2 m，煤厚 3.2 m，倾角 7°~10°。采用炮掘工艺，锚网索支护，沿顶板下山掘进，安装有刮板输送机。

二、事故发生简要经过

2017 年 7 月 29 日 13 时 20 分，该矿巷修队召开中班班前会安排工作。该班是检修班，出勤人员分 2 组，班长共 8 人一组到东三 1 煤北部回风探巷掘进工作面；机电队长共 8 人检修东三 1 煤北部探巷和东三 1 煤北部进风探巷的带式输送机。15 时 20 分，中班人员下井，东三 1 煤北部回风探巷掘进工作面的工作为扩帮、清理迎头浮煤、补打锚杆。副班长到工作面迎头做准备工作，发现迎头有 1.5 m 左右的积水，没过了刮板输送机机尾，比平时打眼洒水形成的积水多，向班长进行了汇报。2 人检查水管后发现不是水管漏水，且水位上升了 10 cm 左右。15 时 50 分左右，积水处开始冒泡，紧接着开始喷水，水柱瞬间喷到顶板。班长与副班长喊边往外跑，其他人也一起沿东三 1 煤北部探巷往东三 1 煤北部集中皮带巷跑，途中遇见检修带式输送机的另一组工人，一起跑到东三 1 煤北部集中皮带巷局部通风机处，班长清点人数后发现少了 4 人，12

人成功撤离灾区，马上电话报告了调度室。

崔家寨矿"7·29"透水事故示意图如图4-4所示。

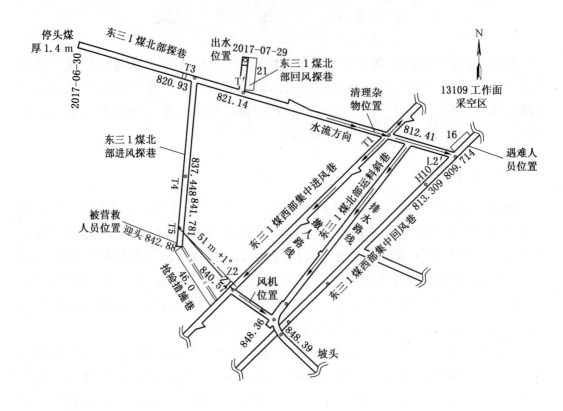

图4-4　崔家寨矿"7·29"透水事故示意图

三、事故直接原因

崔家寨矿在掘进东三 1 煤北部回风探巷前，未查明巷道前方的小煤矿积水老空区；巷道接近积水老空区时，未采取探放水措施，在水压和采动的共同作用下，积水溃破残余煤柱造成透水事故。

四、应急处置及抢险救援

（一）企业先期处置

7 月 29 日 15 时 57 分，矿调度室接到事故报告电话，值班调度员立即向值班矿领导和矿长报告，并于 16 时 38 分向蔚州矿业公司调度室报告。随后，逐级向上级有关部门报告。矿长、总工程师等矿领导陆续到达调度室，成立了事故抢险救援指挥部，矿长任组长。同时命令井下带班的安全矿长为井下现场救援指挥部组长，矿长助理、安管部部长等下井赶往现场，各单位随时待命。

16时46分，蔚州矿业公司矿山救护队接到召请，即时出动2个小队15名指战员，于17时3分到达崔家寨矿。按照指挥部安排，救护队立即下井对现场情况进行侦察，建立了井下基地。

（二）政府部门应急响应

事故发生后，国家安全监管总局、国家煤矿安监局领导做出批示，要求全力组织抢救。河北省委书记、省长及分管副省长批示要求全力抢救被困人员，尽最大可能挽救生命，要求河北省安全监管局、河北煤矿安监局立即派人前往指导救援。河北煤矿安监局局长赶到现场立即深入井下，靠前指挥救援工作。河北省安全监管局副局长、河北煤矿安监局总工程师及张家口市委书记、市长等领导均赶赴事故现场组织指导抢险救援。

（三）初步侦察

7月29日17时55分左右，救护队先由井下基地向出水及人员遇险位置方向进行侦察。发现运料斜巷已断电，运料斜巷下坡约有30 m巷道积水，最深处1.1 m，气体情况正常。3人涉水前行探察，其余3人在坡底待机。继续侦察发现运料斜巷风门已被水冲毁，气体含量正常。穿过风门沿北部探巷向西行进10 m，发现巷道被木料与铁支架堵满巷道下部的2/3，电缆杂乱，气体正常，有轻微酸臭味。继续沿巷道空隙向前侦察至集中皮带巷交叉口，发现左帮堵满，涌水水流向北，沿集中皮带巷向13109工作面采空区方向流去，水深1.0 m，水面宽1.2 m，排水系统被淹，气体正常，敲击水管及呼喊无回音，因无法前进原路返回。

再次侦察由基地向东三1煤北部集中皮带巷方向，发现联络巷风机正常运转，行至距北部探巷交叉口15 m处，发现淤泥已涌至输送带高度，至带式输送机机尾处，巷道堆满木料，交叉口堵死，矿方正在组织工人进行清理，气体正常。侦察完后向指挥部汇报现场情况，并派人在清理地点随时检查有害气体变化。

（四）制定救援方案及进展

指挥部根据现场情况，制定抢险救援方案：①打通生命通道。救援人员由东三1煤北部集中皮带巷向北部探巷巷口方向清理杂物，争取尽快打通通道，通风区人员负责监测气体，救护队人员负责监护。②加大排水能力。东三1煤北部运料斜巷恢复供电，除斜巷里1台潜水泵排水外，从地面调集2台水泵运往排水点加大排水能力（排水排至大巷水沟，经水沟自流进入中央水仓）。③钻孔通风供氧。考虑到被困人员所在巷道迎头比透水位置高出约26 m，比东三 1 煤北部探巷开口位置（老空区水由此溃泄）高出约 31 m，被困人员生还的可能性比较大，故在东三 1 煤北部集中皮带巷 3 部带式输送机机头处向被困人员所在的东三 1 煤北部进风探巷施工钻孔，力争尽快供风供氧。④掘进抢险措施巷。由东三 1 煤北部集中皮带巷向被困人员所在巷道迎头掘进抢险措施巷（2 m×2 m），锚网支护（全长 46 m），作为另一个生命通道。

按照救援方案，各项措施分头实施。7 月 29 日 22 时 47 分井下排水系统建立，开始排水；29 日晚开始向北部探巷巷口方向清理杂物，23 时 33 分，井下仅清理了 4 m，高度不够，巷道被木头塞满。至 30 日 16 时 35 分，清理 26 m，巷道上面有 0.6 m 空间，巷道里都是大煤矸块；30 日 2 时许开始打钻，11 时许第 1 个钻孔施工完毕，未能打透。14 时 42 分开始施工第 2 个钻孔，至 16 时打钻 15 m；30 日 17 时 6 分抢险措施巷开始掘进（由于准备工作环节多，进展较慢）。

（五）现场情况研判与积极搜寻营救

1. 灾区侦察

7 月 30 日 14 时 20 分，救援指挥部安排救护队入井查看救援情况，要求如果灾区巷道具备进入条件，立即组织人员进入侦察。15 时 15 分救护队到达现场。15 时 55 分，将巷道上方脱落金属网剪除后，对巷道口进行了支护。15 时 57 分，检测迎头 CO 浓度为 25 ppm，CH_4 浓度为 0.1%，CO_2 浓度为 0.2%。直径 400 mm 风筒接至清理工作面，但前方因巷道低矮，未进入侦察。

2. 灾区情况研判

在现场指挥救援工作的河北煤矿安监局局长、开滦集团副总经理、河北煤矿安全监察局救援指挥中心主任等组织救援人员分析认为，从顶板情况看，虽然断面小，但顶板锚网索完整不会再次冒顶；从水害情况分析，透水量逐渐减少，水源来自小煤矿采空区，没有补给水源不会再次溃水；从气体分析，虽然 CO 浓度达 25 ppm，但其他气体均在规程范围内，该 CO 浓度不至于伤害人员。要求救护队员佩戴呼吸器，携带自救器、测氧仪、CO 便携仪、H_2S 便携仪进入，如果巷道低矮，无法佩戴呼吸器时，可以在携带自救器、不缺氧、H_2S 不超限且 CO 浓度在 500 ppm 以下的情况下，满足条件时继续搜救。考虑到矿工被困已经达 24 小时 30 分钟，为赢得宝贵生存时间，果断命令救护队队长张春玉立即带领队员佩戴呼吸器进入北部探巷搜寻被困人员。

3. 积极搜寻营救

救护队长和副队长随即按要求进入灾区搜救，每前进 5 m 测定一次 O_2、CO、H_2S 浓度。从巷口到东三 1 煤西部集中进风探巷，140 m 的巷道平均高度不足 1 m，最低处 0.4 m，木料、管道、轨道、矸石煤块等交叉堆积，现场搜救条件困难。2 人从巷口爬行至 50 m 时发现被水冲出的一大块矸石上写着"救命、救护队救命"的字样，检测 O_2 浓度为 18.4%，CH_4 浓度为 0.6%，CO 浓度为 30 ppm，CO_2 浓度为 0.8%，H_2S 浓度为 1 ppm。继续前行 10 m 后巷道变低，佩戴呼吸器无法进入，队长根据现场气体情况果断决定摘掉呼吸器进入，又继续向前爬行 80 多米，到达被困人员所在的进风探巷巷口，从巷口往迎头方向行进约 50 m 发现 3 名被困人员，3 人精神状态良好可以自己行走。在救护队员鼓励和监护下，16 时 57 分 3 人被护送上井。之后，救护队再次进入灾区搜寻遇险人员，对进风探巷全面进行了搜寻，未发现遇险人员。

8 月 1 日 2 时 10 分，井下搜寻清理人员在移变水窝处发现 1 名失踪遇难人员。救护队立即组织一个小队共 8 人入井，于 5 时将遇难人员运送升井。

至此，此次抢险救灾任务结束，4 名被困人员除 1 人遇难外，其他 3 名成功获救。

五、总结分析

（一）救援经验与启示

（1）领导靠前指挥，决策者要有担当精神。各级领导能够高度重视救援工作，当地政府、集团公司和煤矿各层领导都能深入救援一线指导救援工作，特别是决策者在全面分析、综合研判的基础上，敢于担当，科学决策，果断下达进入灾区营救被困人员的命令，对及时营救被困人员发挥了关键作用。

（2）正确理解"生命至上、科学救援"理念。救援过程中"以人为本、安全第一、生命至上"和"不抛弃、不放弃"理念应统筹兼顾，不可偏废。既要充分考虑救援人员的生命安全，严防救援过程中发生次生灾害加剧灾情，又要重点考虑营救有生还希望的灾区被困人员，特别是发现被困人员传递的求救信息或活动迹象后，更应加大搜救力度、加快搜救进度，最大限度缩短搜救时间。

（3）多措并举、突出重点实施救援方案。转变靠"人海战术"组织事故救援的方式方法，要依靠技术进步，多措并举，多策施救，同时又要根据情况重点突破。本次救援采取清巷打通生命通道、加大排水力度、打钻通风供氧、施工第二条通道等多项措施，既多策齐动、齐头并进，确保救援双保险，又根据现场情况和各项措施的进度，把清理涌水巷道作为重点，最终救出被困人员。

（4）救护队指战员迎难而上，素质过硬。此次救援中，面对巷道低矮，

CO 浓度超限的困难和危险，救护队队长指挥冲锋在前，全体救护队员顽强拼搏，体现了军事化队伍特别能战斗的作风。救护队员沉着冷静，侦察结果和分析判断及时、准确；业务熟练，加快了障碍物拆除清理进度；处置果断，及时进入灾区救出被困人员。

（二）存在问题及建议

（1）企业的安全生产和应急管理培训有待加强。该透水巷道在掘进过程中底板潮湿，透水前煤层底部向外浸水，已出现透水征兆，现场施工人员和各级管理人员均未引起重视。发生事故后缺少应急意识和应急知识，部分工人没有立即撤离，而是去寻找衣服，错过了最佳撤离时间。矿山企业应加强培训，坚持定期演练，提高矿工自救互救能力。

（2）应急救援应进一步科学化。救护队员虽在本次救援中体现了不畏艰险的作风，成功救出 3 名被困人员，有理论技术支撑、有安全措施保障，但也存在一定风险。针对类似事故，应考虑充分利用钻孔技术进一步确定被困人员位置和状态，然后根据情况采取救援措施，进一步加强救援的科学性。

（3）救援装备应进一步完善和加强。在破拆、快速掘进、快速支护等方面应加强装备配备和使用训练，以便在各类事故救援中实现快速、高效。

第五节　内蒙古自治区包头市壕赖沟铁矿
"1·17"重大透水事故

　　摘要：2007年1月17日凌晨前后，内蒙古自治区包头市东河区超越矿业公司壕赖沟铁矿发生透水事故，35名矿工被困井下。事故发生后，国务院领导作出重要批示并亲自过问救援工作。国家安全监管总局、内蒙古自治区领导带领有关部门负责人赶到事故现场指导抢险救援，国家安全生产应急救援指挥中心及时协调联系有关部门单位调集运送救援设备，聘请救援专家提供技术支持。经全力救援，6名被困人员获救脱险，29名矿工遇难，避免了次生事故的发生。

一、矿井概况

　　壕赖沟铁矿（Ⅰ号矿段）位于包头市以东，矿区面积0.666 km²，资源储量为2286×10⁴ t。该矿于2002年8月建井投入生产，设计能力60×10⁴ t/a，实际生产能力4.5×10⁵ t/a，服务年限15年，采用充填法开采生产。该矿采用斜井、竖井联合开拓，设计为4个中段，分别为950 m、900 m、850 m和800 m中段。井田内有3个立井和3个斜井。

二、事故发生简要经过

　　2007年1月16日23时，矿值班员接到1号斜井井下人员报告，1号斜井出水。矿值班员在要求撤人的同时向矿领导汇报了情况。值班副矿长现场了解，有35名矿工被困井下，其中1号竖井16人被困，2号竖井8人被困，3号竖井11人被困。值班副矿长于23时40分安排人员汇报超越集团有限责任公司董事长，于17日4时，组织人员从3号斜井开掘平巷，搜救井下遇险矿工。

　　包头市壕赖沟铁矿"1·17"透水事故救援示意图如图4-5所示。

三、事故直接原因

　　由于地质构造、水文地质条件复杂，矿方既未执行开发利用方案，也未按照采矿设计（长沙冶金设计研究院为该矿设计的采矿方法为上行采矿，大量放矿后，采用废石充填或低标号水泥尾砂胶结充填）进行采矿，造成矿井透水。

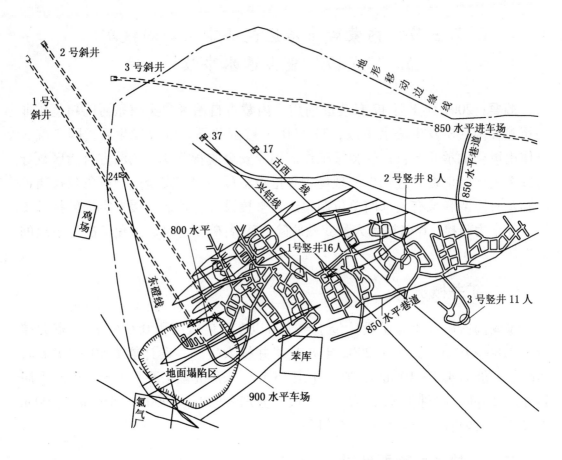

图 4-5　包头市壕赖沟铁矿"1·17"透水事故救援示意图

四、应急处置及抢险救援

(一) 各级应急响应

事故发生后，包头市委、市政府主要领导和有关部门负责人及时赶赴现场，启动矿山事故灾难应急预案，成立事故抢险救援领导小组和现场指挥部，制定救援方案，开展救援工作。

国务院及国家安全监管总局、内蒙古自治区领导高度重视，温家宝总理、华建敏国务委员做了重要批示。国家安全监管总局和内蒙古自治区主要领导分别对事故抢险救援等做出明确批示，提出具体要求。

17 日上午，自治区政府领导带领有关部门负责人赶到事故现场，指挥救援工作。17 日下午，国家安全监管总局副局长孙华山率领有关司局负责人赶到事故现场，对事故救援工作进行指导。国家安全生产应急救援指挥中心紧急调运特种高速钻机等专用设备，并商总参派直升机运抵事故现场。中国黄金总公司包头鑫达矿业公司、内蒙古武警总队、电力集团公司、神华集团、中煤大地公司、杨圪塄煤矿救援队、核工业总公司二〇八地质队、包钢集团公司及公安、消防等单位的2000多人参加事故抢险救援工作。

（二）制定方案及救援过程

抢险指挥部根据井下情况制定了"一排二钻三掘"的抢救方案，即：在加强井下排水的同时，利用大型钻机在地面打通救援通道，人工在井下快速开掘巷道两种方式营救井下遇险工人。

（1）全力组织排水。在该矿1、2、3号竖井安装水泵排水。在3号斜井快速掘进，与3号竖井区域贯通，形成排水通道。但水泵安装后，试运行就不出水，排水效果极差。

（2）地面打钻救援。据脱险矿工提供的情况，推测有5名矿工躲到3号竖井附近的高处空间中。指挥部确定由中煤大地公司实施地面钻孔救援。但地表沉积层钻进速度较慢。

（3）贯通3号斜井救人。指挥部组织救援力量，成立了突击队快速掘进。突击队快速掘进14 m岩巷与3号竖井区贯通，贯通后未见积水，听到被困矿工的呼救声。18日11时，救护队进入灾区救出6名矿工。再深入灾区查看，发现稠泥浆充满了灾区巷道。

（4）清淤搜救。指挥部根据井下情况，成立了以自治区政府副秘书长任组长、内蒙古煤矿安监局副局长为井下清淤现场指挥的清淤组，组织当地工人和武警官兵实施清淤工作，为保证清淤工作安全进行，清淤人员实行井下现场交接班制度。

（5）井下打钻救援。1月19日上午，指挥部到1、2号斜井探查发现1、2号斜井通风良好，了解得知16日夜22时左右，1号斜井900 m水平作业区域发生坍塌，泥水浆通过1号立井灌入850 m生产水平。作业区位置相对较高，可能有生存空间，经专家组研究、论证，指挥部决定在2号斜井内向850 m水平人员可能被困地点打钻。国家安全生产应急救援指挥中心立即调集峰峰集团钻机和打钻队伍，协调总参调飞机运送。成立了打钻专家组，制定了详细的实施方案。

（6）突发险情、及时撤人。20日0时30分，现场指挥部派专家带领有关人员到2号斜井进行实地勘查，确定钻孔位置。发现该斜井950 m水平有透泥痕迹，920 m水平有大量积水淤泥，人员已无法到达预定位置。经分析，850 m水平的清淤人员处于70 m高的泥浆下作业，泥浆随时可能下泄，将给现场救援人员的安全带来极大威胁。现场组立即升井报告指挥部，请求立即撤出井下清淤人员。

20日3时，指挥部研究决定立即停止3号斜井井下清淤作业，撤出所有人员。3时50分，把井下从事救援作业的51名人员全部撤出，并采取了扩大警戒范围、加强监测监控等一系列安全防范措施。5时50分，被淹各井再次出现了泥浆突涌，淤泥将3号竖井的130多米运输平巷和3号斜井的100多米巷道淤满，2号竖井水面上涨了16 m而且泥水越抽越多，计划利用俯角专用钻机打孔的位置也已全部被淹，清淤工作无法进行。地表塌陷区面积由3600 m²扩大到7000 m²，塌陷深度由20 m增加到30 m且有继续扩大趋势，救援方案均难以实施。同时发现井架倾斜，地面、公路出现大量裂缝，塌陷坑加大加深，指挥部立即采取了限制公路交通、转移安置当地居民等措施。

26日，经各方专家论证井下人员已无生还可能，由于事故救援现场出现危险情况，抢险救援工作被迫停止。此次事故共有6人获救，29名矿工遇难。

五、总结分析

（一）救援经验

（1）救援工作得到国家和社会各界高度重视与大力支援。温家宝总理作出重要批示，华建敏国务委员亲自过问救援工作。国家安全监管总局副局长孙华山率工作组赶赴现场指导协调救援。内蒙古自治区各级领导及时赶到事故现场组织救援。当地各大企业抽调救援队伍和装备赴现场参加救援。

（2）国家应急救援体系发挥了重要作用。国家应急救援指挥中心及时协调联系有关部委、总参、救援基地和有关救援设备公司，为及时、安全地救援提供了技术和装备保障。根据救援进展情况，适时调集北京大地公司、山西水泵厂、峰峰集团等单位先进的救援装备和专家，商总参调用军用直升机运送救援钻机，商公安部协调山西、河北、北京、内蒙古等省市区交通部门对运送救灾物资的车辆予以支持。

（3）方案正确，措施得力，决策果断。在清淤的同时，采取井下打钻措施。从方案的提出、专家论证、指挥部决策、指挥中心决定采用空运的快速响应，各个环节均发挥了重要作用。聘请的救援专家在关键时刻提请指挥部作出立即撤出井下所有救援人员的决定，避免了次生事故发生。

（二）存在问题

（1）井下全是高浓度泥浆，很少有水，这也是很少遇到的情况，初期救援方案都是按照透水事故制定的，所以无法实现预期目的。

（2）事故单位存在不及时主动提供图纸及相关情况的行为，给专家分析论证、制定方案带来了难度，致使救援人员在 70 m 高的泥浆下作业，险些酿成大祸。

第六节　矿井水灾事故应急处置及救援工作要点

一、事故特点

（1）矿井透水水源主要包括地表水、含水层水、断层水、老空水等。地表水的溃入来势猛，水量大，可能造成淹井，多发生在雨季和极端天气情况。含水层透水来势猛，当含水层范围较小时，持续时间短，易于疏干；当范围大时，则破坏性强，持续时间长。断层水补给充分，来势猛，水量大，持续时间长，不易疏干。老空水是煤矿重要充水水源，以静贮量为主，突水来势猛，破坏性强，但一般持续时间短。老空水常为酸性水，透水后一般伴有有害气体涌出。

（2）井下采掘工作面发生透水之前，一般都有某些征兆。如巷道壁和煤壁"挂汗"、煤层变冷、出现雾气、淋水加大、出现压力水流、有水声、有特殊气味等。

（3）透水事故易发生在接近老空区、含水层、溶洞、断层破碎带、出水钻孔地点、有水灌浆区以及与河床、湖泊、水库等相近的地点。掘进工作面是矿井水害的多发地点。

（4）透水会造成遇险人员被水冲走、淹溺等直接伤害，或造成窒息等间接伤害，也容易因巷道积水堵塞造成遇险人员被困灾区。大量突水还可能冲毁巷道支架，造成巷道破坏和冒顶，使灾区的有毒有害气体浓度增高。

（5）水灾事故发生后，遇险人员可能因避险离开工作地点撤离至较安全位置，在井下分布较广。由于水灾事故受困遇险人员往往具有较大生存空间，且无高温高压环境，有毒有害气体浓度不会迅速增大，相对爆炸、火灾、突出事故，遇险人员具备较大存活可能。

二、应急处置和抢险救援要点

（一）现场应急措施

（1）现场人员应立即避开出水口和泄水流，按照透水事故避灾路线，迅速撤离灾区，通知井下其他可能受水害威胁区域的作业人员，并向调度室报告，如果是老空水涌出，巷道有毒有害气体浓度增高，撤离时应佩戴好自救器。

（2）在突水迅猛、水流急速，来不及转移躲避时，要立即抓牢棚梁、棚腿或其他固定物体，防止被涌水打倒或冲走。

（3）在无法撤至地面时应紧急避险，迅速撤往突水地点以上水平，进入避难硐室、拐弯巷道、高处的独头上山或其他地势较高的安全地点，等待救援人员营救，严禁盲目潜水等冒险行为。

（4）在避灾期间，遇险矿工要保持镇定、情绪稳定、意志坚强，要做好长时间避灾的准备。班组长和经验丰富的工人应组织自救互救，安排人员轮流观察水情，监测气体浓度变化，尽量减少体力和空气消耗。要想办法与外界取得联系，可用敲击等方法有规律地发出呼救信号。

（二）矿井应急处置要点

（1）启动应急预案，及时撤出井下人员。调度室接到事故报告后，应立即通知撤出井下受威胁区域人员，通知相邻可能受水害波及的其他矿井。严格执行抢险救援期间相应入井、升井制度，安排专人清点升井人数，确认未升井人数。

（2）通知相关单位，报告事故情况。通知矿井主要负责人、技术负责人以及机电、排水等各有关部门人员，通知矿山救护队、医疗救护人员，按规定向上级有关领导和上级部门报告。

（3）采取有效措施，组织开展救援。矿井应保证主要通风机正常运转，保持压风系统正常。矿井负责人要迅速调集机电、开拓、掘进等作业队伍及企业救援力量，调集排水设备物资，采取一切可能的措施，在确保安全的情况下迅速组织开展救援工作，积极抢救被困遇险人员，防止事故扩大。

（三）抢险救援技术要点

（1）了解掌握突水区域及影响范围、透水类型及透水量、井下水位、补给水源、遇险人员数量及事故前分布地点、事故后遇险人员可能躲避位置及其标高、矿井被淹最高水位、灾区通风和气体情况、巷道被淹及破坏程度，以及现场救援队伍、救援装备、排水能力等情况。根据需要，增调救援队伍、装备和专家等救援资源。

（2）采取排、疏、堵、放、钻等多种方法，全力加快灾区排水。综合实施加强井筒排水、向无人的下部水平或采空区放水、钻孔排水等措施。应调集充足的排水力量，采用大功率排水设备，加快排水进度，并根据水质的酸性、泥沙含量等情况，调集耐酸泵和泥沙泵进行排水。

（3）排水期间，切断灾区电源，加强通风，监测瓦斯、二氧化碳、硫化氢等有害气体浓度，防止有害气体中毒，防止瓦斯浓度超限引起爆炸。

（4）利用压风管、水管及打钻孔等方法与被困人员取得联系，向被困人员输送新鲜空气、饮料和食物，为被困人员创造生存条件，为救援争取时间。在距离不太远、巷道无杂物、视线较清晰时可考虑潜水进行救护。潜水员携带氧气瓶、食物、药品等送往被困人员地点，打开氧气瓶，提高空气中的氧气浓度。

（5）在排水救援的同时，根据现场条件可采取施工地面或井下大孔径救生钻孔的方法营救被困人员。

三、安全注意事项

（1）在救援过程中，应特别注意通风工作，救护队要设专人检查瓦斯和有害气体。负责水泵的人员应佩戴自救器，井筒和井口附近禁止明火火源，防止瓦斯爆炸，如发现瓦斯涌出，应及时排出，以免造成灾害。

（2）清理倾斜巷道淤泥时，应从巷道上部进行。为抢救人员时，需从斜巷下部清理淤泥、黏土、流沙或煤渣时，必须制定专门措施，设有专人观察，设置阻挡的安全设施，防止泥沙和积水突然冲下，并应设置有安全退路的躲避硐室。出现险情时，人员立即进入躲避硐室暂避。

（3）排水后进行侦察、抢救人员时，注意观察巷道情况，防止冒顶和底板塌陷。救护队员通过局部积水巷道时，应该靠近巷道一侧探测前进。

（4）救护队进入独头平巷侦察或抢救人员时，如果水位仍在上升，要派人观察独头巷道外出口处水位的增长情况，防止水位增高堵住救援人员的退路。在通过积水巷道时，应考虑到水位的上升速度、距离和有害气体情况，要与观察水情的人员保持联系，如发现异常情况要立即撤离并返回基地。

（5）抢救和运送长期被困人员时，注意环境和生存条件的变化，严禁用灯光照射眼睛，应用担架并盖保温毯，将被困人员运到安全地点，进行必要的医疗急救处置后尽快送医院治疗。

四、相关工作要求

（1）救护队在处理水灾事故时，必须带齐救援装备。在处理老空水透水时，应特别注意检查有害气体（甲烷、二氧化碳、硫化氢）和氧气浓度，以防止缺氧窒息和有毒有害气体中毒。

（2）处理上山巷道突水时，禁止由下往上进入突水点或被水、泥沙堵塞的开切眼和上山，防止二次突水、淤泥的冲击。从平巷中通过这些开切眼或下山口时，要加强支护或封闭上山开切眼，防止泥沙下滑。

（3）井下发生突水事故后，严禁任何人以任何借口在不佩戴防护器具的情况下冒险进入灾区，防止发生次生事故造成自身伤亡。

（4）严禁向低于矿井被淹最高水位以下可能存在躲避人员的地点打钻，防止独头巷道生存空间空气外泄，水位上升，淹没遇险人员，造成事故扩大。

第五章 矿井顶板及冲击地压事故
应急救援案例

第一节 贵州省普安县安利来煤矿
"7·25" 冒顶事故

摘要： 2012 年 7 月 25 日 18 时 26 分，贵州省黔西南州普安县湖北宜化安利来煤矿发生冒顶事故，5 人被困。该矿在组织人员采用掘进小断面巷道进行施救过程中，于 26 日 14 时 15 分再次发生冒顶，又造成 53 人被困。事态扩大后，该矿被困矿工家属向普安县政府报告了该事故。普安县政府立即启动应急预案，迅速成立了抢险救援指挥部。随后，黔西南州政府主要领导、贵州煤矿安监局盘江监察分局、州安监局等部门人员赶到现场。贵州省委、省政府安排副省长、省有关部门和州、县主要领导坐镇现场指挥救援。中央领导同志高度重视，立即作出批示，国家安全监管总局有关领导赶赴事故矿井指导救援工作。全体救援人员采取侦察救援、掘小巷道等救援措施，打通了生命通道，历时 97 个小时，58 名被困人员全部成功获救。

一、矿井概况

安利来煤矿位于贵州省黔西南州普安县楼下镇，隶属于湖北宜化集团贵州宜化控股公司新宜矿业公司，矿井设计生产能力 21×10^4 t/a，属煤与瓦斯突出矿井，2011 年底投产。矿井布置主、副斜井和回风斜井。矿区内主要可采煤层 3 层，自上而下依次为 C17、C18、C19 煤层。C17 煤层已采完，目前开采 C18 煤层，平均厚度 1.38 m，倾角 8°～12°，与 C17 煤层平均间距 10 m。

发生事故的 11806 运输巷，设计长 772 m，矩形断面，宽 3.6 m，高 2.15 m，断面 7.7 m^2，采用锚网加钢带支护方式，每排 5 根 φ18 mm×1800 mm 树脂锚杆，特殊地段打锚索或架棚子加强支护，综掘机掘进。顶板岩性为泥质粉砂岩，岩性裂隙发育，完整性差。事故发生时已掘 516 m。

二、事故发生简要经过

7月25日中班，当班入井142人。其中，7人在11806运输巷掘进工作面作业，5人在迎头作业、2人开带式输送机。25日18时26分，距工作面迎头49 m处突然发生冒顶，垮落的矸石将巷道堵死，迎头作业的5名矿工被困，井下其余137人陆续安全升井。

7月26日14时15分，在企业组织施救被困人员过程中，顶板再次来压，发生第二次冒顶，参加救援的53人被困。

贵州省普安县安利来煤矿"7·25"冒顶事故示意图如图5-1所示。

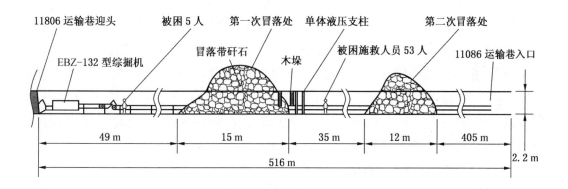

图5-1　贵州省普安县安利来煤矿"7·25"冒顶事故示意图

三、事故直接原因

11806运输巷布置在上覆 C17 煤层留设煤柱应力集中区；C18 煤层顶板钻孔疏水遇构造顶板强度降低；该巷多处片帮，空顶面积不断增大，顶板突然来压冒顶堵塞巷道，造成人员被困。

四、应急处置和抢险救援

（一）企业先期处置

25日18时26分第一次冒顶事故发生后，该矿和新宜矿业公司组织153人进行施救，制定了"沿冒顶巷道右下帮施工小断面巷道，进入被困区域实施救人"方案。

26日14时15分，施救中距第一次冒顶35 m处再次发生冒顶，53名施救人员被困。事态进一步扩大，该矿和新宜矿业公司已无力组织自救，于26日

14 时 41 分向当地政府及相关部门报告，请求救援。

此前，26 日 14 时 25 分，1 名被困矿工家属向普安县政府举报了该事故。

（二）各级党委、政府应急响应

26 日 14 时 30 分，普安县政府接到事故举报并核实后，立即启动县级应急预案，向黔西南州政府和相关部门报告，并命令普安县矿山救护队立即赶赴安利来煤矿开展事故救援。

16 时 10 分，县委、县政府主要领导率相关部门人员赶到矿上后迅速成立了抢险救援指挥部，开展施救工作。

17 时，黔西南州州委、州政府主要领导带领有关部门人员赶到现场，成立了以黔西南州委书记为总指挥的抢险救援指挥部。

事故发生后，副省长孙国强率省直有关部门赶赴事故现场，加强了抢险救援现场指挥部力量，组织省有关部门、黔西南州、普安县全力开展抢险救援工作。

国务院领导同志高度重视，温家宝总理批示要求加强组织领导，全力做好抢救被困人员和善后处理工作。国务委员马凯两次做出批示，要求抢抓时间，全力以赴解救被困人员。国家安全监管总局派出以国家煤矿安监局副局长彭建勋为组长的工作组赴现场指导事故抢险救援工作。

（三）救援力量组织调遣

救援指挥部调集了普安县矿山救护队、盘江救护大队、黔西南州救护队和永贵救护大队兴安中队等 4 支矿山救护队共 61 名指战员开展应急救援，调集贵州大型煤炭企业及周边附近企业管理人员和掘进队骨干人员 200 多人参加救援；调集医疗、消防、公安、供电、通信等应急力量，进行治安维护、后勤、医疗保障等工作。

（四）制定救援方案

救援指挥部根据救护队对井下侦察的情况，制定了抢险救援方案：一是继续加强冒落处和 11806 运输巷顶板支护；二是继续采用掘小断面巷道的方法，由抽调的各煤矿掘进工人实施；三是井下救护队转为值班队，负责监测有毒有害气体、观察水流量变化、观测顶板动态和安全巡查，发现异常，立即组织救援人员撤到安全地点；四是分析被困救援人员所在巷道空间狭小，被困人员存在氧气不足的可能，要求该矿立即实施打钻，向被困人员提供氧气及食品等。

（五）抢险救援经过

26 日 20 时，在救援方案组织实施的同时，被困人员在两名带班副矿长的带领下，积极自救，他们用 200 余个编织袋装满矸石，收集被困空间内所有能找到的坑木，支设了 5 个木垛，有效保证了被困人员的生存空间，并组织被困人员轮番由里向外扒洞掘小巷道，积极配合外面的救援工作。

26 日 20 时 35 分，外面小巷道掘进 3.6 m 时，负责监护的救护队员突然发现冒落区左上角有响声和灯光，经询问是被困人员，且状况良好，救援人员迅速扒通出口，被困人员陆续从冒落区爬出，第二次冒顶被困的 53 名矿工全部安全获救，其中有 3 名身体不适，由救护队员护送升井。

26 日 21 时 40 分左右，黔西南州矿山救护队、盘江公司矿山救护大队和山角树矿专业巷道维修队、永贵救护大队兴安中队等，携带装备赶到现场，在集团公司副总经理和副矿长的带领下入井开展抢险救援。

在此期间，救援指挥部领导先后深入井下一线察看情况，补充完善抢险救援方案，现场指挥抢险救援工作。贵州省安全监管局、贵州煤矿安监局、省能源局、盘江监察分局、黔西南州部门以及参与抢险救援的人员，分班轮流下井，实行井下交接班，保证了抢险救援方案的顺利实施。

28 日 4 时 50 分，在各矿山救护队和掘进队的共同努力下，小巷掘进 14 m 后，掘穿了第二次冒顶垮塌区。救护队进入被堵区域侦察，发现了被困人员用砂袋和坑木支设的 5 个木垛，沿两处垮塌边缘加强了支护，瓦斯浓度为 3.1%、温度为 20 ℃、未检测出其他有毒有害气体，顶板淋水较大。随后指挥部指示救护队排放瓦斯。

28 日 6 时 40 分，瓦斯排放结束，指挥部决定仍然采用掘小巷道方法，加快贯穿第一垮塌区进度，打通救援通道，抢救 5 名被困人员。

28 日 21 时 37 分，现场施救带班人员发现 320～360 m 处顶板大面积来压，负责监护的值班救护人员当即组织撤出现场所有施救人员，并向指挥部汇报。针对这一情况，指挥部决定，暂停小巷道施工，先采取措施对该段巷道进行加固，确保后路畅通。经过 2 小时的紧急处理，巷道加固工作完成，险情排除。23 时 50 分，恢复小巷道掘进。

29 日 18 时 46 分，小巷道掘进 27 m，贯通第一次冒顶垮塌区，救护队随即进入里面救人，发现 5 名被困人员都无生命危险，情绪稳定，经检查仅个别人有磕碰擦伤，采取创伤急救措施后，将被困 5 人救出。

29 日 19 时 28 分，被困井下长达 97 小时的 5 名矿工安全升井，事故抢险救援结束。

五、总结分析

（一）救援经验

（1）各级领导重视，组织得力，靠前指挥，为成功救援起到重要保障作用。事故发生后，中央领导同志高度重视，立即做出批示；国家安全监管总局派精兵强将赴贵州进行指导；贵州省委、省政府安排副省长、省有关部门和州、县主要领导，坐镇现场指挥救援。紧急调集贵州省 4 支矿山救援队伍 60 多名指战员投入前线救援，调集贵州大型煤炭企业及周边附近骨干管理人员和工人 200 多人参加救援；治安维护、后勤、医疗保障到位。

（2）方案正确，指挥有序，组织得力。各级领导专家多次深入井下现场正确指导指挥救援工作，为加快救援进度发挥了重要作用。采用掘进小断面巷道的施救方案，简单实用，41 m 生命通道全部是开掘小巷完成。现场组织指挥得力，保证了施工进度。虽然存在现场顶板淋水大、巷道断面小、现场作业条件差，用手镐风镐掘进慢，人工编织袋装运，且运输距离长等诸多困难，但由于现场连续不停作业，轮班施救，领导靠前跟班指挥，各级领导现场跟班，鼓舞了施救人员的士气、保证了救援措施的贯彻落实，大大加快了掘进速度，为打通救援通道提供了保证。

（3）安全措施保障到位，对成功救援起到决定性作用。由于该巷多段失修，淋水片帮，威胁救援人员安全，及时采取支设木垛、架抬棚、打点柱等安全措施，对 400 m 巷道顶板进行了加固维护，保证了施救后路的安全畅通。安排专人巡查，发现险情，迅速组织撤离，保证了救援安全。利用井下仍能利用的通信电话与 5 名被困矿工取得联系，了解被困区域环境情况，稳定被困人员情绪；同时，及时利用压风管路始终保持向被困区域供风，为被困人员提供足够的氧气；利用供水管路始终保持向被困区域供水，直至事故抢险结束。

（4）被困人员有组织积极自救，对成功救援起到重要保证作用。第一次被困的 5 名矿工，首先用通信电话与地面取得联系，内外对接，积极采取自救措施，利用被困区域内的一切材料对顶板加强了支护，没有工具，他们就用手掏、手扒，找矸石、伞檐等强度较硬的材料砌筑硐室藏身，后因顶板压力大，躲避硐室高度从近 2 m 高被压至不足 1 m。第二次被困的 53 名人员，有组织地积极自救。两名副矿长临阵不乱、有序组织，稳定了被困人员情绪；统一思想，加强支护，果断掘巷，积极自救，用编织袋装满煤矸，收集所有坑木打了 5 个木垛，有效保护了被困人员的生存空间，同时也为抢救最后 5 名被困矿工提供了安全有效的施救通道。

（二）存在问题

（1）发生第一次冒顶事故后，矿方隐瞒事故不报，盲目组织施救，造成事故扩大，险些酿成特别重大事故，教训极为深刻。

（2）救援现场应及时安装电话，并保持与调度室畅通。53 名人员参与救援，被困人员现场未安装电话，被困后与调度室失去联系，里面情况不明，被困人数统计混乱，使救援工作被动。

（3）掘进工作面迎头附近应该储备一些简单的应急救援工具材料，以便发生险情应急使用。

第二节 陕西省府谷县瑞丰煤矿
"8·16" 冒顶事故

摘要： 2012 年 8 月 16 日 13 时 50 分，陕西省榆林市府谷县大昌汗镇瑞丰煤矿井下发生冒顶事故，14 名矿工被困。事故发生后，国家安全监管总局和陕西省、榆林市、府谷县高度重视，调集救援力量积极组织抢救，经过 20 多个小时的紧急营救和遇险矿工的奋力自救，17 日 9 时 30 分左右，13 名遇险矿工成功获救。此后，全体救援人员又经过 20 多天的全力搜救。由于井下条件恶劣，存在极大风险，不具备搜救条件，救援工作被迫停止，1 名被困人员失踪。

一、矿井概况

瑞丰煤矿有限公司位于府谷县大昌汗镇小昌汗村，属技改矿井，由原瓷窑沟、羊路沟、瑞丰煤矿整合而成，矿井设计生产能力为 150×10^4 t/a，井田面积为 11.32 km²，开采储量为 7288×10^4 t；可采煤层为 3-1、3-2、5-2 上、5-2 煤层，主采煤层为 5-2 煤层。矿井井巷工程已全部完工，事故发生前即将申请联合试运转。

二、事故发生简要经过

2012 年该矿技改期间，未按批准的设计首采面在 3-1 煤层施工，擅自在 5-2 煤层布置房柱式采煤工作面，一边技改一边非法组织生产，多头多面越界开采 450 m，造成大面积空顶。

2012 年 8 月 16 日 13 时 50 分，空顶区突然发生大面积冒顶，当班入井 96 人，82 人安全升井，14 名矿工被困井下。

府谷县瑞丰煤矿 "8·16" 冒顶事故示意图如图 5-2 所示。

三、事故直接原因

该矿不按设计施工，多头多面越界开采，造成大面积空顶，无支护情况下顶板突然来压造成大面积垮落，现场人员遇险被困。

四、应急处置和抢险救援

（一）企业先期处置

事故发生后，企业及时组织自救互救，组织未被事故直接围困的 82 人安

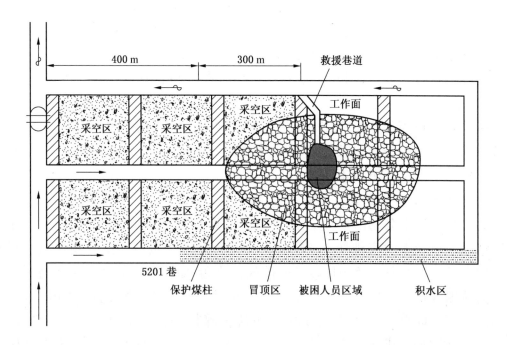

图 5 - 2　府谷县瑞丰煤矿"8·16"冒顶事故示意图

全升井，并及时向上级汇报。

（二）各级应急响应及救援力量调集

接到事故报告后，陕西省委书记、省长等作出重要批示，要求采取科学措施，组织力量，千方百计抢救被困人员，并切实做好现场稳控工作，防止次生灾害发生。陕西省副省长及榆林市委书记、市长带领省市有关部门人员，连夜赶赴事故现场指挥救援工作，现场成立府谷县瑞丰煤矿"8·16"冒顶事故救援指挥部，由市委、市政府主要领导任指挥长，指挥部下设 10 个工作组，明确各组职责和任务。国家安全监管总局副局长、国家煤矿安监局局长付建华同志带领工作组连夜赶赴事故现场指导救援工作。救援领导小组调集了神东矿山救护队、鄂尔多斯市救护队、榆林市救护队、府谷县矿山救护队等救援力量，积极有序开展事故救援工作。

（三）抢险救援过程

1. 制定初步救援方案，抢救井下遇险人员

先期赶到的府谷县矿山救护队和驻府谷的鄂尔多斯市救护队，首先入井侦察和搜救。救援指挥部对照煤矿采掘工程平面图，根据井下施工人员和救护队三次下井搜救侦察情况，经专家组反复论证，基本确定了被困人员方位，并研

究制定了初步救援方案：一是保持正常通风系统，恢复灾区通风；二是加强排水工作，为抢险争取时间、创造条件；三是在冒顶区上口掘进、下口打钻及地面打钻，多措并举，全力以赴搜救人员；四是从神东公司和185地质队迅速调来钻机、工程技术人员及技术工人，24小时在井口待命，时刻做好打钻救援准备。

按照救援指挥部预定方案，救援人员争分夺秒，经过20多个小时的紧急营救和遇险矿工的奋力自救，17日上午9时30分左右，13名遇险矿工成功获救，但仍有1名矿工下落不明。

2. 调整优化救援方案，搜救井下失踪人员

为抢救最后1名遇险矿工，救援指挥部通过仔细询问13名脱险矿工了解灾区情况，以及多次安排井下侦察，详细掌握第一手资料，进一步调整、优化了救援方案：一是加大5201巷积水排放，完善风路，保证救援区域通风，尽可能为被困人员提供新鲜空气；二是在冒顶区上口顶板比较完整的400 m内进行锚网、钢带联合支护，在后300 m两帮破碎带进行1 m间距工字钢架棚支护；三是利用掘进机向135°方位向前推进45 m，再按180°方位掘进至被困人员区域。

8月17日11时和15时，两个救援组两次对5201巷的进风和回风两侧用生命探测仪进行拉网式搜救，但未有收获。

18日开始，每天分两组救援：一组在救护队监护下负责5201回风巷支护工作，另一组在救护队监护下负责5201进风巷排水工作。同时安排救护队在井口待命。至20日，共支护190 m，水位下降85 cm。期间，19日2时左右发生第二次大的冒顶，有煤尘从巷道喷出。

21日发现顶板响声频繁，南回风巷右侧是大面积采空区（已大部分冒落），而且巷道保安煤柱尺寸很小（3~5 m，有一处已贯通），随时都可能再次发生大面积冒顶。为防止次生事故，确保救援人员安全，指挥部研究决定：从巷道右侧200 m处开始靠煤壁间隔5 m打点柱，作为信号柱，以观察巷道顶板、围岩变化情况，为加快打锚杆及挂网施工进度提供安全保障。

22日早班，救援人员入井侦察，发现顶板每隔10~12 s响一次，施救人员救援风险太大，救援人员安全难以保证。指挥部命令井下人员撤到安全地点待命。晚班班前会议安排，在确保救援人员安全前提下，救援人员在井下进行侦察救援作业。

23日，救援指挥部要求当天入井的救援人员在保证安全的情况下，观察顶板及片帮情况、检测气体、开展救援作业，同时进行抽水作业。所有人员要

听从指挥，不允许任何人单独行动。10 时 20 分，由熟悉井下情况的煤矿安全员和救护队人员陪同技术组和神木地测站人员入井勘察灾害情况。

24 日，南进风巷又发生一次冒顶。25 日，安排救援人员带生命探测仪分别对井下南进风和回风进行搜寻救援，未发现有生命迹象。26 日再次到井下搜寻，未发现被困人员。井下积水 35 cm，巷道片帮严重，顶板上方不停有岩石坠落声音。从 26 日下午开始，指挥部命令 3 支救护队在井口待命，指挥部根据井下复杂情况研究遇难者搜寻方案。

9 月 4 日上午，省、市、县领导再次到井下了解灾情。由于井下冒顶面积大、顶板破碎、片帮严重、巷道极不稳定，若要继续救援，寻找遇难者遗体，不仅难度大，而且风险很大，甚至还可能导致次生事故发生。

9 月 6 日凌晨，救援指挥部经过充分研究，鉴于井下条件恶劣，存在极大风险，不具备搜救条件，被迫停止最后一名被困矿工的搜救工作。

五、总结分析

（一）救援经验

（1）领导高度重视，救援指挥有力。事故发生后，国家安全监管总局和地方各级主要领导及有关部门领导第一时间迅速赶赴事故现场，指导、指挥抢险救灾工作；及时成立了救援领导小组、救援指挥部以及各个工作组，明确了各自工作职责和任务。

（2）救援力量充足，救援行动有序。神东、鄂尔多斯市、榆林市、府谷县矿山救护队四支队伍按照指令及时赶赴事故矿井，共同投入救援。由国家矿山救援基地神东矿山救护大队担任救护队伍总指挥，统一指挥、协调所有参战救援队伍的行动，完成各项救援工作任务。神东地测公司钻井队、185 地质队工程技术人员和钻工带着救援钻机等装备也及时赶到事故矿井，24 小时在井口待命，随时做好打钻准备。在救援指挥部的统一指挥下，保证了紧急营救遇险矿工行动的安全、快速、有序进行。

（3）救援人员与矿方密切配合，组成多个救援小组，分班连续不间断作业，救援工作快速有效。

（4）被困矿工自救有方，遇险矿工有一定的自救互救以及避灾逃生知识，对井下情况比较熟悉，遇险后相互鼓励，共同研究措施，采用了放炮、手扒矸石掏洞等手段，正确选择了逃生线路，成功获救。

（二）存在问题及建议

（1）救援情况复杂，施救条件差，救援风险大。

① 矿井冒落区地面地形地貌复杂，沟壑纵横，没有道路，钻机运送不到指定打钻位置，不具备地面打钻施救条件。

② 由于综掘机在不支护的情况下每日只能掘进 50 m，救援通道长 750 m，掘完大约需要半个月，不能在黄金救援时间 168 小时内掘到被困人员所在位置。

③ 从南进风巷进入冒落区搜救被困人员，由于巷道多处积水，救援人员行动不便，加之巷道断面小，掘进机无法进入，靠近冒落区巷道压力大、严重变形，此条通道不具备施救条件。

④ 作为施救通道的南回风巷条件差（裸巷），前 400 m 进行锚网、钢带联合支护，靠近冒落区的 300 m 进行工字钢架棚支护。但在实施过程中发现所处位置在采空区后面，巷道压力大，巷道片帮、冒顶严重，锚网支护速度缓慢；施工过程中矿压显现极为明显，顶板断裂、矸石冒落声响频繁，再次大面积冒顶的征兆明显，救援风险很大。

（2）煤矿安全管理差，矿井入井、升井人数不按规定登记，迟报、瞒报事故，延迟抢险救援工作。煤矿在抢险救灾期间，继续隐瞒事实，严重影响救援。

（3）处理冒顶事故的技术装备落后，难以实施有效、快速、安全救援。特别是目前还缺乏在冒落区中快速掘进的施工机械和支护装备，有待进一步研发。

第三节　安徽省安庆市大龙山铁矿"5·13"较大坍塌事故

摘要： 2006 年 5 月 13 日，安徽省安庆市宜秀区大龙山镇大龙山铁矿发生坍塌事故，井下 8 名作业人员遇险被困。这次救援得到了各方面的高度重视，调动了军民方方面面的力量，得到了矿山之外人力、物力的大力支援。救援过程中提出多套救援方案并不断根据现场情况调整和完善，获得了最佳效果。经过近 90 个小时全力救援，5 人成功获救（包括 1 名女绞车司机），3 人遇难。

一、矿井概况

大龙山铁矿位于安徽省安庆市宜秀区大龙山镇，始建于 1992 年，同年投入生产，设计生产能力 1.5×10^4 t/a。该矿原为大龙山镇镇办企业，1999 年由怀宁县明月矿山开发有限责任公司租赁，成为民营企业，在册人员 15 人。该矿采矿许可证已于 2005 年 7 月到期，事故发生时，正在办理采矿许可证延期手续；工商营业执照在有效期内，安全生产许可证经安庆市安全生产监督管理局审查未通过，未发放。

二、事故发生简要经过

2006 年 5 月 13 日 4 时 50 分左右，大龙山铁矿井下 −22 m 一水平处突然发生坍塌，巷道被大量由地表沉陷的泥沙堵塞，井下 8 名作业人员遇险被困（包括 1 名女绞车司机）。

三、事故直接原因

大龙山铁矿井下地质条件复杂，但矿方未采取有效措施预防坍塌事故，加之连日降水，导致泥土松散，发生巷道坍塌。

四、应急处置和抢险救援

（一）企业先期处置
事故发生后，企业及时向上级报告。
（二）各级应急响应及救援力量调集
安庆市市委、市政府主要负责同志第一时间赶到事故现场，启动市生产安全事故应急预案，组织指挥抢险救援。安徽省省长作出重要批示，分管副省长

带领省安全监管局等部门领导立即赶赴事故现场,指导事故抢险、善后和调查
处理工作。国家安全监管总局派工作组对事故抢险工作进行现场指导。成立了
由省安全监管局局长任组长的事故抢险领导小组,坐镇现场指挥。领导小组下
设技术专家组、事故抢险组、医疗救护组、新闻宣传组、后勤保障组和安全保
卫组,确定工作职责,各司其职,紧密配合,有条不紊地开展各项工作。

安庆市立即调集铜陵市矿山救护大队和安庆铜矿的有关专家前往事故现场
进行抢险救援,并调集市公安、安监、卫生、消防、国土、水利、供电等相关
单位和部门人员投入抢险救援。事故抢险救援领导小组共调集了淮南矿业集团
公司救护队、铜陵有色金属公司安庆铜矿、安庆市 326 地质队、芜湖海事局、
安庆军分区、安庆市消防和武警支队等各方面力量先后参加事故抢险救援。

(三)抢险救援方案及过程

大龙山铁矿"5·13"事故救援平面示意图如图 5-3 所示。

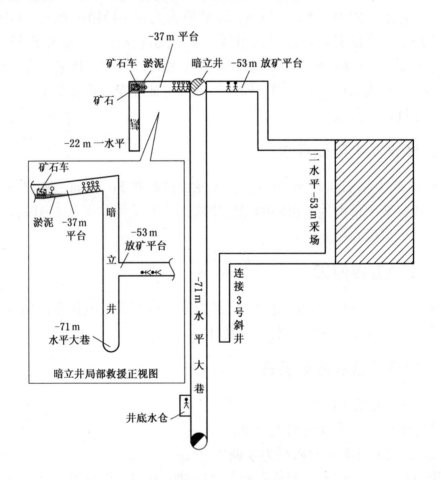

图 5-3 大龙山铁矿"5·13"事故救援平面示意图

1. 恢复矿井供电系统，进行主、副井排水和清淤

首先恢复矿井供电系统，供电部门派技术人员现场监测。为加快排水速度，安装 3 台水泵，加装变压器，增加供电容量。同时，安排救护队员下井探查水位情况。经查，斜井下部已被水和泥沙淹至井筒 3 m 左右。据此，抢险领导小组决定加快主副井的排水、清淤工作。由于坍塌地点靠近斜井，清淤难度大、进度慢，且易发生次生事故，将主攻方向放在立井。同时，考虑到井下采空区与地表相通，一直使用空压机向井下送风，保证有足够氧气供被困人员呼吸。

2. 地面打钻，为被困矿工输送氧气和食物

在排水期间，救护队员不间断地下井探查水位和淤泥深度。13 日 22 时左右，水位下降 1.3 m，发现淤泥距巷道顶部只有 30 cm 左右空间，抢救人员无法进入前行。针对这一情况，在继续加大排水力量同时，调来安庆市 326 地质队，设法从地面打钻，为被困矿工输送氧气和食物。多方案对比后最终确定，从斜井上部露天坑中二水平垂直上方打钻。5 月 14 日 8 时开始打钻，15 日中午，矿井通风系统形成，救护人员发现被困矿工的位置，检测巷道内氧气正常，地面打钻工作结束。

3. 调集潜水员进入主井平巷侦探情况

在救护队员无法在井下前行情况下，抢险领导小组于 14 日子夜零点电话征调芜湖海事局潜水员前来增援。14 日 6 时潜水员到达，由于呼吸器送风管长度不够，抢险领导小组又立即从合肥市调来了潜水设备。10 时许，潜水员下井沿平巷前探约 18 m；12 时升井，汇报平巷已全部积水，上部约 30 cm 为污水，下部全部是淤泥。

专家组分析认为，二水平仅有盲竖井与 -71 m 水平大巷联通，大巷淤泥量不应该太大，实际淤泥量很大，说明二水平与大巷还有通道。经核实，二水平 -53 m 采场有绕道与 3 号斜井联通，之前矿方提供的图纸不实。根据现场情况分析，整个矿井巷道内均是淤泥，深达 1.2 m，抢险难度比预计要大。抢险领导小组在了解到巷道围岩仍比较稳固，能够确保救护人员安全的情况下，命令在加快清淤速度的同时，安排救护人员立即对被困矿工进行施救。

4. 加快主井排水、清淤速度

由于井下淤泥是阻碍抢险救人的主要因素，为赢得救援时间，使救护队员能尽快找到井下被困人员，抢险领导小组决定打开在矿井 -71 m 处安装的封井平盖，将平巷口淤泥排到井底，人员进入平巷口作业，提高清淤效率。为确保矿井提升系统不被损坏，采取了人工方法撬开封井平盖。14 日 20 时 30 分左

右，主井底封盖被撬开，主井口 5 m 多泥沙被卸入井底。同时，将主井底吊盘下移一个吊桶高度，人员进入平巷口，泥浆转运到吊桶，吊桶改为翻转式，升井后平台翻转卸泥，加快了清淤速度。

5. 增加力量，加速斜井清淤

因井下距离太远，无法接近被困矿工，抢险领导小组决定，救护队员从立井下到 –65 m 中段暗立井处，想办法上去与被困人员取得联系，并立即调集安庆军分区、武警、消防官兵和预备役民兵，加快斜井清淤速度。救护队员、矿工在井下清淤，军分区指战员、武警战士和预备役民兵排队将淤泥递运到废弃巷道，边清淤边架棚，进行密集支护。此时，发现原露天采坑地表出现塌陷险情，抢险领导小组指挥安庆军分区安排机关人员在塌陷区周围设立了 3 个观察点，严密监控地表塌陷情况，确保救援工作安全进行。

6. 救护队员定时下井侦察

为及时掌握井下水位和淤泥清除情况，矿山救护队员每 2 人一组，每隔 2 小时下井侦察一次。15 日 4 时左右，救护队员报告：平巷水面降至 1.2 m 左右，在距井口约 5.6 m 井底水仓发现 1 名遇难者，在 –71 m 平巷与二水平连通的盲竖井中部 –53 m 放矿平台处发现 2 名遇难者。同时，发现二水平有石块落下，因淋水声音太大，救护队员用铁管有规律敲击井壁，每敲三下，上面扔下一块石头，判断有生存者。6 时，救护队员在斜井清淤时，听到一女子的求救声，再喊时无应答。反复喊，又听到一男子的求救声。

7. 紧急搭建井下通道，搜救被困矿工

由于暗立井有 28 m 垂高，中部 12 m 高处为 –53 m 放矿平台，由暗立井井底通往 –53 m 放矿平台，没有任何辅助行人的设施。经救护队请示，抢险领导小组火速调集消防云梯，在消防官兵和矿工配合下，救护队员到达 –53 m 放矿平台，没有发现被困矿工，但在 –37 m 中段平台上面仍发现有节奏地往下抛扔泥块现象。鉴于 –53 m 放矿平台处被水和淤泥冲得一片狼藉，从该地点到 –37 m 平台有 16 m 的垂高，且罐笼 4 根稳绳断了 2 根。根据救护人员报告的情况和建议，抢险领导小组立即研究了由 –53 m 放矿平台登上 –37 m 平台的方案，采取在矿井底部用 3 部消防梯搭架，上部在罐笼稳绳上用丝扣挂环，用供电爬杆挂环向上攀爬的方案。救护队员在安全带的保护下踩着钢丝绳和锁扣攀到 –37 m 平台，然后由上而下挂保险绳和软梯。15 日 15 时 30 分左右，终于在暗立井内建成了一条简易的人行通道，并在 –37 m 平台右边找到了 4 名被困矿工。17 时 40 分，第一名被困矿工升井；18 时 22 分，第四名矿工被救到地面。

救援人员随后对 -37 m 平台进行了全面仔细地搜寻，于当晚 20 时发现了第 5 名被困矿工。这名矿工位于放矿漏斗下，脚被矿车和矿石卡死，淤泥埋至胸口。因井下淤泥深，巷道顶部仅余 30 cm 左右的空间，救援人员无法接近。多次使用保险绳试图将其拖出未果，抢救人员一边对被困人员进行安抚，一边继续寻找抢救办法。16 日凌晨 2 时左右，鉴于救援人员已在井下工作了近 20 个小时，体力严重透支，且救援现场环境复杂，给抢救人员的自身安全带来威胁，因此，抢险领导小组决定重新研究施救方案，由救护队员用安全绳将这名矿工固定在巷道壁帮上，暂时撤出抢救人员，确保救援人员自身安全。

8. 火速增调救援力量，营救最后一名被困矿工

16 日凌晨 2 时左右，抢险领导小组再次召开会议，在国家安全监管总局派员现场指导下，研究部署新的救援方案，决定紧急调集淮南矿业集团公司救护大队增援。6 时，淮南矿业集团公司救护大队到达救援现场。抢险领导小组重新整合了救援力量，要求救援人员采取多方向、多部位拉动，增加力量拉动，尽一切努力救出被困矿工。8 时，第一批由 6 名淮南矿业集团公司救护队队员、4 名铜陵救护大队队员、5 名消防战士、1 名技术负责人和 1 名矿工共17 名人员组成的救援突击队，再次下井施救，并向被困矿工提供液体葡萄糖和巧克力等营养品。

16 日 12 时，安庆气象台预报夜里有雨。抢险领导小组紧急磋商对策，认为如果下雨，可能造成地表泥沙大量沉陷，难以确保被困矿工和救援人员生命安全，要求气象台加强天气观测，随时报告天气变化情况，同时加快救援速度。17 时，天气阴云密布，且下起了零星小雨，而此时救援工作仍无进展。抢险领导小组当即决定，尽管救护队员井下连续作战，需要休息，但时间不允许再次换班，要求井下救援人员抓紧一切时间施救，为了首先保证被困矿工的生命，必要时可以采取果断措施，就是实施截肢也要把被困人员救出来。这时被困矿工也非常焦急，哭着对救护人员说："我不想死，家里还有 3 个很小的孩子，即使截肢也乐意，只要保住性命就行。"现场全体抢救人员心情非常沉重，在井下反复商量完好救出被困矿工的办法，最后决定用千斤顶顶起矿车，用铁钎撬动石块，并用手拉葫芦拉动矿车，在矿车松动的瞬间拉出了被困矿工。20 时 15 分，被困 80 多个小时的最后一名矿工终于被成功救出，20 时 47分护送到地面，医护人员迅速对其进行了现场救治。

在成功救出 5 名被困矿工后，抢险领导小组决定全部撤出井下救援人员，从地面调集稍事休息的救护队员下井搬运 2 名遇难矿工遗体。17 日凌晨，一名遇难矿工升井。17 日 3 时 30 分，井下救护队员反应，最后 1 名遇难矿工遗

体被卡在罐笼和钢轨之间，吊在暗立井 − 53 m 放矿平台中间，救护人员在已经把人体韧带拉长变形的情况下，仍无法将其拖出。在竖井底套绳下拉时，罐笼吱吱作响，随时可能脱落，且罐笼后巷道内石块、泥浆等不断下渗，情况非常危险。为确保救援人员安全，抢险领导小组最终决定放弃这名遇难矿工升井。救援工作结束。

在近 90 个小时的事故抢险过程中，参加救援人员达 1200 余人，投入的救援车辆有 120 余台、潜水泵 8 台、排水管 2000 余米、电缆 4000 余米，共排水4000 多立方米，清淤 200 多立方米。

五、总结分析

（一）救援经验

（1）领导重视，响应及时。事故发生后，安徽省省长王金山做出批示，国家安全生产监督管理总局、安徽省副省长黄海嵩和安庆市委市政府主要负责同志立即赶赴事故现场，启动市生产安全事故应急预案，组织指挥抢险救援，为事故救援提供了组织保障。

（2）救援行动迅速，方案科学合理。为使被困人员能够尽快获救，抢险指挥部先后制定了 8 套方案，经反复论证，在每组方案中选取最优方案，救援效果证明方案科学合理，效果良好。

（3）不畏艰难，全力营救。该矿井下情况复杂，地表泥沙大量沉陷，使井下救援工作十分艰难。全体救护队员在十分恶劣的环境下紧密配合，顽强拼搏，党员干部冲锋在前，发扬不怕苦、不怕累、不怕危险的表率作用，确保了被困矿工成功获救。

（4）灵活应对，全力救援。抢救最后一名遇险矿工时，在该名矿工和指挥部示意可以截肢的情况下，救援人员采取挡板筑坝清淤的方法，成功找到伤员被压的位置，利用千斤顶顶起矿车，将该名伤员救出。

（二）存在问题及建议

（1）初期救护力量不足。该起事故先期仅调动了一支救护队，该救护队连续救援，救援时间超过《矿山救护规程》规定，造成救援人员体力透支，在一定程度上影响了救援效率。建议处理事故时要留有足够的后备救援力量，保证救援快速、高效。

（2）缺乏必要的通信设备。救护队缺乏灾区电话等通信设备，致使井下与井上通信不畅，井下救援现场的情况不能随时报告，影响了救援工作的及时决策和指挥。建议救护队按照《矿山救护规程》配齐装备，并严格按照要求携带。

（3）现场技术力量薄弱。由于矿方提供的矿井图纸与实际不符，井下巷道布置不清，给救援工作带来不利影响。同时，事故现场抢险救援工作需要加大各方面的技术力量支持。

第四节　云南省德宏州梁河县光坪锡矿
"7·25"坍塌事故

摘要：2015 年 7 月 25 日，云南省德宏州梁河县光坪锡矿第三采选厂发生坍塌事故，造成 11 名作业人员被困井下。事故发生后，国家安全监管总局及云南省委省政府、德宏州领导高度重视，安排人员奔赴现场指导抢险救援工作，德宏州矿山救护队、大理矿山救护队和保山矿山救护队在抢险指挥部的正确领导下，联合作战，历经 43 个小时，成功将 11 名被困人员救出。

一、矿井概况

光坪锡矿位于云南省德宏州梁河县河西乡光坪村，乡集体企业，始建于 1985 年，目前正在由云南锡业集团进行整合。矿山面积 1.74 km²，生产规模 5 × 10⁴ t/a，采用井工地下开采方式，开采矿种为锡矿。

该矿开采深度为 1795 m 至 1660 m 标高。该矿自上而下开拓有 4 条平硐，分别是 1799 m 平硐、1726 m 平硐、1688 m 平硐和 1630 m 平硐。这 4 条平硐分属 3 个开采主体，分别是一车间、第二采选厂和第三采选厂。一车间开拓 1799 m 平硐，单独取得安全生产许可证，实际为独眼井，超层越界开采 +1799 m 以上矿体；第二采选厂开拓 1726 m 平硐和 1688 m 平硐，开采 1688 m 以上矿体；第三采选厂开拓 1630 m 平硐，超层越界开采 1630 m 以上矿体。第二采选厂和第三采选厂联合取得安全生产许可证，其所属的 3 条平硐互为安全出口，共用 1 条回风斜井。

二、事故发生简要经过

2015 年 7 月 25 日 6 时左右，因受连日强降雨影响，光坪锡矿联通 1630 m 平硐和 1726 m 平硐的盲斜井处围岩发生坍塌事故，积水混合碎石形成泥石流顺 91 m 天井、120 m 平巷溃泄，淹埋堵塞 1630 m 平硐约 120 m，造成在 1630 m 平硐探矿巷道内作业的 11 人员被困。

三、事故直接原因

距硐口 1600 m 左右的主平硐与上部相连的斜坡上山交叉口上方存在断层，受连日强降雨影响，巷道顶板经水长期浸泡塌落，积水混合碎石形成泥石流溃泄，淹埋堵塞 1630 m 平硐，造成人员被困。

四、应急处置和抢险救援

(一) 企业先期处置

事故发生后，企业按规定向上级进行了报告。

(二) 各级应急响应及救援力量调集

事故发生后，德宏州州委、州政府主要领导及梁河县委、县政府主要领导带领各有关部门负责人立即赶赴现场组织指挥救援，成立了由州委书记任指挥长、州长任副指挥长、州县其他领导和有关部门负责人为成员的现场救援指挥部，下设 9 个工作小组。国务院、国家安全监管总局、云南省委省政府高度重视，王勇国务委员作出重要批示，国家安全监管总局派出工作组、云南省分管副省长率省政府有关部门负责人赴现场指导抢险救援工作。

救援指挥部调集了德宏州矿山救护队、大理矿山救护队、保山矿山救护队等 3 支矿山救护队 80 余人和公安、消防、武警、边防、解放军、医护人员、州县干部、云锡梁河公司职工等一千余人，迅速开展抢险救援工作。

(三) 应急救援方案及过程

救援指挥部研究制定的方案为：把抢救被困人员放在第一位，调集组织救援人员分组轮班掘进，迅速向外清理碎石，将压风管送入人员被困巷道、采取压入式通风向内输送新鲜空气，在堵塞巷道上部扒开豁口向外排放积水并形成救援通道。同时制定相应安全技术措施。

25 日，共投入井下救援力量 136 人，全天不间断轮班作业。由于坍塌位置特殊，大型机械与大量救援人员无法进入抢险，只能由数十名矿工用铲子等工具轮流采挖，然后用单一矿车推至洞口，塌方砂石的清理过程艰难而缓慢（图 5 - 4）。截至 7 月 25 日 20 时 30 分，从塌方点向里推进 36 m。

26 日，指挥部研究决定调整救援力量，由原光坪锡矿二、三车间矿工三班开挖调整为由县消防大队官兵进入洞内探查，替换出二、三车间矿工。根据现场情况，调动 60 名武警、消防、边防官兵和民兵，在专业救援人员带领下分 3 组进入坑道开展救援工作。

26 日 14 时，州、县、乡各级各部门参与救援人员已达 1619 人次。其中，一线救援人员 650 人次，待命人员 1012 人次，救援作业车辆 85 辆次（后备 40 辆），已从塌方点向里推进 81 m，运出土石方量约 243 m³，向外排放积水速度加快（图 5 - 5）。救援队采用压入式通风把新鲜空气传输进去，据分析，被困人员生命安全有保障，暂无生命危险。

7 月 26 日 15 时，保山救援队、大理救援队抵达事故现场。

7月26日18时,省政府工作组赶往现场,进一步加强救援领导与协调指挥,研究救援方案,州委书记现场鼓励参与救援人员,强调时间就是生命,要发扬吃苦耐劳精神,坚持到底,以最短时间救出被困矿工。

27日零时50分,救援人员看到被困人员的矿灯灯光,听到被困人员呼喊声。1时,通过积水巷道救出第一名被困人员,随后其他被困人员陆续被救出。1时11分,被困长达43小时的11名人员全部获救生还。救援结束。

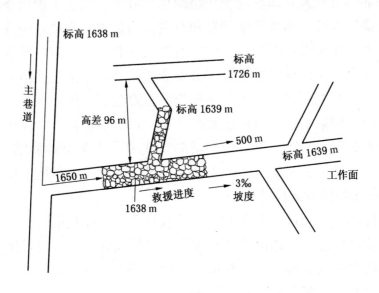

图5-4 光坪锡矿"7·25"坍塌事故救援示意图一

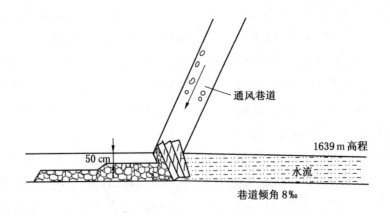

图5-5 光坪锡矿"7·25"坍塌事故救援示意图二

五、总结分析

（一）救援经验

（1）各级领导高度重视，抢险救援指挥得力。王勇国务委员、国家安全监管总局领导、云南省委省政府主要领导做出批示，并指派有关业务部门负责人赶赴现场指导抢险救援。德宏州委书记、州长第一时间赶赴现场并担任救援指挥部正副指挥长，一直在现场指挥抢险救援工作。

（2）调集了大批救援力量全力以赴开展救援。调集专业矿山救护队指战员80余人，公安、消防、武警、边防、解放军783人，医护人员208人，州县干部职工522人，云锡梁河公司干部职工165人以及各种车辆、装备到达事故现场，分班分组挖掘清理堵塞巷道，并组织突击队轮番到最前沿探险救人。

（3）矿山救护队仍然是抢险救援主力。调集的专业矿山救护队指战员始终工作在救援现场最前沿，担任侦察、探险、安全监护、清理最前端堵塞巷道和营救被困人员任务。27日1时，战斗在现场最前端、早已全身湿透的大理矿山救护队指战员最终营救出11名被困人员，在对被困人员进行检查和专业处理后，将被困人员运出事故区域。

（4）制定针对性的科学救援方案。救援指挥部组织由省安全监管局专业人员、云锡梁河公司专业技术人员等组成的专家组，针对性地制定了救援方案，特别是采取在堵塞巷道上部扒开豁口向外排放积水并形成救援通道的措施，加快了救援速度，保证了救援安全性，取得了很好的效果。

（二）存在问题和不足

（1）事故企业存在迟报事故情况。事故发生时间为7月25日凌晨6时左右，而梁河县安监局7月25日13时10分才接到事故报告，致使救援延误数小时。

（2）小型非煤矿山安全基础较差，企业应急管理工作相对薄弱。应加强对非煤矿山的检查指导力度，进一步督促非煤矿山加强应急救援体系建设，提高应急管理水平。

（3）缺乏快速、有效清理坍塌砂石的专用工具。

第五节 河南省义马煤业集团千秋煤矿"11·3"重大冲击地压事故

摘要：2011年11月3日19时18分，河南省义马煤业集团股份有限公司千秋煤矿发生重大冲击地压事故，造成75人被困。事故发生后，党中央、国务院领导同志高度重视，作出重要批示。国家安全监管总局和河南省委、省政府领导迅速赶赴现场指导抢险救援。义煤集团全力以赴进行救援，社会各界给予了大力支持。经过连续41个小时的全力抢救，至11月5日11时，成功救出67名被困矿工（2名重伤医治无效死亡，有65人生还），搜寻到8名遇难矿工遗体。

一、矿井概况

千秋煤矿是义马煤业集团骨干生产矿井之一，核定生产能力为210×10^4 t/a。井田走向长4.0～8.5 km，倾斜长1.4～4.0 km，井田面积17.99 km^2。矿井采用立井、斜井、二水平双翼上下山混合式开拓方式。通风方式为六进两回混合式，通风方法为抽出式。该矿属低瓦斯矿井，但冲击地压灾害严重，煤尘具有爆炸危险性，爆炸指数为44.57%，煤层易自燃，自然发火期为1个月，最短仅7天。现开采水平为二水平，标高为+65 m，最大开采深度800 m。发生事故的21221下巷掘进工作面距地表垂深800 m，设计走向长度1500 m，巷道设计净断面24 m^2，于2011年1月开工，事故发生前，从车场口已经掘进710 m。

二、事故发生简要经过

2011年11月3日四点班为检修班，该矿安排掘一队、掘二队、开二队、防冲队在21221下巷掘进工作面进行防冲击地压卸压工程、防火工程、巷道支护和清理等工作，该区域共有作业人员75人。

19时18分，井下突然一声巨响，21221掘进工作面发生冲击地压。19时22分，开二队跟班人员向矿调度室汇报："21221下巷响煤炮，声音比较大，煤尘大，什么也看不清楚。"事故发生后该区域75人被困。

千秋煤矿"11·3"冲击地压事故示意图如图5-6所示。

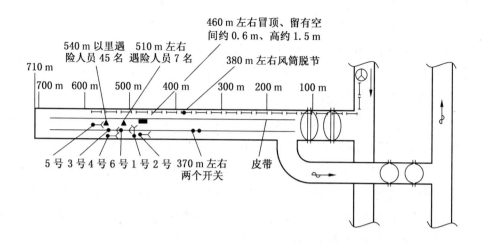

图 5-6 千秋煤矿 "11·3" 冲击地压事故示意图

三、事故直接原因

采深达 800 m 特厚坚硬顶板条件下地应力非常大,受采动影响诱发冲击地压事故。

四、应急处置和抢险救援

(一) 企业先期处置

3 日 19 时 22 分,矿调度室接到井下报告后,立即通知矿领导及有关人员。随后,千秋煤矿启动冲击地压事故灾害应急救援预案,成立了以矿长为组长的现场应急救援指挥部,组织开展抢险救援。通知矿医院调派救护车辆、医务人员赶赴现场,通知矿有关科室领导到调度室集合待命,通知井下开拓、掘进队赴现场抢险,安排抢修 21221 下巷局部通风设施,将 21221 下巷原有注水管、注氮管、注浆管全部改为压风管,加大供风力度。

19 时 45 分,矿救援指挥部向义煤集团报告了事故情况,义煤集团随后向上级部门逐级报告。19 时 48 分,义煤集团矿山救护大队接警出动救援。

19 时 57 分,该矿井下参加抢险的工人在 21221 下巷 455 m 处发现 2 名遇难人员。

20 时 20 分,15 名被困工人脱离险区,被送往医院救治。

(二) 各级党委、政府应急响应

事故发生后,党中央、国务院高度重视。温家宝总理作出重要批示,要求科学制定救人方案，千方百计解救被困人员，各有关部门要予以协助。张德江副总理先后两次作出重要批示，要求把救人放在第一位，指导地方和企业全力以赴解救被困人员，同时防止发生次生事故。时任国家安全监管总局局长骆琳，国家安全监管总局副局长、国家煤矿安监局局长赵铁锤率有关司局负责人赶赴事故现场，指导协调抢险救援工作。

河南省委书记卢展工对抢险救援工作做出明确指示。省长、常务副省长、分管副省长等领导同志带领有关部门负责人连夜赶赴现场，指导抢险救援工作。成立了以省长为组长、分管副省长为副组长的"11·3"事故抢险救灾指挥部，调集抢险救援力量，指导制定抢险方案，全力以赴开展救援。聘请彭苏萍、张铁岗两位工程院院士紧急赶到事故现场进行指导和提供技术支持。河南煤矿安监局通知全省矿山救援力量集结待命，协调有关专家赴现场指导救援。

三门峡市及义马市党委、政府主要领导及相关部门紧急行动，调集 500 多名救援人员，3500 多名干警和保安，150 多名医护人员及通信、供电等部门人员投入救援。

（三）研究制定救援方案

张德江同志两次打电话到现场，了解、指导现场救援工作。国家安全监管总局工作组会同河南省政府领导，召集专家、技术人员召开紧急会议，细致分析井下情况，迅速确定了"突出主线、兼顾辅线"的救援方针，提出四条方案措施：一是从 21221 下巷 450 m 处向里沿原巷道向灾区掘进小断面巷道，实施直接营救；二是从 21221 上巷 560 m 处往里向受灾地点打钻孔，并从地面利用车载钻机向受灾地点打钻孔，力求向灾区供风；三是采取沿 21221 下巷的巷旁掘进小断面巷道进行施救；四是由救护队负责排放巷道中积聚的瓦斯，恢复供风。

受灾点距地面垂深 800 m，第三、第四条措施进展缓慢，在推进速度不理想的情况下，11 月 4 日 5 时许，指挥部再次召开紧急会议，进一步确定了"突出主线、兼顾辅线"的方针，即让主要力量集中实施"沿事故发生巷道向里做人工小巷，强力推进，尽快打通生命通道"。

（四）抢险救援过程

1. 灾区侦察

3 日 20 时 10 分和 20 时 25 分，义煤集团救护大队直属中队两个小队分别到达事故矿井并下井侦察。20 时 55 分，到达现场，发现 380 m 处风筒断裂，巷道底鼓严重，人员通过困难，CH_4 浓度为 4%、CO_2 浓度为 1%、无 CO、温度为 40 ℃。按照指令救护队向 380 m 以里继续侦察，巷道狭窄，仅能爬行，行动十分困难；至 420 m 处，巷道状况稍好，支架稍有变形，但人员能直立通过；至 460 m 处，巷道中部液压支柱全部向上倾斜，液压支柱下帮仅有宽 0.6 m、高 1.5 m 的小洞；沿小洞继续前行到 480 m 处，巷道顶底板完全合拢，CH_4 浓度为 20%、CO_2 浓度为 5%、无 CO、温度为 40 ℃。

2. 救援过程

3 日 23 时 12 分，由于有害气体浓度较高，救护队立即按照命令接风筒排放瓦斯。

4 日 3 时 40 分，清煤至 480 m 处发现 1、2 号遇难人员被埋在煤中。6:16，将 2 名遇难人员运出。

4 日 8 时 3 分，救护二中队和三中队各 1 个小队接替已经奋战 12 小时 20 分的直属中队两个小队，继续组织进行救援。当发现现场瓦斯浓度超限后，立即供风消除瓦斯威胁。

4 日 9 时 5 分，在靠上帮掘小巷道 510 m 处时，发现 7 名遇险被困人员，均无生命危险，510～520 m 巷道比较完整，气体温度正常。指挥部命令，一边继续清挖，一边尽快运送 7 名获救遇险人员。12 时 35 分，7 名遇险人员升井。

4 日四点班，直属中队两个小队接班继续救援。两个小队清理巷道至 530 m 处，由于现场参与救援人员较多，掘进的小巷断面小，有害气体浓度上升，救援人员立即停止清挖并撤出。险情排除后，救援工作继续进行。

5 日零点班，救护四中队和五中队各 1 个小队接替救援。4 时 40 分，在清挖到 540 m 处时，听到里侧有敲管子、呼喊的求救信号，现场救援人员加快速度，从 5 时 32 分至 6 时 5 分，成功救出 45 名被困人员，并组织其他力量协同以最快速度运送获救人员升井。同时，按照指令救护队进入 21221 下巷工作面搜寻剩下的被困人员。

5 日 9 时 5 分，直属中队 1 个小队在巷道 535 m 处发现 1 名遇难人员（3 号），在巷道 540 m 处发现 1 名遇难人员（4 号），在巷道 553 m 处发现 1 名遇难人员（5 号），11 时 10 分，在巷道 510 m 处清理煤炭时，发现最后 1 名遇难人员（6 号），将遇难人员包裹运出后，21 时 56 分小队返回升井，救援结束。

千秋煤矿"11·3"冲击地压事故现场及抢险救援示意图如图 5-7 所示。

五、总结分析

（一）救援经验

（1）国务院领导高度重视、各级领导靠前指挥。事故发生后，温家宝总理作出重要批示，明确要求把救人放在首位。张德江副总理始终关注救援工作

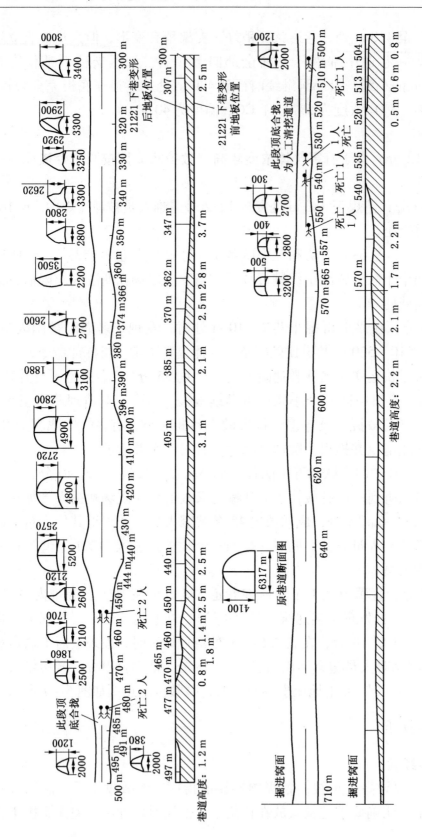

图 5 – 7 千秋煤矿 "11·3" 冲击地压事故现场及抢险救援示意图

进展，多次与现场指挥部电话联系，指导救援。国家安全监管总局领导会同河南省领导多次组织召开会议，研究完善救援方案，部署救援工作，并坚守救援现场，及时指导、指挥救援工作。

（2）应急救援启动快速、决策科学。事故发生后，现场及时成立了抢险救援指挥部，统一指挥、统一调度，确保救援现场忙而不乱，有序救援。在救援过程中，多名技术专家广泛参与，尤其是两位工程院院士出谋划策，在认真调查灾情、预测可能生存空间基础上，科学制定施救方案。在每个关键岗位都有精通业务的领导坚守，及时发现问题，排除故障，避免发生次生灾害。

（3）矿井抗灾系统较为完善。千秋煤矿集冲击地压、自然发火、瓦斯等灾害于一体。该矿常规系统以及防冲预测预报系统等安全基础环节较为完善，能够保证正常运行，关键时刻发挥了作用。特别是加强大断面巷道的强力支护等防冲治理体系，使得冲击地压发生后，巷道虽严重变形，但仍为被困人员留出生存空间；压风、防灭火注浆、供水、防火注氮四套系统的管道及时改为供风系统，为被困人员提供了生存保障；防冲服、防冲帽等个人安全防护装备的配备使用，提升了个体防护能力。

（4）救援力量调配迅速，人力、物力资源充足。事故发生后，国家安全生产应急救援指挥中心紧急从河南、山西等地调来国内最先进的装备实施供风。国家矿山医疗急救中心派出专家赶赴事故现场，对伤员实施会诊，指导医疗救治。河南省抽调郑州、洛阳及三门峡地区医护人员150多人、救护车60辆，赴事故现场协助开展伤员救助。义煤集团调动了6个矿山救护中队，小队16队次、指战员173人次，调动多个掘进队、打钻队、通风队等专业队伍，相互配合，协同作战。

（5）被困矿工相互鼓励、积极自救。事故发生后，部分岩壁塌落，巷道堵塞严重。在指挥部紧张有序组织救援的同时，被困人员在领导干部和技术人员带领下，相互鼓励，相互帮助，积极开展自救、互救，及时救助被埋、被压矿工，进行临时包扎处理；打开全部压风管路，供风供氧；组织人员从里向外轮流清理挖掘被堵巷道，接应外部救援，为安全获救赢得了宝贵时间。

（6）救援人员攻坚克难、协调配合、奋勇作战。事故发生后，义煤集团矿山救护大队及时出警，20分钟即抵达事故现场，大队领导干部带领侦察小队深入井下，冒着巷道二次垮塌危险，采取临时支护，不顾井下巷道空间狭窄爬行进入灾区，探明了灾区垮塌范围和有害气体情况，采取措施及时排放积存瓦斯，为制定科学的救援方案和安全救援提供了重要依据和保障。在当地政府统一领导下，公安、武警、消防、卫生、电力、通信等部门协调配合，使后勤得到有效保障。

（二）存在问题及建议

（1）事故救援初期，井下灾区风筒脱落，供风中断，能够到达的最远点瓦斯浓度很高，氧气稀薄，而矿方救人心切，现场参与救援人员较多，秩序混乱，个别工人强行进入从事救援工作，险些造成瓦斯窒息和瓦斯爆炸事故。救护队到达后立即控制现场局面，并设人把口，避免了盲目救援。

（2）在救援过程中，由于挖掘巷道断面很小，人员很多，回风口多次出现堵塞，多次出现瓦斯超限，救护队立即采取疏散人员等措施，及时排放瓦斯，保证了现场救援人员的安全。建议救灾时为防止二次事故，应根据实际情况合理组织救援力量。

第六节　矿井顶板及冲击地压事故
应急处置及救援工作要点

一、事故特点

（1）顶板事故是在矿山开采过程中矿山压力造成顶板岩石变形超过弹性变形极限，破坏巷道支护导致的冒顶、坍塌、片帮等。冲击地压事故是井巷或工作面周围岩体由于弹性变形能的瞬时释放，产生突然剧烈破坏的动力现象造成的冒顶、片帮、底鼓、支架折损等。顶板和冲击地压事故是煤矿的重大灾害。

（2）顶板和冲击地压事故会造成人员压埋、砸伤等直接伤害，或造成窒息等间接伤害。也容易造成巷道堵塞使人员被困灾区。还可能造成有害气体涌出，引发爆炸、燃烧等继发事故。

（3）该类事故被困人员往往具有较大生存空间，且无高温高压环境，有毒有害气体浓度一般不会迅速增大，相对爆炸、火灾、突出事故，遇险人员具备较大存活可能。

二、应急处置和抢险救援要点

（一）现场应急措施

（1）现场人员要迅速撤至安全地点，并迅速向调度室报告。

（2）在小型冒顶、坍塌、压埋事故发生时，现场人员在保证安全的前提下，应立即开展互救。

（3）在撤离受阻时应紧急避险，采取以下自救措施：①选择最近的避难硐室或临时避险设施待救；②选择最近的设有压风自救装置和供水施救装置的安全地点，进行自救互救和等待救援；③迅速避险撤退到安全地点，如有压风管路，应打开输送新鲜空气。可利用现场材料，维护加固附近顶板，设置生存空间，等待救援。

（4）被困后采取有规律敲击等一切可用措施向外发出呼救信号，但在瓦斯和煤尘较大的情况下不可用石块或铁质工具敲击金属，避免产生火花而引起瓦斯煤尘爆炸。

（5）被困待救期间，遇险人员要节约体能，节约使用矿灯，保持镇定，互相鼓励，积极配合外面营救工作。

（6）带班领导和班组长负责组织撤离和自救互救工作。

（二）矿井应急处置要点

（1）启动应急预案，及时撤出井下人员。调度室接到事故报告后，应立即通知撤出井下受威胁区域人员。严格执行抢险救援期间入井、升井制度，安排专人清点升井人数，确认未升井人数。

（2）通知相关单位，报告事故情况。第一时间通知矿山救护队出动救援，通知当地医疗机构进行医疗救护，通知矿井主要负责人、技术负责人及各有关部门相关人员开展救援，按规定向上级有关部门和领导报告。

（3）采取有效措施，组织开展救援。矿井应保证主要通风机正常运转，保持压风、供水系统正常。矿井负责人要根据事故情况，在确保安全的情况下，调集井下带班领导和开拓、掘进、维修等作业队伍及企业救援力量，采取一切可能的措施，迅速组织开展救援工作，积极抢救被困遇险人员，防止事故扩大。

（三）抢险救援技术要点

（1）了解现场情况，调集救援资源。各级领导和救援队伍到达现场后，首先要了解掌握冒顶、坍塌或冲击地压发生地点和区域范围，遇险人员数量和被困位置及被困空间生存环境，有关系统（通风、供水、压风等）是否破坏，有害气体和瓦斯涌出情况，巷道支护情况，有无积水涌出，有无压风管路和水管及通信设备，以及现场救援队伍和救援装备情况等。其中，准确判断被困位置是迅速有效打通救援通道的关键。根据需要，增调救援队伍、装备和专家等救援资源。

（2）多措并举构建快速救援通道。主要方法有：一是快速清理和恢复冒顶、坍塌和受冲击地压破坏的灾区巷道，形成直通被困人员地点的救援通道；二是在冒顶巷道、垮塌或受冲击地压破坏的灾区巷道中开挖小断面救援通道；三是在人员被困巷道附近新掘小断面救援绕道，形成通往被困人员地点的救援通道；四是向被困人员位置施工大孔径救援钻孔，形成快速救援通道。在上述方法实施过程中，要根据具体情况和施工进度，研究选择最快的方法加强力量，重点突破，快速救人。

（3）在救援过程中，当被困人员不能及时救出时，利用压风管、供水管或打小孔径钻孔等，向被堵人员输送新鲜空气、饮料和食物，为被困人员创造生存条件，为救援争取时间。

（4）尽快恢复巷道通风，保障救援人员安全。恢复独头巷道通风时，应将局部通风机安设在新鲜风流处，按照排放瓦斯的措施和要求进行操作。

（5）救援人员进入冒顶灾区前，应加固破坏的巷道，防止片帮冒顶。侦察、救援和巷道清理工作应由外往里进行，行进中要检查冒顶巷道支护、顶板等情况，及时清理退路，确保救援后路安全畅通。矿山救护队要做好监护工作和抢救遇险人员的准备工作。

（6）抢救被煤、矸埋压的人员时，首先清理出人员的头部和胸部，清理口鼻污物，恢复遇险人员的呼吸条件，然后在保证安全的前提下迅速将遇险人员救出。

三、安全注意事项

（1）分析判断有无发生继发事故和再次来压冒顶的可能性，施救现场要指定专人检查通风、瓦斯情况，观察围岩、顶板和周围支护情况，发现异常，立即撤出人员，防止发生次生事故。

（2）清理冒顶、坍塌或受冲击地压破坏巷道，要制定安全技术措施，在维护好应力平衡的条件下清理堵塞物，加强巷道支护，注意救援通道的支护和维护，保证安全作业空间，严防再次冒顶或坍塌，保证救援人员安全。

（3）在地面打钻时，分析上覆岩层或采空区的积水情况，防止上部水下泄威胁遇险和救灾人员。

四、相关工作要求

救援时要保持救援通路畅通，严禁不顾救援后路，盲目进入灾区抢险。

第六章　矿井提升运输事故应急救援案例

第一节　江西省乐平市东方红煤矿
"9·21"重大运输事故

摘要：2003 年 9 月 21 日，江西省乐平矿务局东方红煤矿主井发生一起跑车事故，造成 10 人死亡，1 人重伤。主井入井工人违章乘坐矿车入井，乘人矿车与材料车脱钩后跑车并发生翻车撞击，造成人员伤亡。沿沟煤矿医院医生入井现场确认全部人员遇难，后乐平矿务局救护大队直属中队救护队员入井将遇难人员搬运升井。救援过程虽然简单，但教训深刻。

一、矿井概况

东方红煤矿始建于 1969 年 3 月，1971 年 1 月开始投产，设计生产能力 3×10^4 t/a。属乐平县办煤矿，1985 年 10 月被乐平矿务局接管，扩大生产能力至 9×10^4 t/a。矿井采用 3 个斜井布置，发生事故的为主斜井，井口标高 +90.6 m，井底标高 −120 m，井筒倾角 30°，斜长 420 m，主要担负煤炭、矸石及材料设备的提升。井下各水平均为人力推车，串车提升。

二、事故发生简要经过

9 月 21 日 14 时 30 分，采二区区长何某安排职工李某等 13 人到井下做清理和巷道维修工作。14 时 40 分，主井地面挂钩工胡某推来 3 辆矿车，其中 2 辆空矿车和 1 辆装满木料的料车，2 个空车在前料车在后。胡某将串车推到井口，用链环、插销和老钩将 3 车链接好之后，让井口信号工王某打信号，准备放车。

换好工作服在井口等待下井的李某等 13 人帮胡某将串车推过阻车器和变坡点，李某让信号工王某打停车信号，车停后，李某等 11 人爬进矿车，分坐在 2 辆空车内，华某和信号工留在井口。李某叫信号工打信号放车，信号工问李某等人是否坐好，得到都坐好的信息后，打信号放车，矿车下放不到 1 m，前面 2 辆乘人矿车与材料车脱钩，飞奔而下，发生了跑车事故，如图 6－1 所示。

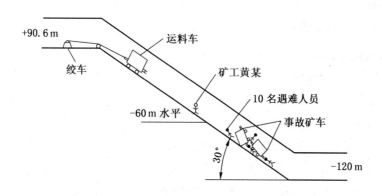

图 6－1　东方红煤矿"9·21"跑车事故示意图

三、事故直接原因

矿工违章乘坐矿车，把钩工、信号工等未发现乘人矿车未与材料车连接好，下放至倾斜巷道后随即发生脱钩跑车。主斜井缺少防跑车和跑车防护装备，跑车至 －60 m 水平处翻车并发生撞击，车上人员遭受猛烈撞击造成伤亡。

四、应急处置和抢险救援

（一）企业先期处置

留在地面井口的矿工华某看到跑车后，大喊"跑了车"，且立即向采二区区长何某汇报。何某得到消息后，就立即带领华某等人沿主井井筒下去查看。在 －60 m 水平发现矿工黄某躺在巷道一帮，身体在动，何某安排华某回到地面放空车下来，将黄某拉上去。

主井口矿调度室调度员得知跑了车，立即打电话给矿值班领导方某，方某在赶赴主井的途中，通知了安全副矿长，并与其一起到达主井井口，指挥地面把空矿车放下去救人，同时叫人打电话通知沿沟煤矿医院增援。随后，赶来的救护车将黄某送进了医院，医生也立即下到井下查看，发现 10 名矿工全部遇难。

（二）应急响应及救援过程

16 时左右，矿长夏某赶到矿办公室，了解情况后，便安排叶某向有关部门汇报，矿务局副局长有关部门人员赶到现场，并通知矿务局救护大队前来救援。

17 时 10 分，乐平矿务局救护大队直属中队人员到达主井口，下井将 9 名遇难者陆续运往地面，事故抢救结束。（注：实际遇难为 10 人，矿方提前转移 1 名遇难人员，初为隐瞒事故，后主动如实上报了隐瞒情况）

五、总结分析

这是一起典型的严重违章提升、违章乘车、缺少安全设施、领导职工安全意识淡薄、安全管理混乱造成的重大安全事故，教训极其深刻沉痛。

《煤矿安全规程》明确规定"运送人员的车辆必须为专用车辆，严禁使用非乘人装置运送人员""严禁人、物料混运"。就现场安全管理五要素："人、机、物、法、环"对照分析，基本全部违背，发生事故是必然的。

第二节　河南省济源煤业八矿"7·10"
重大坠罐事故

摘要：2008 年 7 月 10 日，河南省济源煤业有限责任公司八矿发生一起坠罐事故，造成 11 人死亡。事故发生在新掘立井，绞车钢丝绳全部坠落，无其他入口可进入救援，因此救援时先对事故绞车进行了恢复，改用吊桶作为临时提升容器后入井救援，得以将遇难人员快速救出。

一、矿井概况

济煤八矿隶属于河南省济源煤业有限责任公司，位于河南省济源市克井镇交地村，其前身为济源市克井交地煤矿，2005 年整合到河南省济源煤业有限责任公司，技术改造后，矿井生产能力由 6×10^4 t/a 提高到 15×10^4 t/a。

2007 年 3 月，浙江人蓝某假冒虚构的温州建设集团井巷工程公司名义，通过竞标取得新建主井井筒工程的承建施工权。随后，蓝某将工程转包给假冒中宇公司名义的朱某。2007 年 5 月，朱某开始施工建设新主井，井筒设计净直径为 4.5 m，井深 255 m，于当年底完工。2008 年 3 月，朱某又与该矿签订了井下技术改造工程施工合同，到事故发生时，新建主井井底车场及附近巷道已经开掘 150 m，与副井尚未贯通。

新主井临时绞车房内安装一台 JTK1.6/1.2 型单滚筒提升绞车。该绞车滚筒直径 1.6 m、宽度 1.2 m，减速器为 ZQ1000 - 31.5 - 7 型齿轮减速器，速比为 1：31.5。提升系统除过卷保护外，未安装其他保护。该绞车共有 3 套制动闸，其中工作闸 1 套，位于减速器高速端，由操作人员通过手柄控制；安全闸 2 套，分别由安装在滚筒上的重锤式块闸和安装在电动机端的弹簧式小抱闸构成，由操作人员通过操作台上的紧急制动脚踏开关和紧停按钮控制。该绞车未经有关机构检测检验便投入使用。提升容器为罐笼。

2008 年 6 月中旬，该绞车滚筒和减速器之间的联轴器右侧挡板联结螺栓被拉断，挡板脱落。之后，挡板未再安装，联轴器外齿轴套齿轮长期露出联轴器外壳 10 mm 以上，一直运行至事故发生。

二、事故发生简要经过

2008 年 7 月 10 日零点班，共 11 人在新主井井下作业。凌晨 4 时，新主井绞车司机发现绞车联轴器外齿轴套齿轮露出联轴器外壳约 30 mm 后，不敢再开动绞车。施工单位现场负责人包某和管理人员陈某到现场查看后，陈某等人使用电钻和锤子将绞车联轴器复位后又继续让开动绞车。绞车开动过程中，因联轴器经常出现滑脱，造成绞车多次停止运行。

8时左右，八点班绞车司机接班上岗，此时联轴器滑脱现象已经很严重，滑脱长度达30 mm以上，陈某等人继续简单用锤子和撬杠将联轴器复位以使绞车继续运行。

8时20分左右，5名八点班工人乘罐笼入井，到达井底后5人出罐笼，11名零点班工人随后进入罐笼升井。绞车司机接到提升信号后，开动绞车提升罐笼。此时陈某手拿撬杠一直在联轴器旁，试图用撬杠阻止联轴器滑脱。当罐笼提升约30 m时，绞车司机听到绞车电机发出"哼哼"的声音，绞车运转不动，就手拉工作闸并切断电源，实现安全制动，使罐笼悬停。这时，陈某见绞车联轴器内齿轴套滑脱严重，就又用撬杠将联轴器内齿轴套复位并用撬杠别住联轴器，随后骂着让绞车司机继续开动绞车。司机一边紧拉工作闸手把，以工作闸稳住滚筒，一边按下送电按钮，解除安全制动，将绞车主令控制器控制手柄推至一挡挡位，发现滚筒不转动后，就推至二挡挡位。这时，绞车联轴器发生旋转并瞬间滑脱至极限位置，滚筒开始反向转动，罐笼迅速下降。司机见状立即双手紧拉工作闸，但制动失效，罐笼及内乘11名工人坠落井底，提升钢丝绳在自身重力和惯性作用下全部坠落至井下，并带动绞车滚筒高速旋转，滚筒衬板被全部拉裂并在离心力作用下飞出。11名人员生死不明，八点班5名入井人员被困井下，坠罐前后分别如图6-2和图6-3所示。

三、事故直接原因

施工单位现场管理人员在明知新建主井绞车联轴器损坏的情况下，违章指挥，强令绞车司机冒险作业，最终导致联轴器失效；同时由于绞车安全保护不全，绞车完全失去提升动力和制动力，造成坠罐事故。

四、应急处置及抢险救援

(一) 应急响应

事故发生后，河南省济源煤业有限责任公司立即成立事故抢险救灾指挥部，启动应急救援预案，开展抢险救援工作，并向有关部门报告了事故情况。

济源市安全监管局于10日9时15分接到报告后，立即通知济源市矿山救援中心救援人员赶赴事故现场，并报告济源市委、市政府和河南煤矿安全监察局及豫西监察分局、河南省安全生产监督管理局、河南省煤炭工业管理局等部门。

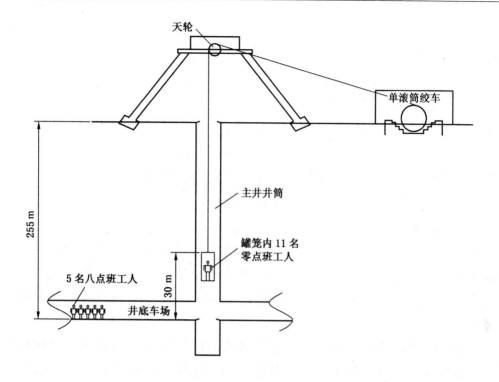

图 6-2 济源煤业八矿坠罐事故——坠罐前示意图

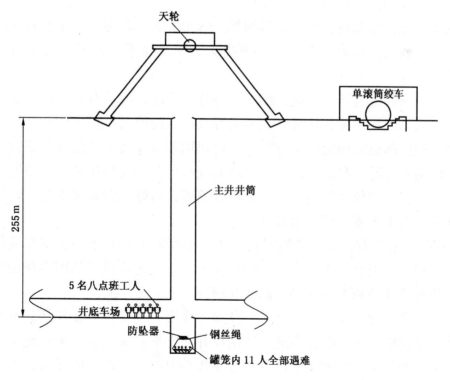

图 6-3 济源煤业八矿坠罐事故——坠罐后示意图

接到事故报告后，时任河南煤矿安全监察局副局长薛纯运、河南省安全生产监督管理局副局长王泽河、河南省煤炭工业管理局副巡视员王连海、济源市市长赵素萍、济源市委副书记和分管副市长以及有关部门负责人先后赶到事故现场，成立救援指挥部，指导抢险救援工作。

事故发生后，国家安全生产监督管理总局、国家煤矿安全监察局和河南省委、省政府高度重视。王君局长、赵铁锤局长作出重要指示；徐光春书记和郭庚茂代省长、史济春副省长对事故作出重要批示，要求认真总结教训，严格追究责任，制定整改措施，防止类似事故发生。

（二）应急救援过程

2008 年 7 月 10 日 9 时 19 分，市矿山救援中心接到济源煤业公司安全部部长谭保刚的事故召请电话称："济源煤业八矿新井发生坠罐事故，伤亡人数不详，请求援助"。值班副主任苗经伟迅速率领一个小队赶赴现场，6 分钟后到达现场。

在前往事故矿井的路上，召开了全体参战队员会议，宣布了事故前期抢险安排，简要对人员进行分工：①入井侦察由副主任苗经伟带领；②事故救援工作由副主任李成虎负责；③井口信号联络安排 2 名专职队员负责；④其他人员井口待命；⑤确保安全救援。

现场情况：绞车减速器联轴器损坏，绞车上无钢丝绳，绞车衬板飞到井台上，井上下通信、信号全断，与井下失去联系。经了解井下当时共有 16 人，伤亡情况不详。

由于新副井掘进尚未落底，新主井为独立系统，因此救援工作只能在新主井展开。根据现场情况，恢复新主井提升系统是抢险救援的关键环节。经过慎重考虑，指挥部研究确定如下方案：一是仍用现提升绞车，但要将联轴器复位并焊死，防止外滑，尽快恢复新主井提升绞车；二是改用吊桶作为临时提升容器；三是救护队对仪器装备进行认真检查整理，做好入井救援准备；四是入井人员如发现有生还者立即抢救升井。

10 时 30 分左右，临时罐笼安装完毕。按照要求先开了一次空车确认安全后，因吊桶空间限制，不能同时容纳更多人员，决定由苗经伟副主任带领 1 名队员及济源煤业公司 1 名领导一同入井侦察。

侦察发现：罐道绳完好无异常；井壁无变形；井筒内未发现任何异物；出事罐笼底部变形，未脱离罐道绳，坠落在井底中部；防坠器、钢丝绳落在罐笼顶部，未见到绳头；井底无 CH_4，CO_2 浓度为 0.2% 。人员情况为：八点班刚下井被困的 5 名矿工安全无事，准备升井的 11 名矿工全部遇难，其中 3 人可以抬出罐笼，其余 8 人因被罐笼压住无法拉出，随即把 3 名遇难人员抬出罐笼，其余 8 人仍留在罐笼里。

侦察人员升井后迅速向抢险指挥部汇报了现场情况。抢险指挥部在采取安全措施后，决定尽快抢救遇难者。主要工作是将被困人员安全升井，处理事故罐笼上的钢丝绳、防坠器，然后用气割办法割开罐笼，运出 8 名遇难人员。由于吊桶空间有限，每次只准搬运 2 名遇难者，救护队负责气割期间现场气体检测和安全监护。

11 时 20 分左右，罐笼顶盖被割开，搬运遇难者遗体工作开始。经过紧张救援，15 时 50 分，11 名遇难人员被抢救出井，5 名遇险人员也安全升井，救援工作圆满结束。

五、应急处置及救援总结分析

（一）成功经验

（1）各级领导重视，主要领导亲临现场指挥抢险救援工作；各部门应急响应及时，救护队行动迅速，指挥部决策果断，是成功救援的重要保证。

（2）救援方案及措施正确有效，安全措施落实到位，组织得力，指挥有序，是实现安全顺利救援的关键因素。

（3）参与救援人员密切配合，行动迅速，仅仅 7 个多小时就安全顺利完成抢险救援任务。

（二）存在问题及建议

（1）这是一起典型的设备带病运作，不及时停止运行，进行维修处理，而强令职工连续冒险操作，严重违章指挥所导致的惨痛事故。

（2）本事故抢险救援时仍使用原来的事故绞车，存在不确定风险，虽然事故救援急迫，但事故绞车使用前应经过评估或检验，确保安全运行，同时考虑其他救援方案，如临时安装新的提升系统等，提倡科学救援、安全救援。

第三节　华能集团甘肃能源公司核桃峪煤矿
"4·5"较大运输事故

摘要：2011 年 4 月 5 日，中国华能集团甘肃能源开发有限公司核桃峪煤矿措施立井吊罐在提升过程中碰盘壁受阻，司机强行提升导致钢丝绳断裂造成坠罐，井筒作业的 7 名工人被困，其中 1 人获救，6 人遇难。事故发生后，井下水位持续上升，救援紧急调运了大功率水泵和排水软管等设备，并适时采用二级排水的方式进行排水作业，陆续恢复了通风、供电、通信系统，对事故井筒进行了清理，成功实施了救援。

一、矿井概况

核桃峪矿井为华能集团基建矿井，位于甘肃省庆阳市正宁县，井田面积 191.30 km²，煤炭资源量为 21.16×10^8 t，设计可采储量为 11.76×10^8 t，设计生产能力为 8 Mt/a。发生事故的是核桃峪煤矿正在施工的措施立井，设计深度 582 m，净直径 5 m，主要承担矿井施工和生产阶段的通风、排水等功能，井筒掘进过程中，采用吊桶提升，供人员上下井及提运矸石。截至 4 月 5 日事故发生时，掘进成巷 498.5 m，占总工程量的 85.7%。

二、事故发生简要经过

2011 年 4 月 5 日，措施立井正常施工作业，16 时 20 分许，装满矸石的吊桶提升至距离地面约 10 m 高的井塔平台时，吊罐碰到盘壁发生偏斜，信号工未及时发现问题，上部绞车司机也未发觉绞车负荷突然增加，依然强行提升，导致钢丝绳受力超过最大拉力而断裂，重约 6 t 的吊桶坠入井下，井下 7 人被困，情况不明。

核桃峪煤矿"4·5"坠罐事故示意图如图 6-4 所示。

三、事故直接原因

吊罐上行过程中碰盘壁受阻，绞车司机依然强行提升，导致钢丝绳受力超过其强度而断裂；吊罐提升安全设施不完善，缺少提升过负荷、断绳、吊罐跑偏等保护，存在缺陷，造成坠罐伤亡。

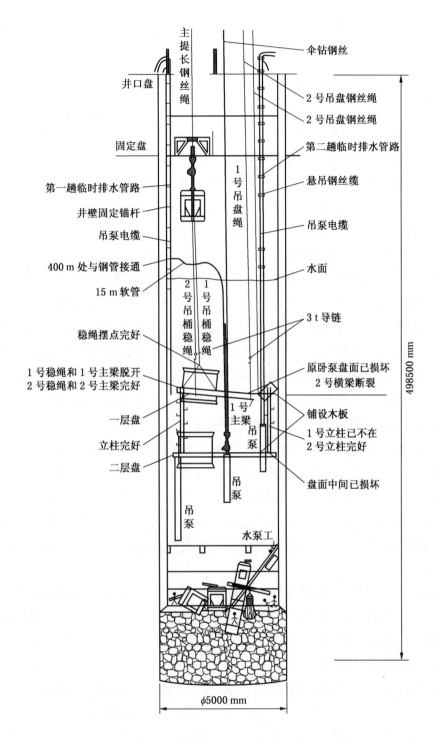

图 6-4　核桃峪煤矿"4·5"坠罐事故示意图

四、应急救援方案及过程

（一）企业初期处置

吊桶坠入井筒后，现场人员立即通知了工地项目负责人，同时打算更换断裂的钢丝绳，挂吊桶下井救人。项目负责人到达井口后一边向上级汇报，一边组织矿工展开营救。18 时 20 分许，钢丝绳更换完毕，挂上吊桶，人员乘吊桶下井救人。吊桶下降至井底上方 16 m 处的工作平台时，发现 1 名幸存矿工，躲在一处被毁坏的管道上；井中电缆和排水管道遭到严重破坏，井底两个闭合式作业面几乎被砸垮且被水淹没，井下水位还在上升，没有发现其他 6 名被困矿工。18 时 40 分许，幸存矿工被救出井，仅左脚受伤。

（二）各级政府应急响应

事故发生后，庆阳市、正宁县高度重视，启动应急救援预案，成立救援领导小组，紧急调集相关救援设备，全力开展救援工作。先后抽调公安、卫生、应急救援队及电力、水利等方面专家及救援队员 240 多人，调运应急救援车及120 急救车 6 辆、水泵 3 台，现场开通应急电话 3 部，积极开展抢险救援工作。在组织开展救援的同时，及时向省委、省政府报告。甘肃省委书记陆浩立即做出批示，"请迅速组织有关方面采取得力措施，全力以赴解救被困人员，减少人员伤亡。同时，要注意保障救援人员安全"。

4 月 6 日，按照省委、省政府领导的批示精神，省政府副秘书长带领省安全监管局、甘肃煤矿安监局的相关专家和工作人员，紧急赶赴现场指导救援。

4 月 6 日下午，陆浩再次电话指示，"要不惜一切代价，调集各方面的设备和力量，做好救援工作，全力以赴抢救被困人员，防止救援过程中发生次生事故"。省长批示，"千方百计救人，严防次生灾害发生。要吸取教训，完善安全措施"。

国家安全生产监督管理总局工作组，华能集团、华能甘肃能源开发有限公司有关领导也先后赶赴现场，召开汇报会，通报事故救援情况，共同研究制定救援方案，并提出了明确要求。

（三）抢险救援经过

根据现场情况，指挥部作出如下决策：一是千方百计、抢时抓早，不惜一切代价做好救援工作；二是以华能公司为主体，尽快做好排水方案制定及设施准备，尽快排水，抢时间组织救援；三是省市县及华能公司要密切协作，全面落实各项救援措施；四是做好信息公开工作并及时上报有关情况，每天上午 8时、晚上 8 时两次准确通报救援进展情况；五是认真做好后续工作，准确核实被困人员资料；六是吸取教训做好庆阳市境内企业安全生产工作。

5 日 21 时许，救援人员陆续抵达核桃峪煤矿，但救援难度大，一时难以展开施救工作。6 日 0 时 5 分，华亭煤业集团公司矿山救护大队接到核桃峪煤矿事故召请电话，大队领导迅速带领两个小队出动，于 4 月 6 日 2 时 48 分到达事故矿井，立即对事故矿井运输、通风、排水、通信等基本情况进行详细了解，大队领导及随行的工程技术人员制定了先监护排水、恢复通风和通信系统后进行侦察及人员搜救的处理方案。

6 日上午，除了现场备用的 3 台水泵外，华能公司紧急从几百公里外的环县调运大功率水泵、从陕西咸阳调运排水软管，于当晚 8 时运至核桃峪煤矿。

6 日，各方救援人员全力以赴拆除被损坏的排水设施。其中，4 月 6 日 22 时 30 分、7 日 0 时 30 分，救援人员先后两次下井查看，仍未发现被困人员。

4 月 7 日 1 时 50 分，根据指挥部指示，先后指派救援小队再次对井筒内通风设施、排水设施、通信设施、运输设施等整个生产系统和水位上升情况进行了三次详细侦察。侦察发现，井下风筒从井口以下 30 m 处中断，排水管道、水泵严重破坏，通信线路、提升信号线路中断，井下瓦斯浓度为 0.46%，氧气浓度最高为 7%，温度为 16 ℃。同时根据检测，井筒内的水位以 5 m/h 的速度不断上升。

根据侦察结果，救援指挥部再次召开会议，进一步细化了救援方案，细化了各方救援力量的职责，再次明确"先通风、再排水、快施救"的救援原则。救援队协助矿方管道安装人员运送管道、水泵，并定时对井下气体、水位情况进行严密监测，确保排水系统快速安装。

7 日 6 时，事故措施立井的通风系统和电缆及供电系统得以恢复。7 日 15 时许，经过各方努力，重新安装的井下排水系统基本安装完毕，准备调试排水。15 时 50 分，第一台水泵开始排水；18 时 40 分，第二台水泵开始排水，但随后因故障中断；22 时 30 分，经紧急抢修，第二台水泵又正常排水。为加快救援进度，23 时，救援指挥部决定连夜更换一台性能更好、功率更大的水泵，加快排水进度。

7 日下午，井筒内积水约 1400 m³，水位上升约 60 m，井中两套排水管道的排水量分别为 50 m³/h 和 80 m³/h，如果一切正常，排水需要 19 个小时，8 日早晨可使涌水的高度下降至距离井底 15 m 处。而距离井底 15 m 的位置，恰巧在井中工作面一盘以下，其中既有从井口坠下的吊桶，也有原本存放于井底的吊桶及被下坠吊桶砸碎的工作面和设备等物，空间狭小，情况复杂，继续使用大型水泵不太可能。考虑到这个情况，指挥部经过认真研究，决定在工作平台处设置一个适宜于大水泵放入的水箱，并改用小水泵继续排出 15 m 以下位置的涌水，由小水泵将水排入水箱后，再用大水泵进行二级排水将水抽上地面。

4 月 9 日晚，事故抢险指挥部两次召开事故抢险救援工作会，研究部署下一阶段抢险救援工作。2 台水泵根据井下水位间歇启动排水，救护队员下井检查气体，电工敷设信号、电话线和 2 号泵远程控制电缆，施工人员加固一层吊盘。9 日 23 时 55 分，电话接通；10 日 2 时 10 分，信号接通。10 日 5 时 25 分，原措施立井中吊泵和卧泵电机升井；随后，开始铺设一层吊盘木板，着手清理二层吊盘。10 日 7 时接力潜水泵入井；11 时 42 分，完成井下安装；13 时 30 分，2 号泵开启进行接力排水。15 时 23 分，1 号泵电机露出水面停运。

随着水位不断下降，救援小队与矿井工作人员一道对井底设施、设备及杂物逐步进行清理，于 4 月 10 日 13 时 22 分成功搜救出第一名遇难人员。随着井底设施、器材的不断清理，先后又有 4 名遇难人员被成功救出，陆续升井。

4 月 11 日 15 时 30 分，第六名遇难人员被发现，但由于现场设备凌乱，矿井淋水大、视线不清，救援小队每 6 人一组，7 次入井，轮番对遇难人员四周设施、器材进行清理。又经连续 6 个小时的不懈努力，11 日 21 时 16 分，第六名遇难人员成功运出。之后，救援小队再次对井底进行全面搜索和清理，未发现其他遇险遇难人员，抢险工作结束。

五、总结分析

（一）成功经验

（1）领导重视，统一指挥，组织有力，协调有序，各方配合密切。在本次事故救援过程中，调集人员多，经历时间长，救援难度大，国家、省、市、县有关领导亲临现场坐镇指挥，各部门及救护队伍指挥员坚守一线，统一协调，从现场施救到救援物资筹措、医疗卫生检查、现场保安等各个方面组织井然有序，对救援工作起到了重要的保障作用。

（2）事故救援指挥部发挥了显著作用。指挥部决策始终围绕现场情况变化，及时跟进调整，多次召开指挥部会议，对救援工作进行研究部署，加快了救援工作的推进；充分听取救援人员建议，不断优化救援方案，细化责任分工；施救方案正确，决策果断，措施得力，行动迅速，抓住排水关键环节，救援工作推进较快；对外及时发布事故进展情况，事故救援公开透明，新闻报道全部正面客观，未出现负面报道，现场救援秩序较好。

（3）事故初期，现场人员积极营救，救出一名幸存者，值得肯定。救护指战员及其他施救人员，以高度的责任感和使命感，不畏艰险，不分昼夜，密切配合，克服现场条件恶劣、后勤食宿不便等困难，科学施救，圆满完成事故救援。

（4）施救事故现场空间狭小、淋水大，一次入井人员有限，全体指战员采用"梯队"式入井施救，每次交接衔接紧密、措施得力，确保了救援工作顺利开展。

（二）存在问题及建议

（1）坠罐事故发生两天后才恢复通风，井筒已接近 500 m 深，救护队侦察测得氧气浓度只有 7%，风筒只剩余 30 m，未恢复通风前，人员多次入井是存在危险的。应分析被困人员生存条件，并优先考虑恢复通风。

（2）立井抢险或施工，必须高度重视提升系统安全保护及日常检查。出现故障或异常，应设报警闭锁装置，避免危险提升。

（3）本事故井筒涌水较大，积水多，排水难度大，严重制约了事故抢险救援进度。类似情况可考虑从临近完工的或施工进度快的井巷，向事故井筒打钻孔，排放井筒积水的方案，既能争取时间，加快进度，也能降低救援难度。

第四节　甘肃省白银屈盛煤业"9·25"重大运输事故

摘要： 2012 年 9 月 25 日，甘肃省白银屈盛煤业有限公司在人员乘坐人车升井时，人车发生掉道并与井筒内法兰盘发生碰撞，拉断钢丝绳，发生跑车，造成 20 人死亡、14 人受伤。事故发生后，救援人员迅速入井侦察并将遇险人员救出，侦察发现井下有冒顶及发火迹象后，加强了部分地段支护、调整了通风系统，科学做出处置，为救援工作创造了条件，实现了安全救援。

一、矿井概况

甘肃省白银屈盛煤业有限公司原名白银市平川区屈吴煤矿，隶属白银市平川区共和镇，始建于 2001 年 12 月 26 日，设计生产能力 9×10^4 t/a，2003 年 10 月正式投产，核定生产能力 9×10^4 t/a。矿井采用一对斜井开拓，单水平开采，布置主、副两条斜井，副井兼作回风井。主、副井筒净断面 4.8 m^2，坡度 28°，井筒斜长分别为 704 m、703 m。

矿井布置一个采煤工作面即 102 工作面，该工作面于 2011 年 11 月 28 日因发火封闭。为摆脱火区，后退 50 m 重开切眼，设备安装结束后再次发火，于 2012 年 6 月 5 日封闭，至事故发生时尚未启封。

二、事故发生简要经过

2012 年 9 月 24 日，中班共出勤 49 人分乘人车入井作业。23 时 40 分，中班下班 34 人挤乘两节人车升井，两节人车核定乘坐 20 人。人车刚起步就发生了掉道，跟车工等人下车将人车抬上轨道后继续升井。25 日 0 时 10 分，当人车提升至距井口 68 m 处时，人车再次掉道，跟车工发出停车信号，但掉道后的人车随即与井筒右侧的钢管法兰盘发生碰撞，导致钢丝绳断绳，人车发生跑车，至距井口以下 560 m 处碰停，如图 6－5 和图 6－6 所示。事故发生后，当班其余 15 人从主井安全升井。

三、事故直接原因

严重超员的斜井人车在提升过程中掉道，随即与巷道巷帮底部的钢管法兰盘发生碰撞，致使磨损锈蚀严重的提升钢丝绳负荷突然增大超过其承载极限而断绳，导致人车跑车，跑车后的人车在快速下滑过程中与巷道发生强烈撞击，造成斜井人车严重变形、乘车人员伤亡。

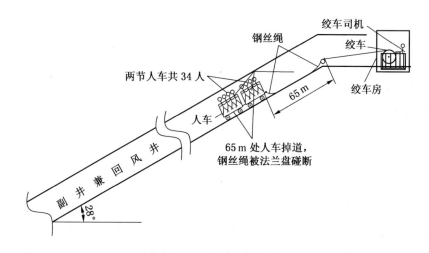

图 6-5　白银屈盛煤业运输事故发生前示意图

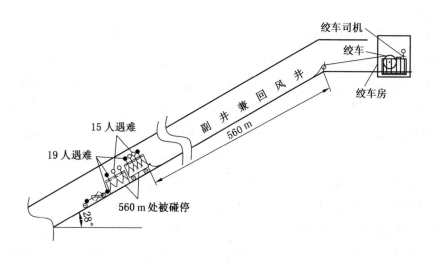

图 6-6　白银屈盛煤业运输事故发生后示意图

四、应急处置及抢险救援

（一）应急响应

副井绞车司机接到停车信号后立即刹车，瞬间断开的钢丝绳弹回到绞车房内，绞车司机当即向矿领导进行了汇报，副矿长接到事故汇报后立即下井查看情况，并组织人员救援。

0 时 40 分，矿领导向白银市平川区安全生产监督管理局办公室和红会煤管分站汇报了事故情况。平川区安全生产监督管理局领导带领相关人员立即赶赴事故现场，同时立即请求靖远煤业集团有限责任公司救护大队救援。

白银市委市政府、平川区委区政府接到事故报告后立即启动重大安全事故应急救援预案，成立了事故抢险救援指挥部，并调动白银会通煤业有限责任公司辅助救护队协助靖远煤业集团有限责任公司救护大队展开事故抢险救援工作。

事故发生后，甘肃省委、省政府高度重视，省委书记、省长及副省长分别作出重要批示。

时任国家煤矿安全监察局副局长的黄玉治及时带领相关人员赶赴事故现场，指导抢险救援工作。甘肃省长、副省长立即赶赴事故现场，了解事故救援进展情况并对事故抢险救援、善后处理和事故调查工作作出重要指示。

（二）应急救援过程

救援按照"先生后死，先重后轻，先易后难"的原则来抢救伤员，最大限度地减少人员伤亡。

2012 年 9 月 25 日 0 时 14 分，国家矿山应急救援靖远队接到靖远煤电股份公司总调度室救援电话："屈吴煤矿副井井筒发生一起钢丝绳断绳跑车事故，要求紧急出动前去救援。"大队接到事故召请电话之后，立即启动应急救援预案，调动直属一中队、直属二中队两个小队，在大队长、总工程师的带领下于 0 时 28 分到达事故煤矿，听取现场总指挥介绍情况后，制定了救援方案。大队领导在事故井口为入井救援队伍作了战前动员，进行了周密部署，强调"必须做到以人为本、实施科学抢险、确保安全救援，要真正展示出我队拉得动、动得快、打得赢的国家队风采"。

作战训练部部长、直属二中队中队长带领一个小队共 11 人会同矿方 4 名矿工于 0 时 34 分第一时间入井开展救援。抢险队员行至井筒风门以下 50 m 处，经检测 CH_4 浓度为 0.02%，CO_2 浓度为 0.04%，CO 浓度为 200 ppm，O_2 浓度为 18.8%，温度为 16 ℃，蒸汽大，能见度约 5 m，井筒底部淤泥较厚，轨道中间有一股水流，100 m 处发现 2 名神志清楚轻伤人员，救援人员立即护送出井口；随后又在 180 m 处发现 5 名重伤人员，抢险队员立即又将受伤矿工救出井口；在约 210 m 处发现 6 名矿工，5 名受伤，1 名遇难；在约 380 m 处又发现 6 名矿工，其中 3 名危重伤员，3 名遇难。2 时 51 分，一小队先后将 14 名受伤矿工运出井口，运往靖远煤业集团有限公司总医院抢救。

通过继续搜寻，在 410 m 处发现 3 名遇难者遗体，并组织搬运升井。

450 m 处槽钢拱形套棚被人车撞击，其中 3 副被撞翻，2 副向下倾斜，顶部向下位移 16 cm，此处井筒发生冒落，冒落高度约 5 m，宽度 2 m，杂物堵塞巷道，经检测该处 CH_4 浓度为 0.02%，CO_2 浓度为 0.04%，CO 浓度为 200 ppm，O_2 浓度为 16.8%，温度为 18 ℃，通过清理支护，处理冒落区后继续下行。在 535 m、550 m 处前后先后发现 12 名矿工遗体，侦察搜寻工作完成，第一组救援队伍于 3 时 30 分又运出 4 具矿工遗体。

第二组救援队伍在大队副总工程师、直属一中队副中队长的带领下于 3 时 38 分入井救援，先后将井筒 380 m 处 3 具、535 m 处 5 具共 8 具矿工遗体运出井口。8 时 20 分开始发现井筒能见度越来越低，至 9 时 10 分能见度不足 2 m；同时，井筒由于地面流水的不断流入，行走极度艰难，时不时地将队员滑倒，现场带队指挥员决定详细检测气体，分析通风系统气体成分变化可能因素，经检测 CH_4 浓度为 0.02%，CO_2 浓度为 0.04%，CO 浓度为 260 ppm，O_2 浓度为 15.8%，温度为 21 ℃，同时风流中带有青烟，然后将情况汇报指挥部。

侦察发现，该矿采煤工作面同时有火灾事故，救援指挥部决定由国家矿山应急救援靖远队现场决策，制定出科学的通风系统调整方案。一是立即打开主副井井底联络巷的风门，以增大副井风量；二是立即打开发火工作面—横川风门，造成工作面风流短路，并在发火工作面进风巷—横川以里 20 m 处建造风障。

约 9 时 45 分，CO 浓度降到 22 ppm 以下，副井井筒风量增大，能见度快速增大到 20 m 以上，为救援队伍创造了安全的救援条件。

救援人员继续搜寻过程中发现人车碰停在距井口 550 m 处，与井筒方向呈约 10° 角度，前部偏左，后部偏右斜交于井筒中，车上有 6 名遇难人员，由于人车碰撞变形严重，救援人员采用钢钎等工具勉强将遗体拉出，车下 1 人，左腿齐大腿根部断裂，头顶导轨朝右帮俯卧，下端一节人车齐肩部压在遗体上面，救援难度极大，现场救援人员临时制定出两个方案。方案一：采用氧焊将人车解体搬运遗体。本方案优点是救援较为安全，缺点是需要运送氧焊切割工具，寻找专职操作人员，作业时间达 4 小时。方案二：采用人工方法，强行将人车下端一节人车抬起，将遗体拉出。本方案的优点是能够将遗体快速拉出，缺点是受作业空间狭小和救援人员不足影响，存在一定的危险性，在采用人工强抬的过程中很难保证人车不下滑。

为尽快救出人员，现场救援小组研究决定采用第二方案，首先将人车采取一定的防滑措施后，将第二节人车抬起，但由于空间有限，抬起高度不足 10 cm，遗体拉不动，救援人员将人车前端向右摆动 20 cm 左右，第二次将人车抬起高度约 30 cm，但遗体仍然拉不动。后采取"撬、垫、抬"等措施，将夹在车轮与底梁之间的断腿先取出，第三次将人车抬起，最终将最后一名遇难者拉出。

经过全力施救，34 名矿工全部运到地面，分别送往靖远煤业集团有限责任公司职工总医院抢救，其中 1 人因伤势过重抢救无效死亡。14 时 50 分将最后一名遇难矿工遗体运至地面，事故抢险救援工作结束。本次救援先后出动 4 队次、48 人次，历时 14 小时 16 分。

五、应急救援总结分析

（一）救援经验

（1）及时逐级向上汇报，为科学调度赢得宝贵时间。矿方在事故发生后半小时向平川区安全生产监督管理局办公室和红会煤管分站汇报了事故。平川区安全生产监督管理局相关人员在赶赴事故现场的同时立即通知靖远煤业集团有限责任公司救护大队救援，并及时向上级政府和部门汇报了事故情况。

（2）各级领导高度重视，应急响应迅速。省长、副省长立即赶赴事故现场，对事故抢险救援、善后处理和事故调查工作作出了重要指示。国家煤矿安全监察局副局长黄玉治及时带领相关人员赶赴事故现场，指导抢险救援工作。

（3）救援行动迅速，救灾科学有序。靖远煤业集团有限责任公司救护大队在本次救援中反应快速，能够在接到事故通知后 2 个小时左右陆续将人员搬运升井，为抢救生命赢得了宝贵时间。

（二）存在的问题

（1）"三违"是煤矿安全生产的大敌，"三违"不除矿无宁日，日常安全生产管理是煤矿安全的重要基础，要从各个方面严防违章作业发生。

（2）为尽快救出最后一名遇难人员，采用不太安全的第二个方案不符合"以人为本、科学救援"的原则，可能会造成救援人员受伤，在确认人员已经遇难的情况下，应采取安全性更高的第一套方案。

第五节　黑龙江龙煤双鸭山矿业东荣二矿 "3·9" 重大运输事故

摘要： 2017 年 3 月 9 日，黑龙江龙煤双鸭山矿业有限责任公司东荣二矿（以下简称东荣二矿）井口房违规电焊引发火灾，继而烧断钢丝绳，引起正在提升的罐笼坠落，乘坐罐笼的 17 人被困。救援先从井底清理，进展缓慢。后指挥部根据国家安全监管总局副局长、国家安全生产应急救援指挥中心主任孙华山同志建议调整为采取安全措施后，在罐体顶部进行切割清理，在地面安装稳车、在井底车场安装绞车进行提升的方法进行清理，加快了救援进度。3 月 13 日，17 名被困矿工全部找到，均已遇难。

一、矿井概况

（一）上级公司简介

1. 黑龙江龙煤矿业集团股份有限公司概况

黑龙江龙煤矿业集团股份有限公司是省属国有重点煤炭企业，前身为黑龙江龙煤矿业集团，成立于 2004 年 12 月 20 日，是经黑龙江省委、省政府批准，在重组鸡西、鹤岗、双鸭山、七台河四个重点煤矿优良资产的基础上组建的大型煤炭企业集团。2009 年 4 月 17 日，黑龙江龙煤矿业集团整体变更为黑龙江龙煤矿业集团股份有限公司（简称龙煤集团）。公司下辖 16 个子公司（含黑龙江龙煤双鸭山矿业有限责任公司）、30 个煤矿（含东荣二矿）。

2. 黑龙江龙煤双鸭山矿业有限责任公司概况

黑龙江龙煤双鸭山矿业有限责任公司前身为双鸭山矿务局。双鸭山矿务局成立于 1947 年，2000 年 12 月改制为双鸭山矿业（集团）有限责任公司，2004 年底变更为黑龙江龙煤矿业集团双鸭山分公司，2014 年 11 月更名为黑龙江龙煤双鸭山矿业有限责任公司（简称双鸭山矿业公司），隶属于龙煤集团。公司安全生产许可证合格有效。

（二）东荣二矿概况

东荣二矿位于黑龙江省双鸭山市集贤县境内，距双鸭山市 40 km。井田东西走向长 8.2 km，南北宽 4.2 km，井田面积 35 km²。东荣二矿始建于 1990 年 12 月，1995 年 12 月 15 日投产，原隶属于双鸭山矿务局。2001 年更名为双鸭山矿业（集团）有限责任公司东荣二矿，2004 年龙煤集团成立后，东荣二矿隶属于黑龙江龙煤矿业集团有限责任公司双鸭山分公司，2014 年 10 月 29 日更名为黑龙江龙煤双鸭山矿业有限责任公司东荣二矿。全矿现有职工 1750 人,是双鸭山矿业公司所属生产矿井,属国有重点煤矿。矿井证照齐全,均在有效期内。

矿井提升系统为:矿井主井、副井均采用塔式摩擦轮式提升机提升。主井为箕斗提升,担负全矿原煤提升任务。井筒直径 5.5 m,提升高度 631.73 m。采用 JKM4×4(Ⅰ)E 型多绳摩擦轮式提升机,提升容器为 JDS–16 型同侧曲轨卸载式箕斗,容量 16 t。副井井筒直径 7.5 m,井深 569 m,井筒内布置两套塔式多绳摩擦式提升机。其中一套为双容器提升作为主要提升设备,承担提矸、下料、升降人员等运输任务,提升机型号为 JKM–3.25×4(Ⅰ)E(G)型;提升容器为双层四车罐笼,一宽一窄,型号分别为 GDGKl/6/2/4 型和 GDGl/6/2/4 型;矿车型号为 MGCl.1–6B 型。另一套为单容器平衡锤提升作为辅助提升设备,专门用于升降人员。提升机型号为 JKM–2.8×4(Ⅰ)E型,提升容器为 GDGl/6/2/4 型罐笼。

(三)事故区域及设备基本情况

事故区域为副井及副井井口运输平台(图 6–7)。

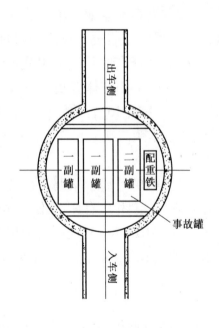

图 6–7 副井井筒布置示意图

副井井口运输平台负一层为推车机暗沟,东西宽 15 m,南北长 35 m,高 1.7 m。沟内铺设排水管路 2 趟、压风管路 1 趟、静压水管 1 趟;电力电缆 7 根(入井 5 根、通向井塔提升机 2 根)、信号电缆 28 根;柱塞泵油站 1 台、操车系统液压油管 21 根,各种缆线与管路之间纵横交错。

操车系统液压站设在副井井口运输平台上方,位于辅助提升系统西侧,液压站型号为 TX–Ⅱ型。21 根液压油管穿过液压站底板沿着辅助提升平衡锤侧进入运输平台负一层,引至操车设备空间。油管与井筒之间由铁栅栏隔开,距井筒内平衡锤侧 4 根提升钢丝绳 0.6~1.2 m 不等的距离。

副井辅助提升机罐笼质量为12117 kg,平衡锤质量为 14517 kg。提升钢丝绳为 30ZBB6V×34–1670–特–镀锌钢丝绳,绳长 690 m,共 4 根。平衡钢丝绳为 132×21ZAAP8×4×9–1370–镀锌扁尾绳，绳长 620 m，共 2 根。罐笼双层准乘 40 人，最大提升速度为 4 m/s。2016 年，提升机及提升钢丝绳经黑龙江煤矿矿用安全产品检验中心检测合格。

二、事故发生简要经过

2017 年 3 月 9 日 6 时 30 分左右，运转队一车间主任陈建全组织运转工班 16 人召开班前会，安排一车间工作。7 时，陈建全参加运转队早会，会议由运转队代理队长易春雷主持，当班值班队干部和值班车间主任等 6 人参加会议，会上易春雷安排运转队当班工作，两次会议均未安排焊接作业。13 时 30 分左右，运转队一车间副主任于振东在大绳工休息室门口走廊遇见运转队一车间电焊工于广进，告知副井井口运输平台轨道开焊了。13 时 40 分左右，于广进拿着电焊把线等工具对轨道开焊错口处进行焊接，将沙箱、灭火器、水管摆放好，接完线后，使用设在副井井口房二层的电焊机对副井主要提升设备窄罐进车侧距罐笼 2.66 m 处轨道开焊点及另一处推车滑道进行了焊接。焊接工作结束后，于广进对周围环境观察了 10 分钟左右，未发现异常后，就将灭火器、沙箱归回原位，拿着把线等工具去二层休息室休息。

14 时 30 分左右，17 名井下作业工人乘罐升井期间，副井口运输平台推车工班长赵福德和推车工尚春来在副井井口等候罐笼准备入井考勤。赵福德走到井口验身房附近时，透过靠验身房一侧铁道中间的缝隙发现运输平台负一层内有火光，从平台检修口往下看发现负一层电缆有明火，就叫尚春来扯水管灭火，同时大喊"电缆着火了"。听到喊声后，在二层休息室的推车工刘文国下楼和赵福德、尚春来一起扯冲尘用的自来水管试图灭火，但没有水，刘文国喊二层信号工给矿调度打电话联系水电所供水。在副井电气检修的张子玉、吴钢等人也使用灭火器进行灭火。随后赶来的陈建全等人试图用消火栓灭火，但消防管路内水量很少。很快火势已不能控制，随后赶来的保安人员就组织人员撤离。

14 时 34 分，罐笼上行不久，辅助提升系统井下信号工宋国金发现有烟从副井井筒下来，于是给矿调度打电话询问情况，调度答复井口着火。14 时 39 分，宋国金向调度电话报告井下烟大，通话期间，罐笼坠落。

三、事故直接原因

电焊工在副井井口运输平台违章电焊，产生的高温焊渣引燃运输平台负一层内可燃物，致提升机电力电缆线、信号电缆线和井口操车系统液压油管及液压油燃烧。由于副井井口辅助提升到位停车开关信号电缆着火造成线路短路，提升机实施一级制动，致使罐笼提升 59 m（由 - 500 m 标高水平上提至 -441 m 标高水平）后停止运行。此时，副井平衡锤侧提升钢丝绳处于高温火区内、抗拉强度急剧下降，在静张力的作用下断裂，造成罐笼坠落（坠落高度 94 m）。

四、应急救援方案及过程

（一）企业先期处置

14 时 35 分，东荣二矿调度室监测调度丁祥顺接到副井井口信号工赵凤杰打来电话，说副井井口电缆着火了，请求联系辅业公司水电所往副井井口送水灭火。丁祥顺立即向矿长袁朝福及生产安全有关人员报告了副井井口火情，相关领导陆续赶往调度室指挥事故救援。14 时 50 分，矿生产调度毛英鑫向双鸭山矿业公司调度报告事故。双鸭山矿业公司生产调度陈绪立接到毛英鑫的事故报告后，立即向双鸭山矿业公司调度室主任孙义和矿业公司领导及龙煤集团调度付延龙报告了事故。15 时 25 分，双鸭山矿业公司副总经理李强向黑龙江煤矿安全监察局哈东监察分局电话报告，同时安排按程序逐级上报事故。

东荣二矿生产调度毛英鑫听到监测调度丁祥顺接到的电话后，立即联系水电所往副井井口送水，随后通知通风队，要求组织人员拿灭火器到副井井口去灭火。14 时 40 分，辅业公司东荣二矿分公司武保科科长陈士军拨打 119 报火警；毛英鑫接到井下矿通风副总工程师张宪明打来电话说井下有烟，让他马上向总工程师慕扬和通风副矿长孙浩报告，准备反风。14 时 41 分，矿长袁朝福下令启动东荣二矿应急救援预案，通知井下撤人，并进行矿井反风。14 时 57 分，向双鸭山矿业公司救护大队请求救援。

15 时 40 分，在井下带班的采煤副矿长相长文到副井井底查看情况，确认辅助提升机罐笼坠入井底。

15 时 50 分左右，双鸭山矿业公司及龙煤集团领导相继赶到东荣二矿，双鸭山矿业公司成立了以公司副总经理（主持全面工作）宫廷明和总工程师孙久政为总指挥，东荣二矿矿长袁朝福和总工程师慕杨任为副总指挥的救援指挥部，立即组织开展救援工作。

事故发生时井下作业人员共有 273 人，事故发生后，救援指挥部组织井下作业人员陆续升井。截至 3 月 10 日凌晨 1 时 47 分，共有 256 人安全升井，经排查确认，有 17 人被困。

（二）应急响应

事故发生后，双鸭山市委市政府组建了以市委书记为组长的救援指挥部，下设事故救援组、事故调查组、医疗救护组、安全保卫组、善后处理组、专家组、后勤保障组、对外联络组、综合组9个工作组，迅速展开救援。

国务院总理李克强、副总理马凯、国务委员王勇，国家安全监管总局、国家煤矿安监局及黑龙江省委、省政府主要领导分别作出重要批示，要求全力抢救被困人员，查明事故原因，依法严肃处理。国家安全监管总局副局长、国家安全生产应急救援指挥中心主任孙华山，国家煤矿安监局副局长桂来保率领工作组立即赶赴事故现场指导救援工作；副省长胡亚枫率领黑龙江煤矿安监局、省安监局、省煤管局、省公安厅等有关部门负责人第一时间赶到事故现场，并始终坚守在事故现场指导抢险救援工作。

国家安全监管总局工作组实地了解事故发生及救援工作情况，传达了李克强总理以及马凯、王勇等中央领导同志的重要批示要求，并对下一步的工作提出五点要求：一是坚决贯彻中央领导同志的重要批示要求，千方百计搜救被困人员；二是以人为本、科学救援；事故救援各环节、各工序都必须制定相匹配的安全保障措施，严防发生次生事故；三是进一步加强救援工作组织领导，做到人员到位、技术到位、保障到位；四是严肃认真做好事故调查处理工作，依法依规处理相关责任人；五是做好事故善后、社会稳定和舆论引导工作，及时回应社会关切，并举一反三，深刻吸取事故教训，防止各类事故发生。

（三）应急救援过程

1. 扑灭明火与搜救地面被困人员

3月9日14时57分，双鸭山矿业公司救护大队接警后，先后出动2个中队、5个小队共48名指战员，调集车辆8台参加事故救援。

9日15时06分，东荣中队2个小队共18人到达事故矿井，按矿指挥部命令，一小队立即对副井罐笼平台火灾现场进行侦察；二小队到矿机关办公楼（火灾浓烟已窜至办公楼，人员已进行疏散）进行侦察搜救。一小队对副井罐笼侦察，发现副井罐笼平台、二楼、三楼均有明火燃烧，信号操纵台、验身房上下两层工作间和副井罐笼平台下部皆有浓烟和燃烧物燃烧，并发现塔顶6楼有2名绞车司机被困；二小队在浓烟中对6层办公楼由上到下进行搜救，在四楼搜救出遇险被困人员4名，为其佩戴自救器，护送至安全地点。

15时36分，大队长带领战训部人员2人到达事故矿井，成立救护临时指挥部。之后，救护队再次进入副井罐笼平台至塔楼搜救，通过高温浓烟和火场等地点，为被困的2名绞车司机佩戴自救器，护送至安全地点。

15时50分，救护大队尖山中队2个小队共18人到达事故矿井。根据指挥部要求，救护队与消防队协同灭火，由救护大队大队长带领3个小队和消防人员进入火场，用消防水枪进行灭火。后派 1 个小队作为巡查小队对火灾现场进行全面巡查并及时扑灭复燃点 3 处。16 时，副井明火彻底扑灭。

2. 组织撤离、入井侦察

由于副井发生事故无法运行，为快速将井底人员升井，指挥部决定由主井提升井下人员，制定并落实了主井提升人员安全措施。3 月 9 日 18 时，主井开始提升人员，截至 3 月 10 日 1 时 47 分，256 人全部安全升井。

3 月 9 日 20 时 15 分，根据指挥部命令，救护队入井侦察搜救被困人员，由井底车场向下的井筒梯子间（共 10 m）进入梯子间尽头，距事故点垂深约 10 m 没有梯子无法进入，发现底部有大量首绳，多次喊话，没有人员回应。

副井井底车场（−500 m）向上约 80 m 范围内的钢梁已因坠罐被砸坏，井底（−550～−535 m）首绳与钢梁缠绕混乱，将罐笼和配重铁包裹在下方，并随时可能有物体坠落，初步判断不具备从井筒内由上向下清理救援的条件。3 月 9 日 21 时 48 分，指挥部决定，由该矿安装队、运输队职工在井底泄水巷及联络巷（−535 m）安装一台 JM − 14 型慢速绞车，对底部缠绕的尾绳进行拖拽切割清理。由于联络巷断面狭窄，仅为 3 m^2，清理工作进展缓慢。3 月 10 日 13 点 5 分，救援人员通过清理出的狭窄通道，向上爬至罐笼上方，通过缝隙看到，罐笼上层内有至少 4 名遇难者，罐体和遗体已经严重变形。11 时 30 分，救护队进入副井罐底使用生命探测仪搜救，未探测到生命迹象。副井井筒剖面如图 6 − 8 所示。

3. 调整方案、组织施救

在从底部实施拖拽切割清理过程中，一方面由于上部大量重物压紧，向外拖拽钢丝绳十分困难，救援工作进展非常缓慢；另一方面配重铁占据清理处大部分空间，救援人员作业空间狭小，安全受到威胁。鉴于这一情况，孙华山同志立即组织有关专家对救援方案提出调整和优化的建议。指挥部根据孙华山同志的建议对抢险救援方案进行了重新部署，确定了由井底车场入井，自上而下清理井筒内落下的钢丝绳、钢梁和罐道等杂物，直至清到坠落的罐笼，再根据情况进行施救的方案。

为确保井筒内救援人员安全，制定了以下安全措施。一是防止物体坠落。对副立井井口以上所有悬挂物及提升装置进行了固定，并在井口安装栅栏，在 −500 m 水平安装盖板，防止井口及井底车场物体坠落。二是防止次生灾害。切割钢丝绳前，对井下现场进行充分洒水，保持通风，监测有害气体浓度，防止切割作业引发火灾事故。三是加强现场管理和技术指导。安排白班、夜班均由一名公司领导和一名矿领导带班，专家现场指导，确保安全施救。

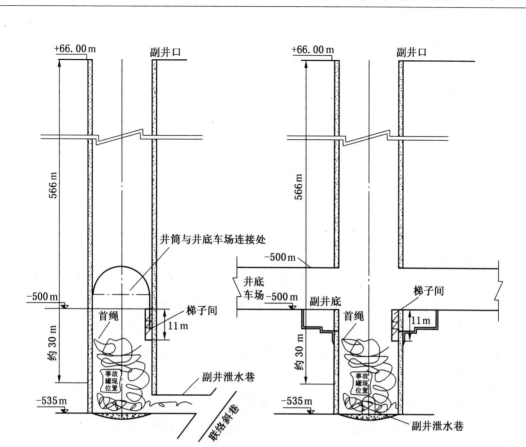

图 6-8 副井井筒剖面示意图

3 月 10 日 18 时起，在地面副井井口房内安装 JZ-16/1000 型稳车，在井底车场副井出车侧安装 JSDB-19 型慢速绞车。3 月 11 日 8 时，两部绞车安装完成。之后，救援人员通过副井井底清理出的狭窄通道爬至罐笼上部，清理坠罐地点杂物，按照难易程度和上下顺序捆绑切割钢丝绳、钢梁或罐道，使用地面稳车起吊约 20 m 至 -500 m 井底车场，再用慢速绞车拖拽到车场及巷道内，码放或装车。期间，除带班矿领导外，救护队员也到现场进行监护、配合施工、协助清理并在梯子间向下设置软梯，作为施救现场应急安全通道。

为确保科学施救，不发生次生灾害，3 月 11 日 1 时，孙华山同志召集有关专家再次对救援方案进行评估。经评估分析认为，调整后的救援方案科学合理，能够实现安全、快速救援。

3 月 11 日 11 时 30 分，地面绞车开始起吊第一钩。3 月 12 日 13 时 38 分，清理至上层罐笼顶部并起吊上层罐上盖，确认上层罐内共有 11 名遇难人员。由于通往井底泄水巷通道较为狭窄，不便于运送遗体，救援人员对巷道顶板拐角进行了爆破，拓宽了通道。现场救援人员使用风筒布将遇难人员遗体包裹捆扎并通过井筒内缝隙下放至井底泄水巷，由救护队员接应并运送。20 时 35 分，切割完下层罐上盖并起吊。20 时 41 分，发现下层罐第 12 名遇难人员，至 22 时 40 分，发现第 17 名遇难人员。

3 月 13 日 0 时 4 分，救护队开始将 17 名遇难人员升井，1 时 57 分升井完毕，救援工作结束，共历时 83 小时 16 分。

东荣二矿"3·9"坠罐事故救援现场如图 6-9 所示。

五、总结分析

（一）成功经验

（1）各级领导高度重视，应急响应及时。事故发生后，国务院和国家安全监管总局、黑龙江省委省政府均高度重视，主要领导分别作出重要批示指示和工作要求。孙华山同志亲赴事故现场指导救援工作；胡亚枫同志全程坐镇指挥抢险救援工作；黑龙江省直部门、双鸭山市委市政府和龙煤集团通力配合，集全省之力开展救援。

（2）施救方案科学合理，安全措施到位。指挥部根据实际情况和孙华山同志建议，及时调整、优化救援方案，并制定了详尽的安全技术措施；龙煤集团、双矿公司、东荣二矿三级领导全程井下带班，调配适型设备并迅速投入使用，保障了救援工作顺利开展。救援共清理钢丝绳约 2370 m，钢梁 54 m，罐道 43 m，罐盖 1 层，合计约 20 t，没有发生次生事故。

（3）救援分工组织合理，救援保障得力。指挥部对救护队和矿方施工队等人员的救援任务安排合理，组织得当，保障了救援高效有序开展；稳定工作组和媒体接待组等后勤保障部门工作有效，为救援提供了良好环境。

（二）存在问题及建议

（1）应急处置不到位导致事故扩大。该矿从业人员安全意识不强，不能识别电焊作业过程中的风险和隐患；发现火情后缺乏应急处置能力，未能第一时间采取有效措施控制火情；在提升作业中遇到突发状况不能准确判断并作出恰当处置。

（2）根据实际情况及时调整救援方案。该起案例中，事故罐笼上下均布满钢丝绳，初期考虑罐笼内再次发生坠落从底部清理是可行的，但进展受阻后应尽快对井筒上部进行侦察并作出必要清理，然后自上而下进行清理和救援，这样既能加快救援进度，又可以保障救援人员安全。

（3）加强薄弱环节安全管理和应急管理。矿井井口附近的防灭火安全管

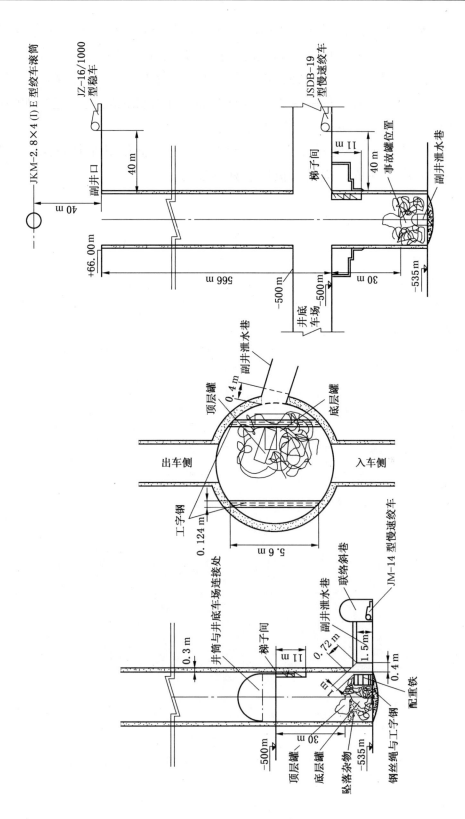

图 6-9 东荣二矿 "3·9" 坠罐事故救援现场示意图

理问题是多数矿井容易忽视的薄弱环节，应当引起高度重视，完善应急预案，完善防火设计及安全设施，包括井筒电缆保护，加强日常安全管理和检查。

（4）加强该类型事故处置的研究。针对井筒坠罐事故一般都存在井筒设施破坏严重，处理难度大，危险性高，且复杂而专业性强的特点，应当加强研究坠罐事故的安全快速救援处置方案及配套装备。

（5）进一步提供应急处置能力。应当加强现场应急预案尤其是岗位人员应急知识培训和应急演练，提高人员应急处置能力。

第六节　矿井提升运输事故应急处置及救援工作要点

一、事故特点

矿井提升运输事故发生在矿井的提升运输环节，主要包括卡罐、坠罐、跑车、吊桶翻转以及带式输送机、刮板输送机事故等。

卡罐造成罐内人员被困井筒，可能由于突然停止发生撞击造成伤害，有的可能进一步发生坠罐事故。坠罐是矿井提升运输中发生较多的一种事故，对乘坐人员的伤害是强烈冲击，造成人员死亡或腿部骨折等创伤。斜井跑车失控后，除会造成车内人员创伤或死亡外，也可能撞击井底人员造成伤亡事故。吊桶翻转，乘坐吊桶人员在系好保险带、挂上保险钩的情况下，一般不会坠落井底，不会发生严重伤害。带式输送机和刮板输送机事故的危害主要是机械伤害、触电、火灾等。

值得注意的是，坠罐、跑车、带式输送机断带等提升、运输事故，可能扬起井底车场或巷道积聚煤尘，并由同时产生的撞击火花点燃而引发煤尘爆炸。

二、应急处置和抢险救援要点

（一）现场应急措施

1. 卡罐、坠罐事故

（1）乘罐人员发现罐笼运行异常时，应握紧罐笼内的扶手，不能握扶手的应抓住握扶手的人，以免罐笼快速停止时摔伤和出现其他伤害。所有人员应将两腿弯曲，以减少惯性冲击。

（2）罐笼由于保险装置的作用减速并停稳后，乘罐人员要保持镇静，不可在罐笼中乱动、推拉，以保持罐笼平衡，以呼叫为主积极发出求救信号，并耐心等待救援。

（3）井底现场人员发现罐笼异常时，应立即撤离井底50 m以外，或躲避到安全地点，待罐体稳定后及时报告，并在现场设立警戒。与井口和车房保持联络，确认井口无其他可坠物且由专人在井口警戒后，方可靠近观察和施救。

（4）罐内未受伤人员应立即在现场为受伤矿工进行止血、包扎和骨折临时固定等紧急处理。

（5）井口人员应首先避险，及时向调度室报告，并在井口警戒，封锁现场，防止其他人员、车辆靠近。

2. 倾斜井巷跑车事故

（1）乘车人员发现人车运行情况出现异常时，乘坐人员应握紧车内的座椅靠背或扶手，以免人车快速停止时摔伤和出现其他伤害。车上人员不能中途跳车，当车停稳后立即下车，并向调度室报告。

（2）人车发生断绳或掉道等事故后，跟车工应立即发出事故信号，通知矿井有关人员及时组织抢救。

（3）在倾斜井巷中行走或工作的人员，应立即进入躲避硐避险。来不及进入躲避硐时，应紧靠巷帮或支架间避险。巷道很窄、两侧难以躲避时，可抓住棚梁将身体向上收缩避险，使失控车辆从下部通过。

（4）斜巷底部人员应立即撤离或躲避到安全地点，及时向调度室汇报事故情况。待车停稳后，关闭阻车防护安全设施，设置警戒防止车辆及其他人员进入，积极开展施救。

（二）矿井应急处置要点

（1）启动应急预案，报告事故情况。调度室接到事故报告后，应迅速启动应急预案，立即通知救护队、医院等救援力量赶赴事故地点进行救援，向矿领导报告事故情况，并按照要求向上级有关部门报告。

（2）采取有效措施，组织开展救援。矿井应根据情况停止事故设备运行，切断其供电电源，迅速组织开展救援工作，采取一切可能的措施，积极抢救被困遇险人员，防止事故扩大。

（三）抢险救援技术要点

1. 卡罐抢险救援要点

（1）清理井架、井口附着物，防止救援过程中坠物伤人。井口设专人把守，做好警戒。

（2）在保证安全的情况下，有梯子间的井筒可以首先从地面通过梯子间向下侦察直到罐笼上方进行施救；也可在井口通过固定滑轮及钢丝绳连接吊桶进行施救、运送人员。

（3）施救人员必须佩戴保险带、安全帽，所带工具都要系绳入套，防止掉落。配备使用合适的通信工具（如对讲机）以保证及时联络。

（4）在被困人员暂时无法救出时，要通过绳索和吊篮将通信工具、食物和水及相关药品下放给被困人员。

2. 坠罐抢险救援要点

（1）如果提升人员井筒发生事故，应该快速选择其他井筒入井侦察施救。

如需使用原事故井筒，应对提升装备及井筒进行安全评估，临时提升人员要制定安全措施。

（2）施救人员入井后，对现场进行勘查，发现能够立即救出的人员要立即救出，妥善安置，对不能立即救出的要在采取措施后施救。施救时必须先观察井筒上部是否有物品坠落危险，确认无危险后再进行救援。

（3）在井底用槽钢、木板等封锁井底的井筒断面，防止意外物品掉入井筒造成人身伤亡。

（4）当罐笼坠入井底时，救援人员可通过排水通道直接进入罐笼，并通过排水通道抢救人员。如果排水通道受阻，也可采用绞车和吊桶运送人员。

（5）当罐笼坠入井底遇到积水多井筒淋水大等情况，应采取排水、截水、引水措施，井底较深还应考虑局部通风问题，防止人员窒息。

（6）迅速搜寻幸存人员，发现伤员及时进行止血、包扎和骨折固定等紧急处理，并迅速运送升井到医院救治。

3. 倾斜井巷跑车抢险救援要点

（1）施救中选用起重、破拆、千斤顶等装备搬移挪动矿车时，应采取措施保护车内遇险人员安全，免受二次伤害。

（2）迅速搜寻幸存人员，发现伤员及时进行止血、包扎和骨折固定等紧急处理，并迅速运送升井到医院救治。

（3）处理现场险情隐患，加固被破坏的巷道时，应安排专人观察现场情况，采取安全措施保证救援人员安全，防止发生次生事故。

三、相关工作要求

（1）严禁未采取防坠落措施就盲目抢险救援。

（2）严禁未将主提升设备固定牢就盲目抢险救援。

（3）严禁不按高空作业规定冒险抢险救援。

（4）严禁不顾退路不观察现场情况盲目抢险救援。

（5）严禁未采取闭锁上平台防跑车系统就盲目抢险救援。

（6）严禁不处理现场险情隐患就盲目抢险救援。

第七章 矿井中毒、窒息事故应急救援案例

第一节 安徽省淮南市赖山二矿 "3·10" 中毒事故

摘要： 1994 年 3 月 10 日 14 时 10 分，淮南市煤炭局所属赖山二矿由于 B_8 煤层采空区自然发火，造成 15 人 CO 中毒事故。救护队迅速行动，准确搜寻，将遇险人员全部找到并帮助脱险。救援方案均经认真分析，多次根据实际情况作出调整，最终成功抢救出 15 名遇险人员，顺利封闭了火区，避免了火势扩大。

一、矿井概况

该矿为李二矿、赖山乡合资开采小井。1984 年 9 月投产，主要回采李二矿东部断层煤柱，年产量 2×10^4 t。所采煤层为 B_8 煤层，B_8 煤层在该矿部分地区由于夹矸而分为顶、底层开采。顶层厚 4 ~ 5 m，底层厚 2 m，夹矸厚 5 ~ 10 m。东部断层处（即发火处）为顶、底层合层区。煤层倾角 70° ~ 75°。煤层自然发火期为 3 ~ 6 个月。该矿为斜井开拓，顶板控制采用分层假顶，底层为自然垮落法。低瓦斯矿井，主要通风机为 15 kW 离心式风机，风量为 380 m^3/min。

二、事故直接原因

B_8 煤层采煤工作面采空区漏风严重，遗煤缓慢氧化，引起采空区内自然发火，形成大量 CO 并溢出，造成 B_8 煤层 2 行、3 行底层作业工人 CO 中毒。

三、应急处置及抢险救援

赖山二矿 CO 中毒事故如图 7 - 1 所示。

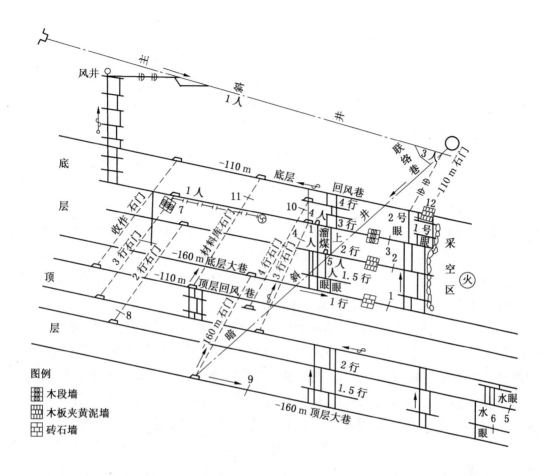

图 7-1　赖山二矿 CO 中毒事故示意图

(一) 侦察及救援

3 月 10 日 15 时 10 分，救护三中队接到矿务局事故调度电话，称赖山二矿发生瓦斯熏人事故。值班小队立即出动，15 时 25 分到达事故矿井，简单询问情况后，迅速沿主斜井下井。行至主斜井中部，发现 1 名遇险人员躺在石阶上呻吟，询问得知遇险人员大多在 B_8 煤层底层的 2 行和 3 行。行至主斜井和暗斜井联络巷时，又见 3 名遇险人员或躺或卧在巷道里。指挥员见此情形，随即打电话给井口房，要求通知三中队速派 1 个小队，多带几台苏生器入井增援。值班小队沿暗斜井→ -160 m 石门→ -160 m 底层大巷→上人眼到达 B_8 煤层底层的 2 行时，发现上人眼旁有 5 名中毒人员。指挥员决定带 4 人 (编者注：5人进入灾区违反《煤矿安全规程》的规定) 上 3 行侦察找人，余下 6 人把中毒人员扶抬到底层的 1.5 行新鲜风流处，并对昏迷伤员进行苏生。搜寻人员在底层的 3 行溜煤眼口发现 4 人，其中 2 人已呈假死状态，在 3 行风机前和 3 行石门中各发现 1 人。

　　救护队对底层的 3 行和 2 行巷道再次全部搜寻一遍后，进入底层的 1.5 行，增援小队已到达，2 名假死伤员经苏生后已苏醒过来。随后入井的矿方人员现场清点了人数，确认遇险人员已找全，分别送至地面后，救护队于 17 时 20 分撤出。现场测得巷道中的 CO 浓度为 0.2%，CH_4 浓度为 0.1%。

（二）封闭火区

　　18 时，李二矿、赖山二矿矿长和救护队总工等人听取了现场情况汇报，将中毒人员立即送到医院抢救，并要求险情未消除前工人不准下井。为查清 CO 来源并防止继续扩散，同时要求预备密闭材料，准备封闭火区。

　　3 月 11 日早班，回风井冒烟严重，火势已扩大。救护队总工和矿领导研究决定：早班在 B_8 煤层底层的 1 行和 2 行打 1 号、2 号木板墙，切断通向火区进风；中班在 3 行打 3 号木板墙，在 −110 m 回风巷的 1 号、2 号眼上部打 12 号木板墙，封闭 1 号、2 号眼，隔断回风。

　　早班小队到达 −160 m 底层大巷时，发现有薄烟，随即将小队分成 2 组，同时打 1 号、2 号墙。9 时，2 号墙位处已浓烟滚滚，采空区里不断传出垮落的声音。2 号墙打好以后，CH_4 浓度也由 2% 迅速上升至 5%。由于测得瓦斯浓度达到爆炸点，2 号墙施工人员未在木板墙抹上白石灰，就立即撤出。为了确保人员安全，在火区供氧继续存在的情况下，停工一段时间进行观察。

　　11 日下午，正式成立了抢救指挥部，由该矿矿长任小组长，市、区煤炭局局长和李二矿安全总工、救护队总工等人任副组长。指挥部决定：①由矿测气组安排专人在回风井口测定 CO、CH_4 浓度变化。3 班观测，每小时观测 1 次，并做好记录。48 h 后再由救护队派 2 个小队（其中 1 个小队地面待机）快速取 2 号墙、底层 3 行和 2 号眼处气样分析。通风机在 48 h 内必须正常运转，不得任意停电停风。②封闭火区所有通道。−160 m 底层大巷、顶层 2 行、顶层 1.5 行、底层 3 行、−110 m 底层回风巷各打上一道木板墙，并封闭 1 号、2 号眼。施工由救护队快速完成，永久封闭由矿方完成。密闭墙必须符合要求。木板墙和木段墙四周要掏槽，并抹石灰，防止漏风。③待恢复生产后，由李二矿安排人员从 −110 m 石门向火区打钻灌浆。

　　3 月 13 日早班，救护队出动 1 个小队，在 2 号墙、底层 3 行和 2 号眼处取样。测得 2 号眼处 CO 浓度为 0.026%，CH_4 浓度为 0.01%；2 号墙和底层 3 行无 CO，CH_4 浓度分别为 0.01% 和 0.05%，分析火势已下降。中班出动 2 个小队封闭火区，同时打 3 号、4 号、5 号、6 号木板墙。18 时 10 分，5 号、6 号墙施工完毕，施工队员升井。18 时 40 分，3 号、4 号墙也施工结束，施工队员返回途中，在 –110 m 底层回风巷测得 CO 浓度达 0.14%。

指挥部对井下情况分析认为：在未封闭 3 号闭前，一部分风流从底层 3 行经 2 号眼回到 –110 m 底层回风巷，减小了火区负压，火势减弱；3 号墙完成后，–160 m 顶层大巷出现风量明显增大现象；由于矿井负压作用，风由顶层采空区大量漏到底层火区，导致火势扩大。因此，指挥部决定，半开 –110 m 石门 2 道风门，短路一部分风流；派 1 个小队连夜打 8 号墙和 9 号墙，切断通向顶层采空区漏风。

3 月 13 日夜班，小队在打完 8 号、9 号墙后，在 –110 m 底层回风巷测得 CO 浓度明显下降至 0.001%。3 月 14 日早班，为了减少 2 号、3 号木板墙漏风，计划在 3 号墙位外加建一道木段墙。由于矿上工人带错路，实际在 7 号墙位打了一道木段墙（7 号墙位原准备中班打木板墙）。中班，2 个小队先后在 2 号、3 号墙外加建了木段墙。3 月 15 日早班，为了实现完全封闭通往火区的进、回风道，救护队再次出动 2 个小队施工了 10 号、11 号、12 号墙，封闭了 1 号、2 号眼。至此，救护队经过 5 天 5 夜抢险作战，出动 12 个小队次，抢救出 15 名遇险人员，完成了 B_8 煤层火区全部封闭任务。

之后，矿方对密闭区域打钻注浆。3 月 29 日取样化验 12 号墙气体，分析各种气体浓度结果为：CO 无，CO_2 浓度为 14.92%，CH_4 浓度为 0.14%，O_2 浓度为 7.76%，可以判断火势已被抑制，并趋于熄灭。矿井不久就恢复了生产。

四、总结分析

（一）救援经验

（1）各级领导十分重视这次事故，迅速及时成立指挥部，统一指挥，措施正确，避免了火势进一步加剧。矿领导在发生多人 CO 中毒事故后，能及时带领工人开展科学合理的自救互救，弥补了救护队力量的不足。

（2）救护队平时训练严格，在这次事故处理中，仪器装备完好率达到 100%。救护队指挥员班班到现场，坐镇指挥。队员连日作战，不畏艰险，作风顽强。队员对灾区急救知识熟悉，能够快速对 2 名假死伤员进行苏生，挽救了人员生命。

（3）先期处置得当，避免了人员入井造成伤害。救援措施得当，先后采取了封闭进风侧和调风，降低火区负压等措施，在火灾未扩大之前，出色完成了火区封闭任务。

（4）救护队配备便携式 CO 数据显示仪，及时准确地反映了灾区 CO 浓度，便于指挥员现场决策指挥。

（二）存在问题

（1）矿方安全生产工作松懈，采空区漏风严重，对采空区自然发火情况处理不当，使多人 CO 中毒。

（2）矿方对井下专职人员安全培训不够，1 名假死伤员（瓦检员）经苏生苏醒后，还认为自己是被瓦斯熏倒（当时他已测得底层 3 行瓦斯浓度为 0.1%），对 CO 气体性质及危害不了解。

（3）应急处置不熟悉，召请电话中未能说清事故性质和具体情况；职工、救护队员对井下巷道不熟悉，一定程度影响了抢救工作。

第二节　黑龙江省鹤岗新一矿小井区一井"6·10"较大一氧化碳中毒事故

摘要：2000 年 6 月 10 日，鹤岗矿务局新一矿小井区一井在处理火区过程中，从入风井涌出大量一氧化碳，使工作面人员 41 人中毒遇险。事故发生后，该矿紧急启动了应急预案并启动反风，先期救护队员到达该矿后，主动申请增援。救援人员行动迅速，分四批先后入井侦察搜救，派专门小队确认反风设施完好，成功救出 37 名遇险人员和 4 名遇难者。

一、矿井概况

一井位于鹤岗矿务局新一矿中北部，于 1996 年 12 月建井。储量 150×10^4 t，生产标高 $+150 \sim +126$ m，开采 BC 区 15 号煤层。一井设计生产能力 3×10^4 t/a，实际生产能力 20×10^4 t/a。矿井采煤工艺为 Π 型钢梁与单体液压支柱放顶煤，井区为一采、二掘、一准备巷施工。其中回采工作面标高 $+136 \sim +126$ m，Π 型钢放顶煤工作面。两回掘工作面为 $+140$ m 标高，机道拐开切眼施工及 $+150$ m 标高回风道施工。全井有职工 270 人。

一井采用压入式通风，一进两回。入风井设 1 台 BK54 - 1.0 型节能主要通风机，总入风量 840 m^3/min，有效风量 790 m^3/min，实行分区通风。该井绝对瓦斯涌出量为 3.48 m^3/t，掘进工作面瓦斯涌出量为 0.3 ~ 0.4 m^3/min。煤层自然发火期为 6~12 个月。

二、事故发生简要经过

6 月 10 日第一班，该井入井 41 人。通风区组织人员在矿井入风侧进行火区充浆。21 时 21 分，瓦检员发现风流中出现 CO。事发时主井井口 CO 浓度为 800 ppm，正在井下作业的 41 人遇险。

新一矿小井区一井矿井通风示意图如图 7 - 2 所示。

三、事故直接原因

通风区在矿井入风侧进行火区处理充浆过程中，无安全措施；采空区内木棚被冲倒，发生大面积冒顶，冲击导致 CO 泄漏；充浆在火区内形成大量水蒸气导致气体压力增加；CO 通过密闭缝隙大量外泄并进入工作面，造成中毒事故。

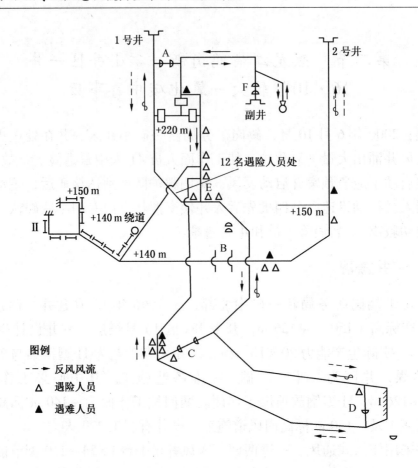

图 7 - 2   新一矿小井区一井矿井通风示意图

四、应急处置及抢险救援

(一)企业先期处置

事故发生后,该矿开展了应急处置。矿井启动反风程序并召请了鹤岗矿务局救护队,反风后副井一氧化碳浓度为 1000 ppm。井下有 10 名工人自行逃离升井,但升井后已处于昏迷状态。井下 31 人被困,有 12 人撤至 1 号井井底车场新鲜风流处。

(二)应急救援过程

救护队到达事故矿井后,详细了解了有关情况,并立即向鹤岗矿务局救护大队调度汇报,再调队伍前来增援。随即,指挥员决定将救护小队分两批入井抢救遇险人员。第一批由副中队长于怀树带队计 6 人,从 2 号井井筒进入抢救 Ⅱ 工作面人员和副井井筒人员,行进路线是:2 号井筒→井底车场→B 风门→ Ⅱ 工作面 +150 m 掘进工作面→ +140 m 绕道→副井井筒。另一批由技术员洪长甫带队，从1号井井筒进入抢险，营救1号井井底车场12人及Ⅰ工作面人员，行进路线是：1号井井筒→井底车场→C风门→D风门→Ⅰ工作面→机道→副井底弯道。

22时救护队开始入井。22时10分，鹤岗大队长张福成、政委张清龙到达事故矿井。在了解矿井情况和救灾方案后，大队长立即决定：①由新增援的四中队副中队长李家山带队计8人，从1号井井筒进入，专门检查A、B、C、D、E、F六处风门，防止反风风流短路影响反风效果；②安设救灾通信设备（南非灾区电话）；③立即调二中队一小队前来井上待机。22时20分，四中队副中队长李家山带队计8人入井。

第一批：侦察发现，2号井井筒向下200 m处有一遇难者，头朝井筒上方。经全面检查后，脉搏已停止，瞳孔扩散，已经死亡。此处无一氧化碳，二氧化碳浓度为1%，瓦斯浓度为0.4%。救护队将死者放到巷道旁边，继续前进。行至标高+150的巷道口处时，发现一遇险者，处于昏迷状态。此处无一氧化碳，二氧化碳浓度为1%，瓦斯浓度为0.5%。救护队立即为其苏生，10 min后遇险者苏醒。

救护队将遇险者安排好后，继续前进。往前30 m处，发现3名遇险遇难者，其中1人经检查已经死亡，另2名有微弱脉搏。此处无一氧化碳，二氧化碳浓度为1%，瓦斯浓度为0.5%。救护队立即为遇险者苏生，20 min后，2人苏醒。

根据矿方提供的情况，已将2号井中的人员（其中2人死亡）全部找到。正准备返回时，发现前方有灯光，救护队意识到前边还有遇险人员。立即过+140 m绕道，前行至灯光处，在副井中发现3名遇险人员，经检查都有微弱脉搏。此处一氧化碳浓度为100 ppm，二氧化碳浓度为1%，瓦斯浓度为0.5%。救护队给他们配用自救器，运至2号井井底车场处，为其苏生，40 min后遇险者苏醒。然后，救护队又返回+140 m绕道沿副井井筒往上爬40 m，又发现1名遇险者。此人处于昏迷状态。此处一氧化碳浓度为200 ppm，二氧化碳浓度为1%，瓦斯浓度为0.5%。救护队为其配用自救器。这时，发现井筒往上还有一灯光。救护队又继续爬行80 m到+220 m片口密闭前，发现1名遇难者头朝井口下方。此处一氧化碳浓度为400 ppm，二氧化碳浓度为1.2%，瓦斯浓度为0.5%。救护队将死者放置好后，将处于昏迷状态的遇险者运至井底车场苏生，10 min后苏醒。

至此，第一批救护队抢救人员10人，其中7人脱险。0时30分，将所有人员运至2号井井底车场，经请示指挥部后升井。

第二批：将1号井井底车场12名遇险人员抬上矿车运往地面。检查1号井底弯道一氧化碳浓度为100 ppm，二氧化碳浓度为1%，瓦斯浓度为0.5%。通过底弯道继续行走60 m，发现3名遇险者坐在地上，已不能行走。此处一氧化碳浓度为160 ppm，二氧化碳浓度为1.2%，瓦斯浓度为0.5%。救护队给他们配用自救器，运至1号井底弯道。经过20 min后，感觉到底弯道风量增大。经检查，此处一氧化碳浓度为20 ppm，二氧化碳浓度为0.6%，瓦斯浓度为0.2%。

救护队继续前进，行至回风道C风门处发现1名遇险者昏迷，不能行走。此处一氧化碳浓度为80 ppm，二氧化碳浓度为1%，瓦斯浓度为0.5%。救护队给其戴上自救器，运至1号井底弯道，为其苏生后清醒。经检查，此时无一氧化碳，二氧化碳浓度为0.5%，瓦斯浓度为0.25%。救护队将其安置好后，继续向前搜索。通过风道、Ⅰ工作面、机道，在副井底弯道发现5名人员。检查后，其中1人已死亡，其他4人坐着不能动。此处一氧化碳浓度为100 ppm，二氧化碳浓度为1%，瓦斯浓度为0.5%。救护队给他们配用上自救器运至1号井底弯道，苏生后全部清醒。至此，第二批救护队抢救人员29人，脱险28人，时间为6月11日凌晨1时。

第三批：四中队副中队长李家山带队计8人，22时20分按大队长张福成的布置，从1号井井筒进入，查看各处风门。A处风门半开，救护队将其关闭、固定；并将F风门固定。C、D风门不严，关上后将其固定。B处风门半打开，将其关闭并固定。E风门严密。在检查风门过程中，风门关闭前+140 m绕道及副井井筒一氧化碳浓度为300 ppm，二氧化碳浓度为1%，瓦斯浓度为0.5%。+220 m片口上一氧化碳浓度为400 ppm，二氧化碳浓度为1%，瓦斯浓度为0.5%。在风门关闭并固定20 min后，检查+220 m片口下一氧化碳浓度为24 ppm，30 min后无一氧化碳。在井下用南非灾区电话向指挥部汇报后，从副井升井时间为23时30分。

第四批：二中队中队长赵晓明带队计10人，23时30分入井，按大队长布置，对全矿井进行全面搜索，查看是否有遗漏人员，并检查各处瓦斯。

6月11日1时20分，井下搜索完毕，在井下电话向指挥部汇报有关情况，经指挥部同意升井。至此，整个抢救工作历经4个小时奋战，抢救人员41人，其中37人脱险。

五、总结分析

（一）救援经验

（1）指挥部及时布置反风，缩小了灾区范围，使遇险遇难人员大部分都处在新风流中，也给救护队创造了良好的救护环境。这是救灾中能使 37 人安全脱险的主要经验。

（2）救护队出动迅速。在救灾过程中，调动 3 个中队都能按时到达事故矿井，并能在了解灾区情况后，按指挥部安排及时到达井下事故地点开展救灾工作。

（3）大队长张福成在矿井反风后，考虑到井下各处风门关闭状态对反风效果将产生重要影响，及时安排救护队入井查看风门。经过实践，这条补充措施非常正确。救护队关闭了半开的各处风门后，使灾区一氧化碳浓度迅速下降。

（4）先期到达矿井的救护队能根据井下通风系统及反风后灾区实际情况，将小队分成两批（每批 6 人）进入灾区，从而赢得了抢救时间。进入灾区的两批人员也符合《矿山救护规程》的规定。

（5）3 个中队共 4 个小队参加救护工作，指挥有序，忙而不乱，保证了救援工作的快速开展。

（二）存在问题

（1）矿井反风后未及时安排救护队从原入风侧进入撤人，影响了先期救援的进度。

（2）矿井在入风侧处理火区，没有撤出工作面人员，也没有制定保证工作面人员安全的措施，为大量人员遇险埋下了隐患。

第三节　新光集团淮北刘东煤矿"3·10"
中　毒　事　故

摘要： 2012年3月10日9时40分，新光集团淮北刘东煤矿安排辅助救护队进入Ⅱ东17201运输巷密闭内检查瓦斯情况，2人在高浓度瓦斯和二氧化碳的灾区内不慎滑倒导致口具和鼻夹脱落，发生瓦斯窒息，在密闭墙外待命的1名队员也中毒晕倒。后该矿召请专职救护队入井救援，将所有被困人员救出送往医院，2人不幸死亡。

一、矿井概况

刘东煤矿位于淮北市渠沟镇境内，隶属于新光集团有限公司，是江苏省盐城市与安徽省淮北市缔结友好城市后合作开发的项目，由盐城市独资建设，新光集团有限公司负责筹建，1998年12月建成投产。矿井设计生产能力30×10^4 t/a，2008年技改后核定生产能力45×10^4 t/a。

矿井采用立井石门分水平开拓方式，一水平标高-258 m，二水平标高-475 m，可采煤层为71、72、10三个煤层。矿井为瓦斯矿井，中央分列抽出式通风，主井进风，风井回风。

Ⅱ东七煤采区位于井田南翼，为矿井二水平72煤首采区，采区平均走向长678 m、倾斜长384 m。该采区设计为上山采区双翼开采，共划分三个区段，设计布置6个工作面，正在准备的Ⅱ东17201工作面为该采区首采工作面。

Ⅱ东17201工作面位于Ⅱ东七煤采区第一区段左翼，工作面运输巷于2011年5月28日开始施工，该巷道走向长369 m，采用爆破落煤、架棚支护，于10月30日施工到位，随后施工开切眼，开切眼倾斜长145 m，12月4日开切眼施工到位，并于当天在运输巷外口设置了封闭墙。

二、事故发生简要经过

2012年3月10日早晨，通防科科长徐晓峰主持召开早班班前会，副科长兼辅助救护队队长王学来及其他辅助救护队员共9人参加，徐晓峰安排辅助救护队到Ⅱ东17201运输巷封闭墙内检查瓦斯，王学来带领队员学习了盲巷瓦斯检查安全技术措施，队员检查各自的仪器仪表后，8时许入井。

8时40分，9人到达Ⅱ东17201运输巷封闭墙前。王学来首先检查了墙内瓦斯浓度，显示墙内瓦斯浓度为1.4%，然后带领队员把封闭墙砸开约1 m^2的洞口。王学来安排夏文、李军、张建伟、魏小龙、王四化等5人在墙外待命，他带领副队长侯正兵和蒋建光、张二庆进入封闭墙内巷道检查，4人均佩用了AHY6型隔绝式负压呼吸器，并携带了测氧仪和10%量程、100%量程的光学瓦斯检测仪各1台。

4人进入运输巷内距封闭墙80 m处，测得瓦斯浓度为30%，王学来示意继续前进。之后向前每50 m设一个测点，测得瓦斯和二氧化碳浓度均在30%、27%左右。进入到开切眼陡坡（距开切眼下口约70 m）处，测得瓦斯浓度在37%左右，王学来示意返回。4人按原路返回距开切眼下口30 m处下坡行走时，张二庆不慎滑倒导致口具和鼻夹脱落，其他3人发现后立即架起张二庆向外走，刚过开切眼拐弯处，王学来前倾趴倒，口具和鼻夹脱落，侯正兵、蒋建光急忙将口具塞回王学来口中，但已塞不进去，2人见状立即向封闭墙外撤出，张二庆、王学来2人被困。另外，在密闭墙外待命的张建伟也晕倒。

三、事故直接原因

17201封闭墙内瓦斯和二氧化碳浓度过大，严重缺氧，辅助救护队员在检查过程中不慎摔倒，口具和鼻夹脱落，造成窒息。

四、应急处置及抢险救援

9时40分，蒋建光和侯正兵撤出后立即向调度所和通防科汇报。接到事故报告后，矿立即通知矿带班领导赶往现场组织施救，同时向淮北矿业集团救护大队请求救援。

10时31分，淮北矿业集团救护大队到达刘东煤矿听取事故有关情况介绍后，立即入井侦察实施救援。10时50分，救护大队队员赶到事故地点，先将张建伟用担架抬至密闭墙外侧新鲜风流中进行复苏，张建伟很快苏醒，恢复正常。然后又组织进入密闭墙内将王学来和张二庆相继搬运出来。12时08分，所有被救人员及辅助救护队其他入井人员均被送往淮北矿工医院进行吸氧治疗。经医院确认，王学来和张二庆两人已死亡，其他队员恢复正常。

陇南厂坝铅锌矿"4·27"中毒事故救援示意图如图7-3所示。

五、总结分析

（1）违反《矿山救护规程》规定导致事故发生。一是未按相关规定由专业救护队实施封闭墙开启工作。二是辅助救护队员在探查过程中发现气体浓度超过规定未及时撤出。三是救护队员进入灾区人数少于规定。四是进入灾区人

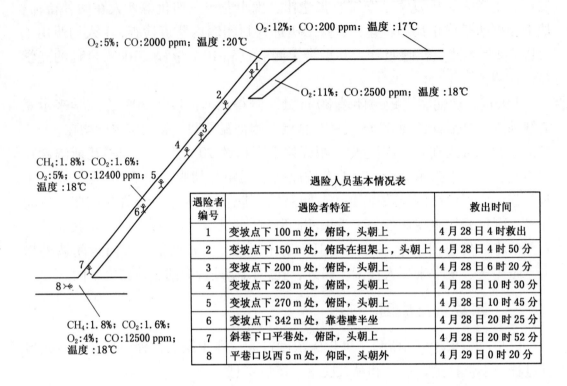

图 7-3 陇南厂坝铅锌矿 "4·27" 中毒事故救援示意图

员未佩戴全面罩氧气呼吸器等必需仪器装备。五是没有设立待机小队，侦察小队没有与待机小队建立必要的通信联系，灾区内发生险情后，无法及时请求支援。

（2）应急处置不当。辅助救护队员在第一名队员遇险后，采取措施不当，造成事故扩大。

第四节　甘肃白银公司厂坝铅锌矿"4·27"较大中毒窒息事故

摘要： 2011 年 4 月 27 日，甘肃陇南市厂坝铅锌矿护矿队 3 人巡查井下过程中，自行摘掉呼吸器入井巡查，造成一氧化碳中毒窒息。事故发生后，矿方贸然施救，造成二次事故，共 8 人遇难。救援人员多次入井，并采用边通风边接风筒的方式进行救援，最终将全部遇难人员抬出。

一、矿井概况

甘肃陇南市厂坝铅锌矿吊坝沟上沟一矿洞属甘肃白银有色集团公司经营的一个金属矿石开采矿井。事故矿洞为废弃井筒，矿方在井口设置了警标，并由该矿护矿队正常开展日常检查，防止非法盗采。该矿洞为平硐开拓方式，采用局部通风机通风，运输系统基本被破坏，巷道内湿滑，无台阶、无轨道。

二、事故发生简要经过

2011 年 4 月 27 日 9 时，厂坝铅锌矿护矿队 3 人在该矿吊坝沟上沟一矿洞内进行日常巡查，入井后自行摘掉呼吸器放于井口位置。井下缺氧且存在高浓度一氧化碳气体，3 人入井后不久发生中毒窒息事故。事故发生后，矿方发现巡查人员未按时返回，未第一时间请求支援，贸然组织 5 人入井施救，造成二次中毒事故，共造成 8 人死亡。

三、事故直接原因

井下缺氧且存在高浓度一氧化碳气体，护矿队 3 人安全意识淡薄，入井后自行摘掉呼吸器，贸然进入矿洞造成中毒。矿方未第一时间请求支援，盲目施救导致事故扩大。

四、应急处置及抢险救援

事故发生后，地方政府有关部门赶赴事故现场，成立了救援指挥部，并召请了华亭煤业集团公司矿山救护大队。4 月 28 日 2 时，华亭救护大队到达事故矿井，立即向矿方了解事故情况。2 时 50 分，值班小队入井进行初次侦察及人员搜救。侦察小队在井口处测得氧气含量为 12%，一氧化碳浓度为 200 ppm，温度为 17 ℃，其他气体正常；在井口内 4 m 处发现空气呼吸器 3 台、矿灯 2 盏、探照灯 1 盏；在巷道中部测得氧气含量为 8%，一氧化碳浓度为 500 ppm，温度为 18 ℃。3 时 20 分，在平巷与斜巷变坡点以下约 100 m 处发现 1 号遇险者，现场抢救后于 4 时搬运升井。

4 时 15 分，待机队入井，分别在斜巷 150 m、200 m、220 m、270 m 处发现 2 至 5 号遇险者，并进行了现场抢救。在 5 号遇险者向下约 30 m 处测得瓦斯浓度为 1.8%，二氧化碳浓度为 1.8%，一氧化碳浓度为 12400 ppm，氧气浓度为 5%，温度为 18 ℃。4 时 50 分将 2 号遇险者搬运升井，并将侦察情况及时向指挥部报告。

5 时 25 分，经指挥部指示对 3 号、4 号、5 号遇险者进行搬运。因搬运距离较远，调值班小队进行增援，6 时 20 分 3 号遇险者升井。救援人员对氧气呼吸器等仪器装备进行换药、充氧、维护保养和人员简单休整后，第四次入井并于 10 时 45 分将 4 号、5 号遇险者搬运升井，仍有 3 人下落不明。

指挥部充分考虑灾区距离较长、巷道断面小、一氧化碳浓度高、氧气含量低、救援人员长时间佩戴氧气呼吸器体能消耗较大等因素，决定采取先恢复通风后侦察、先扩充井口断面后搜救人员的方案。11 时在井口外约 10 m 处安装局部通风机向井下供风，12 时 15 分派待机小队入井开始安装风筒。同时再安排一个小队对平巷左侧的南平巷进行侦察，未发现遇险人员。14 时风筒安装至斜巷以下 190 m，并开启风机进行通风，一边通风一边延伸风筒。

之后，救护队陆续在约 342 m 处发现 6 号遇险者，在斜巷下口变坡点发现 7 号遇险者，在平巷内发现 8 号遇险者，随即组织人员对 6 号、7 号遇险者进行抢救、搬运，于 20 时 52 分升井。为营救 8 号遇险者，所有救援人员对呼吸器等仪器装备再次进行充氧、换药、全面检修、保养，人员进行休整。22 时 40 分起，分别派 3 个小队以接力的方式入井对 8 号遇险者进行抢救。29 日 0 时 20 分，8 号遇险者成功升井。救援小队对灾区进行了全面侦察，未发现其他遇险人员，救援工作结束。

五、总结分析

（一）救援经验

详细成功的侦察是救援的基础。在事故矿井技术资料不详的情况下，救援人员对矿井进行全面侦察后，调整了救援方案，及时采取了边通风边安装风筒恢复通风系统等措施，避免了救护队员因从事大量体力劳动导致氧气呼吸器供气不足的问题，减少了故障可能性，确保了救援人员的安全和快速施救。

（二）存在问题及建议

（1）在不清楚井下气体的情况下，严禁不佩戴呼吸器入井侦察或救援。

（2）救护队平时训练必须从难从严要求，练就过硬的救护技术和身体素质，才能更好地适应灾区救援工作。

（3）应当进一步加强应急管理和培训教育等工作。普及矿井自救、互救知识，确保突发事故后的应急救援措施科学有序，经常进行应急预案演练。

第五节 矿井中毒、窒息事故应急处置及救援工作要点

一、事故特点

（1）矿井中毒、窒息事故主要包括矿井火灾、爆炸产生的一氧化碳中毒，巷道爆破掘进产生的炮烟（一氧化碳和氮氧化物）中毒，硫化氢中毒，高浓度瓦斯、二氧化碳窒息以及盲巷高氮缺氧窒息等。一氧化碳等有毒有害气体会引起头痛、心悸、呕吐、四肢无力、昏厥，重则使人发生痉挛、呼吸停顿，甚至死亡。高浓度瓦斯、二氧化碳等气体会导致人体缺氧产生窒息性气体中毒，能使人迅速晕倒和窒息死亡。

（2）中毒、窒息事故易发生在火灾或爆炸波及巷道，瓦斯突出波及巷道，长期停风区、封闭区、盲巷、废弃巷道等瓦斯积聚区，爆破后炮烟没有排出的掘进巷道，或者采空区透水区域等地点。

（3）矿井中毒、窒息事故发生后，容易发生现场人员或入井施救人员出于救人本能和急迫心理，不佩戴防护装备盲目施救，从而导致伤亡的次生事故。

二、应急处置和抢险救援要点

（一）现场应急措施

现场人员出现头晕、头痛、耳鸣、心跳加快、四肢无力、呕吐、流清水鼻涕、呼吸困难、剧烈咳嗽、流泪等中毒、窒息症状或发现可能中毒、窒息的异常情况，应立即佩戴自救器向通风良好的安全地点转移，已中毒、窒息人员在其他人员帮助下转移。到达安全地点后应立即对中毒、窒息人员开展人工呼吸等救助工作，并向矿调度室报告。

（二）矿井应急处置要点

（1）启动应急预案，及时撤出井下人员。调度室接到事故报警后，应立即通知撤出井下受威胁区域人员，通知救护队、医院等救援力量赶赴事故地点进行救援，向矿领导报告事故情况，并按照要求向上级有关部门报告。

（2）采取有效措施，组织开展救援。矿井应保证主要通风机正常运转，保持压风系统正常。矿井负责人迅速组织开展救援工作，采取一切可能的措施，积极抢救被困遇险人员，防止事故扩大。

（三）抢险救援技术要点

（1）了解掌握中毒、窒息地点及其波及范围、遇险人员数量及分布位置、灾区通风情况、有毒有害气体种类及浓度、是否存在火源及火灾范围，以及现场救援队伍和救援装备等情况。根据需要，增调救援队伍、装备和专家等救援资源。

（2）中毒、窒息事故救援的主要任务是抢救遇险遇难人员和对有毒有害气体巷道进行通风。救援人员应携带足够数量的备用氧气呼吸器或自救器，发现遇险人员应为其佩戴呼吸器或自救器，并运送到新鲜风流中进行急救。如遇险人员过多一时无法运出，则就近以风障隔成临时避灾区，以压风管通风或拆开风筒供风，在避灾区进行苏生，再分批转运到安全地点。

（3）发生瓦斯窒息事故，应远距离切断灾区电源。如果灾区因停电有被水淹的危险时，应加强通风，特别要加强电气设备处的通风。处理二氧化碳、氮气窒息事故时，必须对灾区加大风量，迅速抢救遇险人员。硫化氢对呼吸中枢有麻痹作用，遇险者常先有呼吸停止，但心脏尚在搏动，因此人工呼吸是现场急救的最重要措施。硫化氢有剧毒，不宜进行口对口呼吸，以压胸法为宜。

（4）当重度中毒者撤离至安全地带已休克或呼吸、心跳已停止时，救护队员应采取自动苏生器和人工胸外按压心肺复苏等方法进行抢救。在送往医院救治过程中，人工胸外按压心肺复苏法不得停止，若中毒者能自主进行呼吸，则立刻进行吸氧，并保持中毒者处于放松状态，保持中毒者体温。

（5）救援人员在进行必要的现场急救后，应以最快速度将中毒、窒息人员送往医院治疗。

三、安全注意事项

（1）为防止有毒有害气体向有人员工作的地点和火区蔓延，应调整风路和通风设施，迅速排放有毒有害气体，必要时采取挂风障的方法封堵有毒、有害气体释放源。独头巷道或者采空区发生中毒、窒息事故，在没有爆炸危险的情况下，采用局部通风的方式稀释有毒有害气体浓度。

（2）恢复瓦斯窒息区通风时，要设法经最短路线将瓦斯引入回风道。排风井口 50 m 范围内不得有火源，并设专人监视。

（3）在瓦斯窒息事故救援时，特别要注意电气设备管理，已经停电的设备不送电，还在送电的设备不停电，防止产生火花，引起爆炸。

四、相关工作要求

（1）处理瓦斯窒息事故时，严禁使用灾区内电气设备，不得在瓦斯超限的电源开关处切断电源，不得扭动矿灯开关和灯盖，严防引发瓦斯爆炸事故。排放瓦斯时，应制定详细方案和安全措施，严格按照有关规定、方案、措施操作，严禁"一风吹"排放瓦斯。

（2）救援人员必须佩戴氧气呼吸器，做好个体防护，严禁任何人员在任何情况下不佩戴防护装备盲目进入灾区施救。

第八章　矿山事故大孔径钻孔救援典型案例

第一节　美国宾夕法尼亚州奎溪煤矿
"7·24"透水事故

摘要： 2002 年 7 月 24 日 20 时 50 分，美国宾夕法尼亚州奎溪煤矿（Quecreek Mine）左 1 采区发生透水事故，9 名矿工被困井下。首次采取地面大孔径钻孔救援方法，在多方共同努力合作下，经过 78 小时的营救，9 名矿工最终获救生还。

一、矿井概况

奎溪煤矿位于美国宾夕法尼亚州萨默塞特郡，是一座典型的房柱式开采平硐矿井，于 2001 年 3 月建成，属低瓦斯矿井，设有 4 个平硐井口，开采厚度 0.97～1.6 m、倾角 3%～4% 的上基坦宁煤层。井下布置左 1 采区和左 2 采区共两个采区，各有 7 条平巷。生产由"黑狼煤炭公司"承包，使用连续采煤机开采，每周工作 5 天，每天 3 班（两班生产，一班维修），井下雇用 59 名矿工，另有 4 名地面员工。在此次事故之前，平均日产原煤 2500 t。

二、事故发生简要经过

7 月 24 日 20 时 50 分左右，奎溪煤矿左 1 采区在巷道掘进过程中，穿透该矿与相邻的报废矿井哈里森 2 号矿井（Harrison No. 2 Mine）之间的保安煤柱，导致萨克斯曼 2 号矿井的 18.9×10^4 m^3 矿井积水急速涌入奎溪煤矿，危及井下矿工安全。该矿左 1 采区的 9 名矿工发现透水后立即打电话通知左 2 采区另 9 名矿工迅速逃生，由于水势汹涌，他们自己来不及逃生，被困于井下 73 m 深处。

三、事故直接原因

奎溪煤矿不掌握相邻报废的萨克斯曼 2 号矿井的开采情况，绘制的采掘工程图未能准确标注萨克斯曼 2 号矿井生产作业区的位置和范围，对本矿与萨克斯曼 2 号矿井的相对位置和距离判断失误，奎溪煤矿左 1 采区在巷道掘进时也未进行钻孔超前探水，掘进过程中穿透萨克斯曼 2 号矿井废弃巷道。而萨克斯曼 2 号矿井在 1964 年报废之后，井下逐年积水，形成地下水库；且该矿标高高于奎溪煤矿，巷道被打通后大量矿井积水涌入奎溪煤矿，造成 9 名矿工被困。

四、应急救援方案及过程

事故发生后，救援人员在加紧排水的同时，工程人员和测绘人员利用 GPS 全球卫星定位系统进行测量，并根据矿井巷道布置和人员工作地点进行分析，判断 9 名被困矿工可能躲避在报废矿井附近上山巷道尚未被水淹没的最高点（已形成气穴）。制定了加快进行排水、施工地面钻孔探测及通过地面大孔径救援钻孔营救被困人员的救援方案。被困矿工家属聚集在矿区附近一个消防站，随时了解救援方案的实施情况。

救援人员首先组织进行排水。24 日当晚安设两台潜水泵在井底抽水，25 日 6 时 30 分，开始向井下打第一个抽水钻孔，于 11 时贯通，深达 88 m，一台水泵（7.5 m³/min）通过该孔从井下抽水。8 时 33 分，第一台柴油机驱动水泵到达现场。但是井下水位继续上涨，到 9 时 15 分，涌水已漫出井口，11 时 5 分，井下水位达到最大标高 566 m。矿井排水变成一场战斗，必须降低水位，以防止井下被困矿工聚集地点形成的气穴消失。16 时至 18 时，数台大功率柴油机驱动水泵安装到位并开始抽水，最大排水量一度达到 102 m³/min，水位下降 15 cm。

按照救援方案，据全球定位系统的测量数据，25 日凌晨 2 时 5 分开始施工直径为 165 mm 的探测钻孔。钻孔施工前考虑到如果打救援钻孔将矿井巷道钻通，巷道高处形成的气穴就会消失，原先充满空气的地点就会被水淹没，导致被困矿工溺水。另一个严重问题是井下空气质量，被困人员避难地点的氧气会逐渐消耗，氧浓度会降低。因此，此钻孔既作为探测钻孔，也作为通风钻孔向被困矿工提供新鲜空气，送风同时还必须保持一定压力以维持生存空间。25 日 5 时 6 分该探测、压气钻孔贯通。钻机上的空压机将空气压入井下，钻孔回风显示井下氧气含量已降到 17%。空压机迅速增加送风的含氧量，并为被困矿工创造一个压力充气穴。

探测孔钻通后，被困矿工在井下用手锤敲击钻杆，地面的钻工将钻头从井底提起，转动钻杆时，感受到敲击钻杆的信号，救援人员此时才能够判断被困矿工仍然活着。25 日 18 时 45 分开始向左 1 采区打一个直径 737 mm 的 1 号救援钻孔，距离探测、通风钻孔约 6 m。26 日凌晨 1 时 12 分，1 号钻孔深度已达 32 m，距贯通至井底还有 42 m。此时，钻头出现故障，致使钻孔作业停顿 18 h。矿井排水仍旧进行，以便救援钻孔安全贯通。

26 日 19 时，一个 760 mm 新钻头运抵现场，在 1 号钻孔附近开始施工 2 号救援钻孔，钻孔作业持续到 27 日凌晨 2 时 30 分，钻头又出现故障。此时现场只有一个 660 mm 钻头可供替换，其孔径可以容纳救生舱升降。因此决定用 660 mm 钻头继续施工 1 号钻孔，钻孔作业于 27 日 7 时恢复，并于当晚 22 时 13 分贯通。1 号钻孔贯通后，2 号救援钻孔停止施工，此时已施工孔深 62 m。

在 1 号救援钻孔钻通后，救援人员开始将一个外径 610 mm 的救生舱通过钻孔放入井下矿工避难的地点，通过救生舱逐一提升营救被困矿工。此时，他们已在焦虑和期待中度过了近 78 h。至 7 月 28 日凌晨 2 时 45 分，经过多方合作与努力，9 名矿工最终获救生还。

奎溪煤矿钻孔救援如图 8-1 所示。

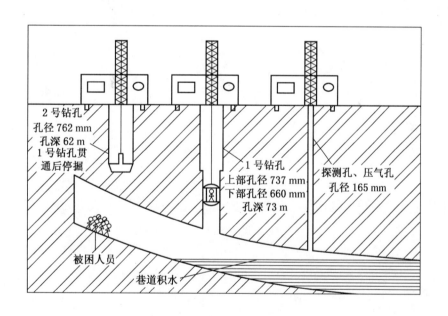

图 8-1　奎溪煤矿钻孔救援示意图

五、总结分析及相关情况

这是世界上首个通过大孔径钻孔利用救生舱直接营救被困人员的成功案例。

　　救援成功得益于对被困人员位置的准确分析与判断，制定了正确的救援方案，探测钻孔的加压通风对生存空间和条件的维持，大孔径救援钻孔施工的精确钻通，救生舱的安全提升等。当然，由于缺乏钻孔救援经验，钻孔施工中也多次出现故障和钻头损坏等情况，在一定程度上耽误了救援时间。

　　2002 年 11 月，针对奎溪煤矿事故救援产生费用问题，成立了一个跨部门的审计小组，成员包括宾州应急管理署、宾州环保厅和预算局工作人员，对参与救援工作的单位和丘克里克煤矿的母公司提出的费用清单中各项目的合法性和必要性进行审计。2003 年 1 月，宾州环保厅用联邦资金向参与奎溪煤矿事故救援工作的 56 个单位共计支付了大约 140 万美元，作为救援人员的补助费用和设备（钻机、水泵、发电机等）使用费。

第二节　智利圣何塞铜矿"8·5"塌方事故

摘要： 2010年8月5日，智利圣何塞铜矿井下510 m处发生塌方，33名矿工被困井下700 m处。事故发生后，智利政府坚决、果断地承担救援职责，总统亲自指挥救援，积极发挥各部门、社会各界及国际救援力量的作用，制定了多套方案和措施组织救援。同时，被困矿工在井下进行有组织地积极自救。经过全体救援人员69天的积极营救，10月13日21时55分（北京时间10月14日8时55分）被困矿工全部升井获救。

一、矿井概况

圣何塞铜矿隶属于私营圣斯蒂凡矿业公司，位于智利科比亚波市北部45 km处沙漠地区，距离智利首都圣地亚哥800 km。1989年，圣何塞铜矿开始采矿活动，2007年曾发生一起岩爆事故并导致一名矿工死亡，并由于遇难矿工家属起诉而被勒令关闭。2008年，经当地政府批准圣何塞铜矿恢复生产。

二、事故发生简要经过

2010年8月5日下午14时30分（当地时间），智利北部的圣何塞铜矿突然发生严重的坍塌事故，矿井高处与低处都出现了许多裂缝。空气中的粉尘充满了通往铜矿的所有通道，铜矿进口坡道坍塌了大约300 m，本来可以被用作应急逃生路径的通风井也被坠落的石块完全堵塞，33名正准备轮班升井的矿工被困在700 m井下。从接近矿工的难度和坍塌的范围来看，预示着这将是一场长时间的救援。

三、应急救援方案及过程

事故发生后，智利总统皮涅拉发表声明说，智利政府将动员一切资源、采用一切可能手段，全力拯救被困矿工的生命，并赶赴科比亚波，同在塌方事故中失踪的33名矿工家属会晤。智利政府号召国内隧道、工程、矿业等领域重要企业的专家集思广益，以保证目前进行的救援工作是"竭尽所能"。同时，向国际社会发出呼吁，请求各国派出专家力量对被困井下的33名矿工进行搜救。

事故发生后，智利武警、军队、消防人员以及政府各级部门立即联合行动，展开救援，智利矿业部长戈尔伯恩在现场负责指挥救援工作。3 支矿山救护队曾试图通过矿井通风井进入井下救援，8 月 7 日井下 460 m 处再次发生大面积垮塌，救援人员被迫撤出，救援工作一度中止。8 日，智利政府调动重型机械到达现场，救援工作重新启动。采取钻孔探测措施，利用 3 台 T685 型钻机分别施工直径为 108 mm、120 mm、146 mm 的 3 个探测钻孔。8 月 22 日直径 108 mm 的钻孔打通被困矿工所在的巷道，与井下矿工取得了联系，确认 33 名被困矿工全部生存。8 月 23 日，其余两孔相继打通，随即通过钻孔与井下建立了视频通信联系，供风并投送食物、药品和生活物资，甚至娱乐用品。考虑到被困空间环境恶劣，8 月 31 日请美国宇航局 4 名医师和心理专家现场提供生存指导，通过视频指导被困矿工进行体能训练。

智利政府根据实际情况，制定和实施了 3 套钻孔救援方案（图 8 - 2）。第一套钻孔方案（又称"A 计划"）：利用澳大利亚生产的"Strata950"型钻机，首先打一个直径为 110 mm 的"导向孔"，再扩大孔径至 700 mm，用提升绞车实施救人。设计孔深 702 m，计划 4 个月完工。存在困难主要是在钻孔拓宽过程中，被切碎的石块将落入被困矿工附近的区域，被困矿工需清除碎石 3000 ~ 4000 t，且存在塌方风险。8 月 30 日开始施工钻孔，9 月 1 日遭遇地质断层，钻孔坍塌，不断地处理钻孔，影响了救援进度，始终未能达到设计位置。第二套钻孔方案（又称"B 计划"）：将原有的探测钻孔扩大孔径至 308 mm，然后再次扩至 660 mm，设计深度 620 m，提升营救被困矿工。采用钻机为美国"Schramm"公司生产的 T130 型车载式顶驱钻机，顺利情况下用时 2 个多月可以完成，9 月 5 日开钻。第三套钻孔方案（又称"C 计划"）：利用海上石油开采"RIG - 422"钻机，先打一个 146 mm 的钻孔，再次扩大孔径到 900 mm，设计孔深 597 m。该设备功率大，大直径钻头日进度可达 40 m，但需要一个较大的钻井平台，布置场地耗时较长。9 月 20 日开钻，至 10 月 12 日钻进 512 m。

在救援方案实施过程中，智利政府同时采取了一系列措施保障矿工生命保持正常和情绪稳定：一是为井下矿工送风、送氧、送食物（图 8 - 3）；二是通过一条很长的细管将混合了水和药品的胶囊送到井下，治疗部分矿工的胃痉挛病症；三是通过钻孔接通电话线，实现被困矿工与亲属的通话；四是向被困矿工告知救援现状与时间，稳定他们的情绪，防止出现"沮丧、痛苦和压抑"的感觉；五是由于被困矿工所面临的情况与宇航员在太空中面临的情况类似，政府请美国宇航局派出一支专家小组协助救援被困矿工；六是提供了扑克、DVD 等娱乐设施。

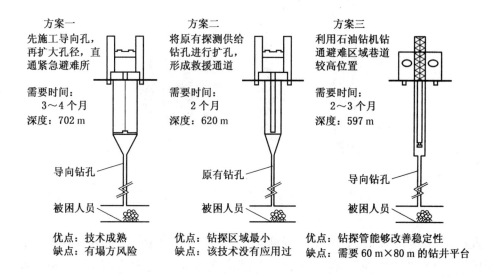

图 8-2　智利矿难救援 3 套方案示意图

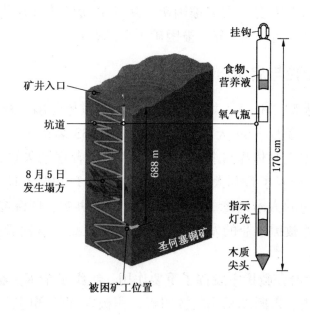

图 8-3　被困矿工给养输送示意图

　　第二套救援方案实施较为顺利，至 9 月 17 日救援人员成功扩孔，打通一条直径 308 mm 的救援通道，朝救出 33 名被困地下的矿工迈出重要一步。至 10月 9 日，救援人员成功拓宽了地面至地下 624 m 深的救援通道，钻孔直径约700 mm。为确保智利海军专门设计的"救生舱"（图 8-4）在救援通道内升

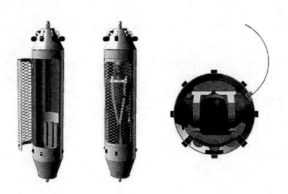

图 8 - 4　智利海军专门设计的"救生舱"

降时人员的安全，救援人员对救援通道内部进行了加固，采用直径 610 mm 的套管护壁。该"救生舱"高 2.5 m、内部高 1.9 m、最大直径 0.54 m，每次只能容纳一名矿工，同时设有氧气瓶、逃生出口和下降装置，一旦发生意外，矿工可以迅速逃出，降落回到矿井中。

10 月 13 日 0 时 10 分，首名被困矿工阿瓦洛斯成功升井获救。10 月 13 日 21 时 55 分，历时 21 小时 45 分，被困矿工全部获救。

四、救援经验与启示

智利圣何塞铜矿"8·5"塌方事故救援，在世界各国、社会各界的参与和支持下，历时 2 个多月（69 天），成功救出被困 33 名矿工，引起了广泛的关注，全球的各国主流媒体跟踪报道，2000 多名记者现场采访，堪称矿山救援史上的"奇迹"。激发了智利人的民族自豪感，为智利国家树立了良好的国际形象。救援中展现的人本理念、关键技术、组织协调、国际参与、公众支持，对于推动矿山应急救援事业的发展具有重要借鉴意义。这次救援的主要经验和启示有以下几点：

（一）智利政府在救援中发挥了重要作用，组织了全国大救援

智利政府坚决、果断地承担救援职责，积极发挥各部门、社会各界及国际救援力量的作用。智利总统皮涅拉 6 次亲赴现场指导救援，安抚被困矿工家属；智利矿业部长坚持现场指挥救援工作；国有企业、军队、消防人员、专业救援队伍以及政府各部门协调配合，形成了"全国大救援"。这些举措极大地提升了政府和领导人在公众中的形象，凝聚了民心，树立了智利团结、文明、开放的国家形象。总统皮涅拉的支持率由此提高了 20%。可以看出能否有效实施救援关系到政府和执政党的形象与信誉。

（二）以拯救生命为目标，优化方案，多措并举，争取了主动

救援指挥充分评估救援行动中可能出现的各种困难，制定了多套方案和措施，随着救援进程的不断优化，最终取得了成功。整个救援先后采取了 3 套方案，在直接由矿井内救援受挫后，采取了钻孔救援方案，分别制定并实施了A、B、C 计划，由于"A 计划"受钻机能力限制，加之受断层破碎地层影响，钻进速度较慢。救援人员立即组织实施了"B 计划"，但实施过程中遇到了钻头折断等技术难题，一度被迫中断；救援人员又制定并实施了"C 计划"。组织实施 3 套方案客观地形成了技术、工艺的竞争，大大加快了救援进度。同时，还制定了物资输送方案、生存指导方案、钻孔提升救人方案等，救援时间由原计划的 4 个月缩短到 69 天。

（三）加强国际合作，运用了世界最先进的技术

这次救援获得了国际社会的广泛支持，大量采用先进成熟的技术手段和救援装备，为成功施救提供了保障。A、B、C 计划分别使用了澳大利亚的"Strata950"型钻机、美国的"Schramm T - 130"重型钻机、加拿大的"RIG - 422"石油勘探钻机等先进技术装备，请具有成功钻孔经验的美国钻机技术人员现场指导，实现了 625 m 深度大直径钻孔精准定位，这在各国救援中是第一次。智利海军技术小组设计的"救生舱"合理可靠，应用钻孔视频通信技术与被困矿工建立联系，运用航天技术对被困矿工进行生存指导，以及直径127 mm 的圆柱形提升器输送物资、灭菌铜纤维制造的短袜等科技产品发挥了重要作用。中国三一重工集团的"SCC4000"型履带起重机也参加了救援，展示了中国制造业的成就。

（四）避灾硐室在维持矿工生命中发挥了作用

井下设置固定的避灾硐室，并保证物资、食物储备和定期更新，是此次成功救援的最基础条件。在此次事故中，面积达 50 m^2 的避灾硐室储存了食品、饮用水和少量的药品，钻孔施工未完成前的 17 天中，对于矿工生命的延续起到了至关重要的作用。特别是预先设置的避灾硐室具有确定的空间坐标，为指导钻孔施工提供了准确的位置。

（五）工长发挥了核心作用，组织了有效的自救互救

面临灾难，被困矿工中的工长和有经验的老工人组织展开自救是这次救援成功的一个亮点。在事故发生初期，被困矿工也曾出现过混乱，工长路易斯·乌尔苏亚担当了被困矿工的"领袖"，安抚、鼓励被困工友，实行了食物配给，维持了 33 人 17 天的生存。经验丰富的老矿工指导利用矿井运输车的蓄电池为头灯充电。利用井巷等有效空间划分了活动、休息、排泄空间，随着钻孔

输送通道的建立，生存环境不断改善。配合钻孔救援，组织了施工作业；为创造救生舱提升的条件，还成功实施了井下爆破。尤其是通过他们的行为，被困矿工达到了高度团结，以至于都主动要求最后一个升井。

（六）实行了有效的、专业的信息发布，收到了很好的效果

智利政府通过电视、网络、广播等各种媒体及时发布救援信息，对稳定公众情绪、赢得各方面支持起到了关键作用。一开始，智利总统皮涅拉就通过媒体宣布，政府将采取一切措施营救被困矿工，并确定了可以争取实现的目标。智利矿业部、卫生部等有关部门不断向社会通告救援最新进展，3 套钻孔救援方案的施工进度和技术措施实时通过媒体发布，每一个关键环节都做了突出的报道。在第一时间向社会公布了井下传上来的信息，"我们 33 人在避灾硐室里很平安"，及时公布被困矿工井下的视频图像。利用钻孔向井下输送物品、聘请国际专家、救生舱的研制等。通过媒体完整报道了被困矿工的个人信息，突出宣传了救援人员的专业成就，也及时报道了救援遇到的困难，这些举措鼓舞了被困矿工和救援人员的士气，安抚了被困矿工家属，稳定了社会公众情绪。一次事故的救援使智利整个国家达到了空前的团结。

（七）客观条件也促成了这次成功施救

圣何塞铜矿处于智利北部干旱的沙漠地区，地层构造较煤系地层致密，没有含水地层和有毒有害气体的危害，重要的是垮塌未对被困矿工造成直接伤害，为人员生存和施救提供了有利条件。

第三节 山东省平邑县万庄石膏矿区 "12·25" 重大坍塌事故

摘要：2015年12月25日，山东省临沂市平邑县万庄石膏矿区发生采空区坍塌，该区域内平邑县玉荣商贸有限公司玉荣石膏矿（以下简称玉荣石膏矿）井下29名作业人员被困。党中央、国务院和国家安全监管总局、山东省委省政府高度重视事故应急救援工作。在救援指挥部和国家安全监管总局工作组的统一领导下，全体救援人员克服了矿井原有生产系统破坏严重、水文地质条件复杂、气候恶劣、次生灾害多等诸多困难，成功解救出15名被困矿工，特别是通过大孔径钻孔救援的方式，成功救出被困36天的4名矿工，是我国首例、世界第三例地面大孔径钻孔救援成功案例，创造了矿山救援史上的奇迹。

一、万庄石膏矿区及玉荣石膏矿基本情况

万庄石膏矿区采空区坍塌区域东西长约1220 m，南北宽约660 m，最深处约7 m，涉及万枣、玉荣、保太三个石膏矿，面积约为0.61 km²。玉荣石膏矿隶属于玉荣商贸有限公司，位于平邑县保太镇德埠庄村南，由平邑县万庄膏业有限公司和原平邑玉荣商贸有限公司玉荣石膏矿于2008年整合而成，生产规模40×10^4 t/a，从业人员近400人，2015年6月被临沂市安监局核准为非煤矿山安全生产标准化三级企业。矿山采用竖井开拓，对角式通风，浅孔房柱法开采，开采标高$+120 \sim -322$ m，面积2.2636 km²。可采矿层为Ⅱ、Ⅲ两矿层，至坍塌前，仅开采Ⅲ矿层，该石膏层平均厚度20 m，设计矿房宽度不大于8 m，采高不大于10 m，长$45 \sim 50$ m，矿柱宽度不小于6 m。事故前累计形成采空区面积33.03×10^4 m²。2015年12月2日起，玉荣石膏矿根据有关部门检查发现的问题，按照要求安排人员进行整改。事故发生时井下共有3个班组、29人在井下进行整改施工作业。

二、事故发生简要经过

据中国地震台网和山东省地震台网测定，2015年12月25日0时17分，在万庄石膏矿区西部曲阜市小雪镇武家村（北纬35.50°，东经117.00°）发生M2.4级地震，震源深度10 km，在万庄石膏矿区东约10 km的费县牛岚山地震台网也有测定。12月25日7时56分，又测得万庄石膏矿区能量相当于3.5级地震，之后记录到7次能量相当于$0.9 \sim 2.9$级地震，持续震动时间14 min。

据目击者描述，先感觉像地震，后看到黄色烟柱先后从万枣石膏矿竖井、玉荣石膏矿 5 号、4 号、3 号和 1 号井口喷出，再听到类似飞机起飞的刺耳啸叫声，之后看到地面塌陷变形。感觉塌陷时地面像跳舞状起伏波动，方向由万枣石膏矿自西向东。塌陷涉及万枣石膏矿、玉荣石膏矿，原保太石膏矿地面出现陷落坑。坍塌造成玉荣石膏矿当班 29 名井下作业人员被困。

三、事故直接原因

万枣石膏矿采空区经多年风化、蠕变，采空区顶板垮塌不断扩展，使上覆巨厚石灰岩悬露面积不断增大，超过极限跨度后突然断裂，灰岩层积聚的弹性能瞬间释放形成矿震，引发相邻玉荣石膏矿上覆石灰岩垮塌，井巷工程区域性破坏严重，是造成事故的直接原因。

四、应急救援情况

（一）强力组织指挥

事故发生后，党中央、国务院和山东省委省政府、国家安全监管总局对救援工作高度重视，张高丽、马凯、王勇等国务院领导同志分别作出重要批示；国家安全监管总局迅速作出部署，副局长、国家安全生产应急救援指挥中心主任孙华山同志专门听取汇报并通过卫星通信系统协调指导事故救援工作，副局长徐绍川同志率领总局工作组赶赴事故现场，指导协调现场救援工作；山东省委书记姜异康、省长郭树清等省委省政府领导和临沂市委市政府领导率领有关部门主要负责同志第一时间赶赴现场，组织指挥抢险救援工作。成立了由张务锋副省长为总指挥、临沂市长张术平为副总指挥的救援指挥部，下设现场救援、伤员救治、家属安抚、新闻发布、后勤保障、事故调查 6 个组，负责统一指挥、调集队伍和设备物资、组织救援。

（二）调集救援资源

救援指挥部和总局工作组先后从山东省内多家单位调集救援人员 550 余人，从国家矿山应急救援淮南队、开滦队、大地特勘救援基地和西安科技大学调集专业技术人员 120 人，调集解放军、武警官兵、公安干警、医护人员、通信电力等保障人员 450 人。调集了大型钻机、救援提升机、卫星通信指挥车、多功能装备保障车、生命信息钻孔探测系统、排水装备、支护设备等矿山救援装备 600 多台（套）。从全国和山东省内有关单位调集了钻探、安全工程、采矿、地质、水文、机电、医疗救护等方面的专家 50 余人。4 名德国钻探专家专程从德国赶到现场，保障淮南队大口径救生钻机作业。

（三）组织实施救援

根据矿方提供的事故发生前人员作业地点分布及矿井开拓布局等情况，救援指挥部组织有关专家进行了认真研究分析，决定从井下和地面分别实施救援。

1. 井下救援与侦察

坍塌发生后，玉荣石膏矿矿长立即组织人员从 1 号井下井搜救，发现 4 名被困矿工，协助其脱险升井。枣矿集团和临矿集团救护队于 25 日 13 时左右到达玉荣石膏矿 1 号井并进行施救，26 日凌晨，在 11 路平巷成功救出 7 名矿工，发现 1 名遇难者。兖矿集团救护大队于 12 月 25 日 23 时下井侦察，基本探清了 1 号井井下井巷破坏情况，为井下救援决策提供了第一手资料。

救援指挥部和总局工作组根据掌握的情况，分析 17 名被困人员位于 11 路平巷 17 号、18 号矿房区域和 4 号井井底车场附近两处地点，决定建立 3 条救援通道进行救援和侦察。一是开辟 1 号救援通道，沿 11 路平巷向前推进，搜救该区域被困人员；二是开辟 2 号救援通道，沿 5 路东绞车道绕过 11 路下山下车场向上通往 4 号井井底车场，搜救该区域被困人员；三是开辟第 3 条通道，利用 4 号井现有提升设备，力争进入 4 号井井底车场搜救。

1 号、2 号救援通道于 12 月 26 日 6 时施工，至 12 月 28 日 14 时 20 分，井下涌水量急剧增大，井下救援基地被淹，40 多名救援人员紧急升井，1 号、2 号救援通道被迫暂停施工。2016 年 1 月 3 日，井下巷道出现多处垮落，地面形成约 26 m×18 m×10 m 的塌陷坑，5 号救援通道施工也被迫停止。由于井下大面积塌陷和存在随时发生突水可能性，严重威胁井下近百名救援施工人员的安全，救援指挥部果断命令井下所有救援施工人员停止作业、立即升井。1 月 4 日，救援指挥部组织专家研判分析，认为井下已不具备保证救援人员安全的施救条件。1 月 7 日，井下救援工作被迫全面停止。

2. 地面钻孔救援处置

地面钻孔救援分为四个阶段，钻孔位置分布如图 8-5 所示。

（1）初期探查阶段。自 12 月 26 日至 30 日，在 4 号井井筒西侧施工 1 号探查孔、东侧施工 2 号探查孔，同时在 1 号孔和 4 号井之间施工 3 号救生孔，以便在 1 号、2 号孔搜寻到被困矿工后通过该孔将其救出。1 号探查孔打通后，没有发现生命迹象。2 号探查孔于 30 日 8 时与 4 号井井底车场东侧巷道贯通，10 时 55 分，利用钻孔探测系统视频中发现被困矿工伸出一只手，通过语音与被困人员联系，得知有 4 名被困矿工存活。随后救援人员通过 2 号孔输送了营养液、饮用水、矿灯、衣物和药品等，并架设了井上下电话线路。3 号救生孔

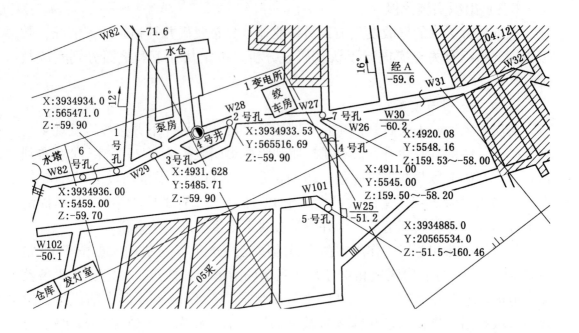

图 8-5 钻孔位置分布示意图

施工过程中，因大口径钻孔施工振动很大，有可能加剧 4 号井井筒的扭曲变形、加大含水层水下泄，进而影响 2 号孔的稳定，救援指挥部和总局工作组研究决定停止 3 号孔施工。

（2）探查孔调整阶段。自 12 月 30 日至 2016 年 1 月 7 日，为寻找其他被困人员，在 4 号井和 1 号孔西侧布置施工 6 号探查孔。鉴于已发现的 4 名被困人员在 1 月 5 日已无法取到 2 号孔下放的物资，在 4 号井井筒东侧施工了 7 号探查孔，接替 2 号孔投放物资。6 号探查孔打通后，直到救援工作结束未发现生命迹象。7 号探查孔的打通恢复了食品和物资输送通道，并增加了一条通信线路。

（3）救生孔调整施工阶段。自 2016 年 1 月 1 日至 1 月 29 日，在 4 号井井筒东侧约 40 m 处施工 4 号大口径救生孔。同时，为形成救生通道的"双保险"，另在 4 号井东南方向 58 m 处施工 5 号大口径救生孔。4 号救生孔自 1 月 1 日开钻，1 月 3 日导向孔施工结束，孔深 200.8 m。随即开始采用 ϕ711 mm 潜孔锤钻进，直至 1 月 29 日 5 号救生孔通道完全打通后停止施工，共施工 175 m。5 号救生孔自 1 月 1 日开钻，1 月 8 日 20 时 ϕ711 mm 潜孔锤钻进至 170 m 时，发生埋钻现象。12 日 16 时，埋钻处理完成，随后进行护壁、固井处理。1 月 21 日改用 ϕ565 mm 牙轮钻头空气（泡沫）正循环钻进工艺，1 月

26 日晚钻进至 226.25 m 起钻，5 号救生孔钻孔施工完成。

（4）钻孔贯通与营救阶段。自 1 月 27 日至 29 日晚，实施 5 号救生孔与被困人员巷道贯通和营救被困人员工作。由于 5 号救生孔钻进过程中发生偏斜，到达设计深度时未与被困人员所处巷道直接贯通。救援指挥部和总局工作组研究决定采用风动、电动工具相结合的方式，实施联络通道的贯通工程。1 月 27 日下午，经过被困矿工的共同努力，打通了 5 号救生孔与巷道之间 0.8 m 厚的石膏矿柱，成功实现了贯通。1 月 29 日，经清理孔壁、视频探查，已经具备钻孔救生条件，至此历时 29 天。由于 5 号孔钻孔期间孔径与套管内径多次变化，套管根部有轻微内翘，套管底部岩壁一侧有 5~7 cm 的台阶，采用救生舱提升存在较大风险。为最大限度保障被困矿工安全升井，救援指挥部和总局工作组研究决定，采用全身式安全带提升井下被困矿工。1 月 29 日 21 点 21 分，第一名被困矿工顺利升井获救，至 22 点 49 分，4 名被困矿工顺利升井获救。

五、救援经验与启示

（一）依靠党中央、国务院的坚强领导

事故发生后，党中央、国务院高度重视，张高丽、马凯、王勇等中央领导同志分别作出重要批示，要求科学制定方案，千方百计全力抢救被困人员，严防发生次生灾害，保持社会稳定。国家安全监管总局迅速部署，派出总局工作组赶赴事故现场，指导协调救援工作。孙华山同志专题听取了汇报，多次与事故现场音视频连线，对救援工作提出了具体意见；徐绍川同志 4 次赴事故现场，带领总局工作组与救援指挥部一道研究救援方案、制定安全措施，攻克了一个又一个难关。山东省委省政府姜异康、郭树清、孙伟、吕民松、于晓明、张务锋、李苏鸣等领导同志立即赶赴事故现场，组成救援指挥部和相关工作组，确保事故救援装备物资调用、现场管控、医疗救护以及后勤保障等工作顺利实施。

（二）坚持以人为本的救援理念

救援指挥部和总局工作组始终以"以人为本、安全第一、生命至上""不抛弃、不放弃"的救援理念指导救援工作。

（1）确保井上下救援人员的生命安全。编制了井下救援应急预案，当井上下垮塌加剧、涌水量增加时，及时撤退井下救援人员，并经矿山压力及岩层控制专家分析研判井下不具备救援人员安全施救的条件时，果断暂停了井下施工。

（2）保护井下被困人员的安全健康。救援方案和安全措施的制定均以不

危及井下被困人员生命健康为前提，及时封堵扭曲坍塌井筒和救援钻孔；医疗营养专家及时制定配餐方案，实施心理干预；及时补打 7 号孔，以接替将被堵塞的 2 号孔输送给养物资；准确判定 5 号孔提升安全状况，果断采取全身式安全带方式将被困矿工成功救出。

（三）制定科学严谨的救援方案

总局工作组和救援指挥部坚持科学决策，制定了周密的救援方案，并根据救援进展情况及时进行调整。

（1）迅速调集周边专业救援队伍，调查了解矿井巷道和作业人员分布情况，精心组织、全面搜救。

（2）制定了井下 3 条通道、地面 2 条通道的总体救援路线，井上下同时开展救援行动。

（3）井下采取先搜救、再探查、后掘进支护的措施，积极推进、稳步实施。

（4）在井下巷道坍塌严重、救援难度极大、水位快速上升，危及救援人员生命安全时，救援指挥部及时调整思路，将救援主攻方向调整为全力开展地面钻孔救援，井上下持续进行监测、排水。

（5）地面钻孔救援过程中，同时部署多个探查孔和 2 个大直径救生孔，保证每一个重要节点目标都有 2 条以上实现路径，互为备份、同步推进。

（四）发挥专家组的集体智慧

救援指挥部先后调集了采矿、钻井、安全、水文、地质、通风、机电、矿压与岩层控制等方面的专家 50 余人，参与事故救援工作。救援过程中遇到了一系列的困难和问题，如矿井浅部老采空区积水 $100 \times 10^4 \ m^3$；钻孔地层地质条件极其复杂，孔洞裂隙发育，含水丰富，且在不断滑移坍塌；5 号孔钻进过程中，先后出现埋钻、反渣困难、未与被困人员所处巷道直接贯通、下部裸孔部分出现局部坍塌等。救援指挥部及时召开会议，充分吸纳专家组的意见建议，针对每一个困难和问题，一次制定两个以上的解决方案，同时准备、分步实施。

（五）调用最先进的技术装备

总局工作组和救援指挥部在第一时间确定钻孔救援的技术方向后，先后调集了国家矿山应急救援淮南队的德国宝峨 RB－T90 大口径钻机、三一重工救援提升机和救生舱，国家矿山应急救援开滦队的大口径潜孔锤钻头、空压机和泡沫泵，国家矿山应急救援中煤北京大地特勘基地的美国雪姆 T200XD 大口径钻机，区域矿山应急救援兖州队的卫星指挥通信车和多功能集成式救援装备保障车，国家矿山应急救援西安研究中心的生命信息钻孔探测系统等国际国内最先进的技术装备，在搜寻被困矿工、形成救生通道、救出被困人员与救援信息传输等重要环节都发挥了关键作用。

（六）解决钻孔救援技术难题

在浅部表土层和受井下大面积坍塌扰动影响的不稳定含水地层施工过程中，总局工作组和救援指挥部组织采用旋挖钻进与潜孔锤（牙轮、刮刀）钻头钻进相结合、多级套管与泥浆水泥护壁相结合、膨胀橡胶和速凝水泥砂浆堵水相结合、大流量高压空气与泡沫排渣相结合、高压水扰动与气举反循环排渣相结合、定向钻进技术与导向孔技术相结合等方式，解决了快速施工救援钻孔与处理大口径钻具埋钻等技术难题。

（七）鼓励社会力量广泛参与

除救援指挥部、总局工作组调集专业救援队伍、抢险施工队伍、公安消防和武警部队、电力、通信、医疗等保障人员共计1000余人参与抢险救援外，社会各界纷纷伸出援助之手支持救援工作，提供了大量的救援装备和物资。德国宝峨公司从天津及时送来了两套大型旋挖钻机，为4号孔、5号孔解决了50 m表土层的钻进问题；三一重工公司在第一时间从北京送来了2台大型吊车，并安排专门团队昼夜开展吊装服务；胜利油田公司安排专业人员指导钻井作业，并提供专业设备和工程材料完成固井堵水等任务；奥德燃气等公司及时加工套管、钻头钻具和提升舱；许多钻探与地质方面的专家自发从全国各地赶来，积极为钻孔救援工作出谋献策；有关单位和当地居民为救援人员送来了食品和物资。

（八）做好医疗救护和心理干预

在积极实施井下和钻孔救援的同时，救援指挥部和总局工作组针对本次事故遇险人员长期被困井下220 m的实际情况，从山东省内各大医院调集了医疗专家，组成了营养、呼吸、消化、心理等专门医疗团队，开展营养配餐、心理安抚和医疗救护工作。在首次找到被困人员、钻孔与巷道未直接贯通、被困人员升井等关键节点，投放了营养液、药品和衣物等物资，用手机录制了地面救援现场和各位领导、专家对他们的嘱托视频，以及升井时采取蒙眼、保温、输液、一人一车等方式，确保了被困人员身体、心理健康。同时，在井下和钻孔救援现场设立了2处医疗保障点，为现场救援施工人员及时提供医疗卫生服务。

（九）积极做好信息发布和媒体宣传

救援指挥部和总局工作组高度重视事故救援宣传报道工作，成立了新闻中心，指定了 3 名新闻发言人，4 次召开新闻发布会，发布事故救援信息，通报突发事件情况，提供钻孔救援资料，修改完善重要稿件。责成有关部门密切关注社会舆情，及时分析研判。积极组织媒体客观公正、实事求是向社会各界报道事故和救援工作开展情况，以及面临的多方面困难和难题，取得了社会广泛理解和大力支持。新华社、中央电视台、中央人民广播电台、大众日报、山东广播电视台等主流媒体记者 30 余人参与了事故及救援工作新闻报道。中央电视台直播了 4 名被困矿工升井实况，在焦点访谈、新闻联播、面对面、新闻调查和道德观察等栏目播发了 160 多条信息，《人民日报》刊发了要闻、通讯和《用爱书写奇迹》的评论，新华社、中央人民广播电台等多次播发即时新闻，《中国安全生产报》印发了多个专版，BBC 等国外媒体也做了大量报道，引起了强烈反响。

第四节　地面钻孔救援程序及钻孔施工
保　障　措　施

一、地面钻孔救援程序

（一）调集人员和装备

事故发生地人民政府有关部门、救援指挥部或通过国家安全监管总局工作组，根据需要迅速就近调集地面钻孔施工单位、国家矿山应急救援队、钻孔救援技术人员和大型钻机及相关配套装备，协调做好大型设备交通运输保障。

（二）现场准备

（1）装备进场及登记。陆续到场的救援钻机、空压机、泥浆泵等装备要有序停放，不能影响后续到达的救援装备和车辆，派专人进行登记、管理和调度。

（2）相关资料收集。收集和掌握施工地区的地层地质及水文地质资料，并做详细分析。研究钻孔终孔的目标位置，确定井口坐标和中靶误差。确定钻孔施工工艺及预防钻井事故的措施。选择钻井机械和配套设备。

（三）研究制定钻孔实施方案

1. 钻孔定位

根据矿山事故发生情况，对井下人员分布和避难位置的分析判断，矿山采掘工程系统图等图纸资料，测量的井下和地面坐标，研究确定地面救援钻孔的布置，计算钻孔施工的偏斜度，确定钻孔轨迹。

当井下施工生产工作布置图不详或没有实际材料图，即可采用地面物探方法实施物探测量定位，获得准确目标位置，然后确定钻孔布设位置。

2. 一般地层条件下的钻孔设计

一般地层条件是指地层条件比较稳定，结构简单，没有严重涌漏水含水层和采空区，无须下多层套管隔离地层。

（1）生命探测孔需要下放生命探测仪、通信装置及生命维持物品。孔径应大于 168 mm。一开孔径 311 mm，下套管 245 mm，护壁，防水。二开孔径 219 mm，透巷，下放探测装置。

（2）生命救援孔需要提升被困人员，最小直径应大于 640 mm。一开直径 1000 mm，井口套管直径 815 mm，护住井口。二开直径 711 mm，下套管直径 640 mm，护壁，防水。三开直径 580 mm，裸孔透巷，营救被困人员。

3. 复杂地层结构的钻孔设计

对于既有含水层又有采空区，且有破碎带的复杂地层结构条件，救援钻孔要考虑下多层套管的地层分隔措施。

（1）生命探测孔需要下放生命探测和通信系统装置，最小直径应为168 mm。一开直径500 mm，下表层套管直径为450 mm，表层护壁。二开直径410 mm，下套管直径为380 mm，隔离采空区溶洞。三开直径311 mm，下套管直径为245 mm，隔离含水层。四开直径219 mm，下套管直径为168 mm，裸孔透巷，探测生命信息。

（2）生命救援孔需要提升被困人员，最小直径应大于640 mm。一开直径2000 mm，井口套管直径1900 mm，表层护壁。二开直径1500 mm，下套管直径1450 mm，隔离采空区和溶洞。三开直径1100 mm，下套管直径815 mm，隔离含水层。四开直径711 mm，下套管直径640 mm，护壁。五开直径580 mm，透巷裸孔，营救被困人员。

（四）施工准备

（1）场地准备。做到"三通一平"，即通水、通电、通路和场地平整，这是钻孔施工开工的前提条件。

（2）装备准备。根据需要优先安排性能精良的机械设备进场。做好钻机组装调试，包括连接空压机、泡沫泵等配套设备。

（3）技术准备。施工人员认真熟悉事故情况、钻孔方案和有关技术资料，确定关键、特殊工序及质量控制点，对施工前就可能遇到的技术问题做好充分准备。

（4）物资材料准备。根据需要准备钻孔施工的相关物资和材料，并掌握相关物资和材料的来源、质量、运输距离等情况，以便需要时及时采购到位。

（五）组织指挥

（1）救援指挥部应设钻孔救援组，具体组织、指挥和协调救援钻孔的施工工作，组长按照救援方案和救援指挥部要求，组织有关单位人员进行施工。

（2）施工过程中及时向救援指挥部报告工作进展和计划，及时与救援指挥部联系，做好计划协调、材料协调、人员协调、设备协调、专业之间的协调等。

（3）施工中要经常检查计划的执行情况，及时向救援指挥部汇报和研究解决存在的问题，使施工按照预订的计划要求有条不紊地进行。

（六）钻孔施工

按照钻孔救援方案，在救援指挥部和钻孔救援组组长的指挥协调下进行钻孔施工作业。钻孔工程严格按照我国现行规范、规程、标准进行施工和质量检验，将各种施工记录、质量记录和体系运行记录表等提前搜集齐全。组织好施工的交接班并做好相关记录。特殊及技术工种均保证持证上岗。

二、钻孔施工保障措施

（一）技术与质量保障措施

（1）各施工单位赴现场技术负责人（总工程师）负责全面技术工作，执行钻井工程规范，判断地层及地质状态，把握关键地层的施工质量。

（2）钻井平台经理负责监督检查技术与安全措施的落实情况。

（3）司钻负责检修、维护设备。

（4）地质记录员负责检查钻具，丈量套管，记录进尺，采集岩屑样本。

（5）施工单位负责人做好钻井队伍与救援指挥部及钻孔救援组的协调配合，决定钻机的停待和运行处置。

（二）复杂地层条件下的技术措施

（1）要充分考虑钻孔施工位置是否有采空区和地质构造的影响，尽量避免采空区的空腔会造成钻机动力失压，钻孔漏失和钻孔偏斜发生，做定向准备。

（2）如遇采空区需采取套管隔离技术进行保护孔壁再继续施工。

（3）如采空区内钻遇残留金属物，则需更换专用磨铁钻头进行研磨钻进。

（4）准备堵漏材料；钻孔贯通含水地层必须采取堵水止漏措施。不论是遇到含水层还是导水的断层或裂隙破碎带，都必须使用堵漏材料，水量大时需采取下套管隔离止水措施。

（5）准备井口防喷装置；矿井火灾、瓦斯爆炸事故救援中采用钻孔救援要重视钻孔对风压、风流带来的影响和高温对钻头的损毁，要采取稳定灾区通风系统的措施，防止火烟及有毒气体扩散，因此井口要加装防喷装置。

（三）施工安全措施

（1）按照安全标准化操作规程实施部署，定期对设备设施的安全状况开展检查与监测。

（2）及时总结现场施工的经验教训，做好"三边"工作，提高现场事故防范和应急处置能力。

（3）加强消防管理，严防火灾爆炸事故发生。对矿井火灾、煤与瓦斯突出救援都要做好井口防火和有害气体溢出的防护措施。

（四）风险控制措施

（1）钻孔作业员工上岗必须穿戴好劳动保护用品，按岗位所负责的项点逐项进行检查，严格按照操作规程进行操作，严禁违章操作。

（2）各种护栏、护罩、梯子等安全设施必须齐全、牢固。

（3）井场各种电缆必须架离地面，且做好二次绝缘，以免被污水、泥浆覆盖，避免漏电伤人。

（4）井场接地线必须安装规范，井架逃生装置安装必须符合要求。

（5）施工现场禁止吸烟及动用明火，如必须动火，应严格履行动火审批手续，并做好防范措施。

（6）施工现场配备足够的消防器材，且有序地摆放到井场指定部位，并确保消防器材齐全好用。

（7）以井口为中心划定警戒区域，围好警戒带并设专人定时巡查，所有与生产无关人员严禁进入施工现场。

（8）吊装设备设施时，必须把设备脱离至安全距离后方可由"起重指挥"进行指挥吊装作业。

参 考 文 献

［1］ 国家安全生产监督管理总局．矿山救护规程［M］．北京：煤炭工业出版社，2008．

［2］ 郝传波，刘永立．煤矿事故应急救援典型案例分析［M］．北京：煤炭工业出版社，2016．

［3］ 国家安全生产监督管理总局矿山救援指挥中心，中国煤炭工业劳动保护科学技术学会矿山救护专业委员会．矿山事故应急救援战例及分析［M］．北京：煤炭工业出版社，2006．

［4］ 王小林，于海森．煤矿事故救援指南及典型案例分析［M］．北京：煤炭工业出版社，2014．

参 考 文 献